高职高专装备制造大类系列教材

电气自动化系列

供配电应用技术

张祥军　关大陆　主编

孙玉芳　王志军　陈亚丽　副主编

科 学 出 版 社

北 京

内 容 简 介

本书为满足我国高等职业教育的电气自动化技术专业的教学要求而编写，全书共 13 章，分别介绍了电力系统概论，企业供电系统，企业电力电路，电力变压器，供配电系统主要电气设备，短路电流及其计算，供配电系统的继电保护，供电系统的二次回路和自动装置，变电所综合自动化系统简介，电气安全、防雷与接地，电气照明，节约电能，实验与实训。内容针对性强，涉及面广且重点突出。每章都配有思考与练习，对提高学生实践能力和知识掌握能力起到积极的作用。

本书适合作为高职电气自动化技术专业及其他相关专业的教材，也可供从事供配电运行、管理和工程技术相关工作的技术人员参考。

图书在版编目（CIP）数据

供配电应用技术/张祥军，关大陆主编. —北京：科学出版社，2011
（高职高专装备制造大类系列教材）
ISBN 978-7-03-031371-3

Ⅰ. ①供… Ⅱ. ①张… ②关… Ⅲ. ①供电 ②配电系统 Ⅳ. ①TM72

中国版本图书馆 CIP 数据核字（2011）第 104830 号

责任编辑：卢 岩 张振华 /责任校对：刘玉靖
责任印制：吕春珉/封面设计：耕者设计工作室

科学出版社 出版
北京东黄城根北街 16 号
邮政编码：100717
http://www.sciencep.com

北京中科印刷有限公司 印刷

科学出版社发行 各地新华书店经销

*

2011 年 6 月第 一 版 开本：787×1092 1/16
2020 年 2 月第二次印刷 印张：17 1/2
字数：400 000
定价：42.00 元
（如有印装质量问题，我社负责调换〈中科〉）

销售部电话 010-62136230 编辑部电话 010-62135120-2005

前　言

　　本书从高职高专学生实际出发，在保证知识体系完整的前提下，简化教材内容，突出对供配电应用技术的基本概念、基本理论和基本分析方法的介绍。

　　本书强调理论的实际应用，突出基本概念的理解和掌握，简化公式推导过程，前后知识衔接紧密，表述深入浅出，通俗易懂，易于教学和自学。在实践性很强的章节中，尽量穿插图片和视图，帮助学生理解。此外，本书简化课程内容，增加了新设备、新技术的内容，精简例题和习题，每节前有教学目标，每章后有本章小结，使教材易学、易懂，便于自学。

　　本书的最后一章内容安排了实验和实训内容，考虑到很多高职院校实验和实训环境、条件、设备的差异，因此实验和实训只是提纲性质，各学校可根据提纲和本校实际情况编写适合自己使用的实验和实训指导书或任务书。

　　本书由成都工业学院教授张祥军、辽宁科技学院副教授关大陆担任主编，成都工业学院副教授孙玉芳、漯河职业技术学院讲师王志军、陈亚丽担任副主编。张祥军负责全书的统稿，并编写第 7 和 9 章；关大陆编写第 6、8、10 和 12 章；孙玉芳编写第 1、2 和 13 章；王志军编写第 3 和 5 章；陈亚丽编写第 4 和 11 章。

　　在本书的编写过程中，参考了许多相关文献，在此向相关作者表示诚挚的感谢！同时，由于编者水平有限，书中难免有错漏的地方，诚望广大读者批评指正。

目　　录

第1章

概　　论

知识点

1. 发电厂及主要特征。
2. 电力系统概念及基本要求。
3. 企业电力负荷分级及对供电的要求。
4. 电力系统的额定电压。
5. 电力系统中性点运行方式。

1.1 电力系统的基本概念

　　电能是当今人们生产和生活中使用的重要能源，很容易由其他形式的能源转换而来。电能的输送和分配既简单经济，又便于控制、调节和测量，有利于实现生产过程自动化。因此，电能在工业、农业、国防、军事、科技、交通以及人们生活等领域被广泛应用。

　　电能的的生产、输送、分配和使用的全过程，是在同一瞬间实现的，为了保证企业供电的安全与可靠，首先要了解发电厂和电力系统的一些基本概念。

1.1.1 发电厂简介

　　发电厂，是将自然界蕴藏的各种一次能源转换为电能（二次能源）的工厂。常见的有水力发电厂、火力发电厂、核能发电厂、风力发电厂、地热发电厂和太阳能发电厂等。其中，兼供热能的火电厂，通常称为热电厂，表1-1介绍了几种常见的发电厂类型及主要特征。

表 1-1　几种常见的发电厂类型及主要特征

类型	能量来源	工作原理	能量转换过程	优点	缺点
水力发电厂	水流的上下水位差（落差），即水流的位能	当控制水流的闸门打开时，水流沿进水管进入水轮机蜗壳室，冲动水轮机，带动发电机发电	水流位能→机械能→电能	清洁，环保，发电效率高成本低，综合价值高	建设初期投资大，建设周期长
火力发电厂	燃料燃烧产生的化学能	将锅炉内的水烧成高温高压的蒸汽，推动汽轮机转动，使与它连轴的发电机旋转发电	燃料的化学能→热能→机械能→电能	建设周期短，工程造价低，投资回收快	发电成本高，污染环境
核能发电厂	原子核的裂变能	与火电厂基本相同，只是以核反应堆代替了燃煤锅炉，以少量的核燃料代替了大量的煤炭	核裂变能→热能→机械能→电能	安全，清洁，经济，燃料费用所占的比例较低	投资成本大，会产生放射性废料，不适宜作尖峰、离峰随载运转

类型	能量来源	工作原理	能量转换过程	优点	缺点
风力发电厂	风力的动能	是利用风力带动风车叶片旋转,再通过增速机将旋转的速度提升,来促使发电机发电	风力的动能→机械能→电能	清洁,廉价,可再生,取之不尽	需有蓄电装置,造价高
地热发电厂	地球内部蕴藏的大量地热能	基本上与火力发电的原理一样,不同的是利用的能源是地热能(天然蒸汽和热水)	地下热能→机械能→电能	无需消耗燃料,运行费用低	热效率不高,需要对所排热水环保处理
太阳能发电厂	太阳光能或太阳热能	通过太阳能电池板等,直接将太阳的辐射能转换为电能	太阳的辐射能→电能	安全,经济,环保,取之不尽	效率低,成本高,稳定性差

1.1.2 电力系统简介

由发电厂、电力网和电能用户组成的一个发电、输电、变电、配电和用电的整体,称为电力系统,如图1-1所示。

电力系统中的各级电压的电力电路及其联系的变电所,称为电力网或电网。习惯上,电网或系统往往以电压等级来区分,如10kV电网或10kV系统、110kV电网或110kV系统等。这里所说的电网或系统,实际上指某一电压等级的相互联系的整体电力电路。

电力系统加上发电厂的动力部分及其热能系统的热能用户,就称为动力系统。

现在各国建立的电力系统越来越大,甚至建立跨国的电力系统或联合电网。我国规划,到2020年,要在水电、火电、核电和新能源合理利用和开发的基础上,加强风能和太阳能的开发和建设,并形成全国联合电网,实现电力资源在全国范围内的合理配置和可持续发展。

1.1.3 企业电力负荷简介

电力负荷又称电力负载。它有两种含义:一是指耗用电能的用电设备或用电单位,如重要负荷、不重要负荷、动力负荷、照明负荷等。二是指用电设备或用电单位所耗用的电功率或电流的大小,如说轻负荷、重负荷、空负荷、满负荷等。电力负荷的具体含义视具体情况而定。

1. 企业电力负荷的分级

企业的电力负荷,按《供配电系统设计规范》(GB 50052—2009)中的规定,根据其对供电可靠性的要求及中断供电造成的损失或影响的程度分为三级。

(1)一级负荷

若中断供电将造成人身伤亡者;或中断供电将在政治、经济上造成重大损失者;或

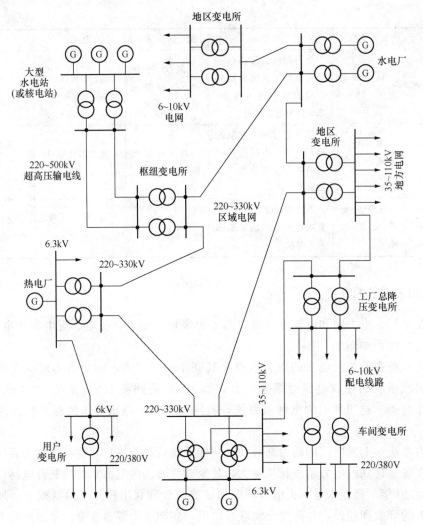

图 1-1 电力系统示意图

中断供电将影响有重大政治、经济意义的用电单位的正常工作者。例如，重大设备损坏、大量产品报废、生产过程紊乱需要长时间才能恢复等。

（2）二级负荷

若中断供电将在政治、经济上造成较大损失者；或中断供电将影响重要用电单位的正常工作者。例如，主要设备损坏、大量原材料报废、生产过程被打乱需较长时间才能恢复、重点企业大量减产等。

（3）三级负荷

三级负荷为一般电力负荷，为所有不属于上述一、二级负荷者。

2. 各级电力负荷对供电电源的要求

（1）一级负荷对供电电源的要求

由于一级负荷属重要负荷，如果突然中断供电，后果将十分严重，因此要求不允许停电，且由两路独立电源（即两个毫无联系的电源）供电，当其中一路电源发生故障时，则由另一路电源继续供电。

（2）二级负荷对供电电源的要求

二级负荷也属重要负荷，允许短时间（2h 以内）停电，且要求由两回路供电或由两台变压器供电，但两台变压器不一定在同一变电所。当其中一回路或一台变压器发生故障时，则由另一路电源继续供电。

（3）三级负荷对供电电源的要求

由于三级负荷为不重要的一般负荷，允许长时间停电，因此对供电电源无特殊要求。

1.1.4 对电力系统的基本要求

为了很好地为企业生产服务，切实保证企业生产和人民群众生活用电的需要，并做好节能工作，对电力系统就必须达到以下基本要求。

（1）安全

在电能的供应、分配和使用中，不应发生人身事故和设备事故。

（2）可靠

应满足电能用户对供电可靠性的要求。

（3）优质

应满足电能用户对电压和频率等质量的要求。

（4）经济

供电系统的投资要少，运行费用要低，并尽可能地节约电能和减少有色金属消耗量。

1.2 电力系统的电压

教 学 目 标

通过本节的介绍，使读者掌握什么是额定电压；了解目前我国都有哪些电压等级；了解电力网、电气设备、发电机以及变压器额定电压的概念；尤其要理解和掌握变压器的额定电压的定义和确定方法。

电力系统中的所有电气设备，都是在一定的电压下工作的。能够使电气设备正常工作的电压就是它的额定电压，各种电气设备在额定电压下运行时，其技术性能和经济效果最佳。我国一般交流电力设备的额定频率为 50Hz，此频率通称为"工频"。而电压和频率是衡量电能质量的两个重要指标。

按照国家标准的规定，我国三相交流电网和发电机的额定电压，如表 1-2 所示。表 1-2 中的变压器一、二次绕组额定电压，是依据我国生产的电力变压器标准产品规格确定的。

表 1-2 我国三相交流电网和电力设备的额定电压

分类	电网用电设备额定电压/kV	发电机额定电压/kV	电力变压器额定电压/kV	
			一次侧绕组	二次侧绕组
低压	0.38	0.40	0.38	0.40
	0.66	0.69	0.66	0.69
高压	3	3.15	3 及 3.15	3.15 及 3.3
	6	6.3	6 及 6.3	6.3 及 6.6
	10	10.5	10 及 10.5	10.5 及 11
	—	13.8, 15.75, 18, 20, 22, 24, 26	13.8, 15.75, 18, 20, 22, 24, 26	
	35	—	35	38.5
	66	—	66	72.6
	110	—	110	121
	220	—	220	242
	330	—	330	363
	500	—	500	550
	750	—	750	825（800）
	1000	—	1000	1000

1. 电网（电路）的额定电压

电网的额定电压是国家根据国民经济发展的需要和电力工业的水平，经全面的技术经济分析后确定的。它是确定各类电力设备额定电压的基本依据。

由于电路运行时（有电流通过时）要产生电压降，所以电路上各点的电压都略有不同，如图 1-2 中虚线所示。

2. 用电设备的额定电压

由于电路上各点的电压都略有不同，如图 1-2 中虚线所示。但是成批生产的用电设备，其额定电压不可能按使用处电路的实际电压来制造，而只能按电路首端与末端的平均电压，即电网的额定电压 U_N 来制造。因此用电设备的额定电压规定与同级电网的额定电压相同。

3. 发电机的额定电压

由于电力电路允许的电压偏差一般为 ±5%，即整个电路允许有 10% 的电压损耗值，因此为了维持电路的平均电压在额定值，电路首端（电源端）的电压可较电路额定电压高5%，而电路末端则可较电路额定电压低5%，如图1-2所示。所以发电机额定电压规定高于同级电网额定电压5%。

4. 电力变压器的额定电压

（1）电力变压器一次绕组的额定电压

当变压器直接与发电机相连时，如图1-3中的变压器T1，其一次绕组额定

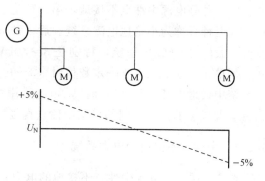

图1-2 用电设备和发电机的额定电压说明

电压应与发电机额定电压相同，即高于同级电网额定电压5%。

当变压器不与发电机相连而是连接在电路上时，如图1-3中的变压器T2，则可看作是电路的用电设备，因此其一次绕组额定电压应与电网额定电压相同。

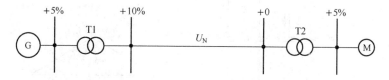

图1-3 电力变压器的额定电压说明

（2）电力变压器二次绕组的额定电压

变压器二次侧供电电路较长（如为较大的高压电网）时，如图1-3所示的变压器T1，其二次绕组额定电压应比相连电网额定电压高10%，其中有5%是用于补偿变压器满负荷运行时绕组内部约5%的电压降，因为变压器二次绕组的额定电压是指变压器一次绕组加上额定电压时二次绕组开路的电压；此外，变压器满负荷时输出的二次电压还要高于所连电网额定电压5%，以补偿电路上的电压降。

变压器二次侧供电电路不长（如为低压电网，或直接供电给高低压用电设备）时，如图1-3所示的变压器T2，其二次绕组额定电压只需高于所连电网额定电压5%，仅考虑补偿变压器满负荷运行时绕组内部5%的电压降。

1.3 电力系统的中性点运行方式

教 学 目 标

通过本节的介绍，使读者了解电力系统接地方式的种类及特点；重点掌握中性点不接地的电力系统在正常和发生单相接地时的电流、电压变化情况；对中性点经消弧线圈接地的运行方式和中性点直接接地的运行方式也要了解。

在三相交流电力系统中，作为供电电源的发电机和变压器的中性点有三种运行方

式：第一种是电源中性点不接地，第二种是中性点经阻抗接地，第三种是中性点直接接地。前两种合称为小接地电流系统。后一种称为大接地电流系统。

在我国 3～66kV 系统，特别是 3～10kV 系统，一般采用中性点不接地的运行方式。如单相接地电流大于一定数值时（3～10kV 系统中接地电流大于 30A、20kV 及以上系统中接地电流大于 10A 时），则应采用中性点经消弧线圈接地的运行方式。我国 110kV 及以上的系统，则都采用中性点直接接地的运行方式。

1.3.1　中性点不接地的电力系统

图 1-4 所示是电源中性点不接地的电力系统在正常运行时的电路图和相量图。

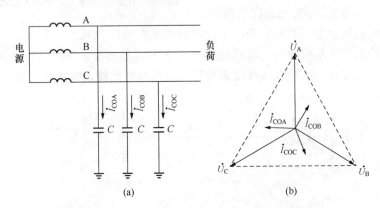

图 1-4　正常运行时的中性点不接地的电力系统

(a) 电路图；(b) 相量图

为了讨论问题简化起见，假设如图 1-4（a）所示三相系统的电源电压和电路参数（指其 R、L、C）都是对称的，而且将相与地之间存在的分布电容用一个集中电容 C 来表示；由于相间存在的电容对所讨论的问题无影响而予以略去。

系统正常运行时，三个相的相电压 $\dot{U}_A$、$\dot{U}_B$、$\dot{U}_C$ 是对称的，三个相的对地电容电流 $\dot{I}_{CO}$ 也是平衡的，因此三个相的电容电流的相量和为零，没有电流在地中流动。各相对地的电压，就等于各相的相电压。

系统发生单相接地时，例如 C 相接地，如图 1-5（a）所示，这时 C 相对地电压为零，而 A 相对地电压 $\dot{U}'_A = \dot{U}_A + (-\dot{U}_C) = \dot{U}_{AC}$，B 相对地电压 $\dot{U}'_B = \dot{U}_B + (-\dot{U}_C) = \dot{U}_{BC}$，如图 1-5（b）所示。由相量图可见，C 相接地时，完好的 A、B 两相对地电压都由原来的相电压升高到线电压，即升高为原对地电压的 $\sqrt{3}$ 倍。

C 相接地时，系统的接地电流（电容电流）$\dot{I}_C$ 应为 A、B 两相对地电容电流之和。由于一般习惯将从电源到负荷的方向及从相线到大地的方向取为电流的正方向，因此有

$$\dot{I}_C = -(\dot{I}_{CA} + \dot{I}_{CB}) \tag{1-1}$$

由图 1-5（b）的相量图可知，$\dot{I}_C$ 在相位上正好超前 $\dot{U}_C$ 90°，而在量值上，由于 $I_C = \sqrt{3} I_{CA}$，而 $I_{CA} = \dfrac{U'_A}{X_C} = \dfrac{\sqrt{3} U_A}{X_C} = \sqrt{3} I_{CO}$，因此有

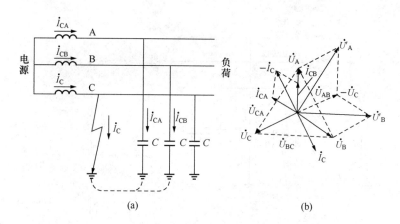

图 1-5 单相接地时的中性点不接地的电力系统

(a) 电路图；(b) 相量图

$$I_C = 3I_{CO} \tag{1-2}$$

即一相接地的电容电流为正常运行时每相对地电容电流的 3 倍。

I_C 通常采用经验公式来确定，需要时可查阅有关资料，这里就不赘述了。

当系统发生不完全接地（即经过一些接触电阻接地）时，故障相的对地电压值将大于零而小于相电压，而其他完好相的对地电压值则大于相电压而小于线电压，接地电容电流 I_C 值也略小。

必须指出，当电源中性点不接地的电力系统中发生单相接地时，三相用电设备的正常工作并未受到影响，因为电路的线电压无论其相位和量值均未发生变化，这从图 1-5（b）的相量图可以看出，因此三相用电设备仍能照常运行。但是这种电路不允许在单相接地故障情况下长期运行，因为如果再有一相又发生接地故障时，就形成两相接地短路，短路电流很大，这是不允许的。因此在中性点不接地的系统中，应该装设专门的单相接地保护或绝缘监视装置，在系统发生单相接地故障时，给予报警信号，提醒供电值班人员注意，及时处理；当危及人身和设备安全时，单相接地保护则应动进行跳闸保护动作。

1.3.2 中性点经消弧线圈接地的电力系统

在上述中性点不接地的电力系统中，有一种情况是比较危险的，即在发生单相接地时如果接地电流较大，将出现断续电弧，这就可能使电路发生电压谐振现象。由于电力电路，既有电阻和电感，又有电容，因此在电路发生单相弧光接地时，可形成一个 R—L—C 的串联谐振电路，从而使电路上出现危险的过电压（可达相电压的 2.5～3 倍），这可能导致电路上绝缘薄弱地点的绝缘击穿。为了防止单相接地时接地点出现断续电弧，引起过电压，在单相接地电容电流大于一定值（如前面所述）的电力系统中，电源中性点必须采取经消弧线圈接地的运行方式。

图 1-6 所示是电源中性点经消弧线圈接地的电力系统单相接地时的电路图和相量图。

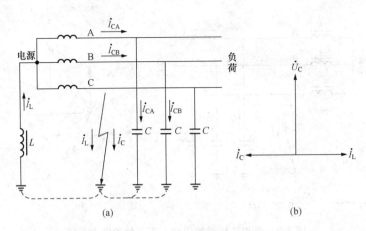

图 1-6　中性点经消弧线圈接地的电力系统

(a) 电路图；(b) 相量图

消弧线圈实际上就是铁心线圈，其电阻很小，感抗很大。当系统发生单相接地时，流过接地点的电流是接地电容电流 $\dot{I}_C$ 与流过消弧线圈的电感电流 $\dot{I}_L$ 之和。由于 $\dot{I}_C$ 超前 $\dot{U}_C$ 90°，而 $\dot{I}_L$ 滞后 $\dot{U}_C$ 90°，所以 $\dot{I}_L$ 与 $\dot{I}_C$ 在接地点互相补偿。当 $\dot{I}_L$ 与 $\dot{I}_C$ 的量值差小于发生电弧的最小电流（称为最小起弧电流）时，电弧就不会发生，也就不会出现谐振过电压现象了。

在电源中性点经消弧线圈接地的三相系统中，与中性点不接地的系统一样，允许在发生单相接地故障时短时（一般规定为 2h）继续运行。在此时间内，应积极查找故障；在暂时无法消除故障时，应设法将负荷转移到备用电路上去。如发生单相接地危及人身和设备安全时，则应进行跳闸保护动作。

中性点经消弧线圈接地的电力系统，在单相接地时，其他两相对地电压也要升高到线电压，即升高为原对地电压的 $\sqrt{3}$ 倍。

1.3.3　中性点直接接地的电力系统

图 1-7 为电源中性点直接接地的电力系统发生单相接地的电路图。这种系统的单相接地，即通过接地中性点形成单相短路，用符号 $k^{(1)}$ 表示。单相短路电流 $I_k^{(1)}$ 比电路的正常负荷电流大得多，因此在系统发生单相短路时，保护装置应进行跳闸保护动作，切除短路故障，使系统的其他部分恢复正常运行。

中性点直接接地的系统发生单相接地时，其他两完好相的对地电压不会升高，这与上述中性点不直接接地的系统不同。因此，凡中性点直接接地的系统中，供用电设备的绝缘只需按相电压考虑，而无需按线电压考虑。这对 110kV 及以上的超高压系统是很有经济、技术价值的。因为高压电器特别是超高压电器，其绝缘问题是影响电器设计和制造的关键问题。电器绝缘要求的降低，直接降低了电器的造价，同时改善了电器的性能。因此我国 110kV 及以上的高压、超高压系统的电源中性点通常都采取直接接地的运行方式。在低压配电系统中，均为中性点直接接地系统，在发生单相接地故障时，一

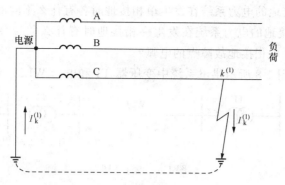

图 1-7 中性点直接接地的电力系统在
发生单相接地时的电路

般能使保护装置迅速动作,切除故障部分,比较安全。如加装漏电保护器,则对人身安全有更好的保障。

本 章 小 结

发电厂有多种形式,它们的能源来源、能源转换过程也不相同。电力系统是由发电厂、电力网和电能用户组成的一个发电、输电、变电、配电和用电的整体。供电所研究的是电能的供给和分配问题。

企业的电力负荷按其可靠性和电气设备的重要程度依次分为一级、二级和三级,各级电力负荷对供电电源的要求也不相同。对供电的基本要求是:安全、可靠、优质和经济。电能质量的主要指标是电压和频率。

额定电压是指用电设备处于最佳运行状态时的电压。我国规定了电力系统中电网和用电设备的额定电压、发电机的额定电压、电力变压器的额定电压。

电力系统中性点通常采用不接地、经消弧线圈接地和直接接地三种接地方式,前两种系统发生单相接地时,线电压不变,但会使未接地相对地电压升高,因此,规定运行时间不能超过 2h。中性点直接接地系统发生单相接地时,则构成单相对地短路,使相应的保护装置动作,切除接地故障。

思考题与习题

1-1 什么是发电厂?目前在我国数量较多的发电厂是哪几类?

1-2 什么叫电力系统、动力系统和电力网?

1-3 什么是电力负荷?电力负荷是怎样分级的?

1-4 什么是一级负荷?它对供电电源的要求是什么?

1-5 对电力系统的基本要求是什么?

1-6 电力变压器的额定一次电压,为什么规定有的要高于相应的电网额定电压 5%,有的又可等于相应的电网额定电压?而其额定二次电压,为什么规定有的要高于相应的电网额定电压 10%,有的又可只高于相应的电网额定电压 5%?

1-7 三相交流电力系统的电源中性点有哪些运行方式?中性点不直接接地的电力

系统与中性点直接接地的电力系统在发生单相接地时各有什么不同的特点？

1-8 中性点不接地的电力系统在发生一相接地时有什么危险？中性点经消弧线圈接地后，如何能消除单相接地故障点的电弧？

1-9 试确定如图 1-8 所示供电系统中变压器 T1 和电路 WL1、WL2 的额定电压。

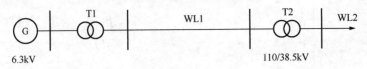

图 1-8 题 1-9 图

第 2 章

企业供电系统

知识点 ☞

1. 企业供电系统的概念。

2. 便配电所的类型和作用。

3. 企业主接线的接线、特点、适用。

4. 负荷曲线的概念和与其有关的物理量。

5. 负荷计算的概念。

6. 设备容量计算。

7. 需要系数的概念。

8. 计算负荷的确定方法，企业功率因数的人工补偿方法。

9. 尖峰电流及其计算等。

2.1 概述

教学目标

通过本节的介绍，使读者初步了解企业内部供电系统的构成以及典型的中型企业的供电系统图。

企业内部供电系统由高压和低压配电电路、变电所（或配电站）以及用电设备构成。它通常是由电力系统或企业自备发电厂供电的。

一般中型企业的电源进线电压为 6～10kV。电能先经高压配电站集中，再由高压配电电路将电能分送到各车间变电所，或由高压配电电路直接供给高压用电设备。车间变电所内装设有配电变压器，将 6～10kV 的电压降为低压用电设备所需的电压（如 220/380V），然后由低压配电电路将电能分送给各用电设备使用。如图 2-1 所示是典型的中型企业的供电系统图。

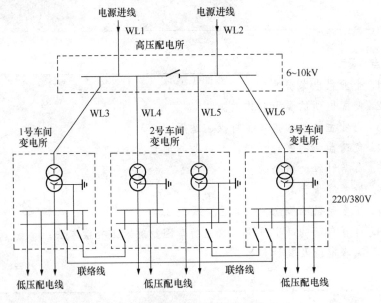

图 2-1 中型企业的供电系统

2.2 企业变电所的作用和类型

教学目标

通过本节的教学，使读者了解企业供电系统中，总降压变电所、高压配电所和车间变电的作用和类型，了解常见的几种车间变电所。

2.2.1　变配电所的作用

变配电所是电力系统中变换电压、接受和分配电能、控制电流的流向和调整电压的设施，它通过其变压器将各级电压的电网联系起来。变配电所是企业供电系统的枢纽，在企业中占有特别重要的地位。

2.2.2　变配电所的类型

对于大型企业或用电负荷较大的中型企业，变电所分为总降压变电所和车间变电所。一般中小型企业不设总降压变电所。企业的高压配电所（也称高压开关站），尽可能与邻近的车间变电所合建，以节约建筑费用。企业的总降压变电所和高压配电所多采用独立的户内式。

车间变电所按其主变压器室的安装位置来分，有下列几种类型。

（1）车间附设变电所

变电所变压器室的一面墙或几面墙与车间建筑墙公用，变压器室的大门朝车间外开。如果按变压器位于车间墙内还是墙外，还可以进一步分为内附式（图 2-2 中的 1）和外附式（图 2-2 中的 3）。

（2）车间内变电所

变压器室位于车间内的单独房间内，变压器室的大门朝车间内开（图 2-2 中的 4）。

（3）露天（或半露天）变电所

变压器室安装在车间外面抬高的地面上（图 2-2 中的 2）。变压器上方没有任何遮蔽物的，称为露天式；变压器上方设有顶板或挑檐的，称为半露天式。

（4）独立变电所

整个变电所设在与车间建筑有一定距离的单独建筑物内（图 2-2 中的 5、6）。

（5）箱式变电所

由高压配电装置、电力变压器和低压配电装置等构成，安装于一个金属箱体内的变电所（图 2-3）。

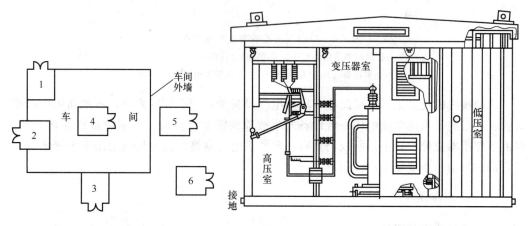

图 2-2　车间变电所的类型　　　　　　　　　图 2-3　箱式变电所的结构

2.3 企业变配电所的主接线

教 学 目 标

通过本节的介绍，使读者了解企业常见的几种主接线的构成、特点和适用场合。重点掌握单母线分段接线和桥式主接线。通过对具有代表性主接线实例的了解和分析，对主接线的局部和整体有较充分的认识。

变电所的主接线是实现电能输送和分配的一种电气接线。它是由各种主要电气设备（包括变压器、开关电器、母线、互感器及连接电路等）按一定顺序连接而成的接受和分配电能的总电路。

2.3.1 企业常见主接线

1. 电路—变压器组单元接线

在企业变电所中，当只有一条电源进线和一台变压器时，可采用电路—变压器组单元接线。这种接线在变压器高压侧可根据不同情况，装设不同的开关电器，如图 2-4 所示。

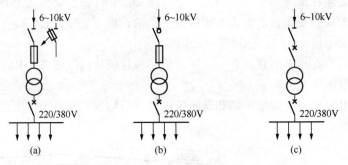

图 2-4　单台变压器的变电所主接线

(a) 高压侧采用隔离开关-熔断器　（或跌开式熔断器）；

(b) 高压侧采用负荷开关-熔断器；(c) 高压侧采用隔离开关-断路器

这种接线的优点是：接线简单，所用电气设备少，配电装置简单，占地面积小，投资省。不足的是当该单元中任一台设备发生故障或需要检修时，全部设备将停止工作。但由于变压器故障率较小，所以仍具有一定的供电可靠性。这种接线适用于小容量的三级负荷、小型企业或非生产性用户。

2. 单母线接线

(1) 单母线不分段接线

单母线不分段接线如图 2-5 所示。断路器的作用是切断负荷电流或短路故障电流。

而隔离开关按其作用分为两种：靠近母线侧的称为母线隔离开关，用来隔离母线电源；靠近电路侧的称为电路隔离开关，用于防止在检修断路器时倒送电和雷电过电压沿电路侵入，保证检修人员的安全。

单母线不分段接线的优点是电路简单、使用设备少以及配电装置的建造费用低；其缺点是可靠性和灵活性较差。当母线和隔离开关发生故障或需要检修时，必须断开所有回路的电源，而造成全部用户停电。所以这种接线方式只适用于容量较小和对供电可靠性要求不高的中小型企业。

（2）单母线分段接线

单母线分段接线，如图 2-6 所示。这种接线是克服不分段母线存在的工作不可靠、灵活性较差的有效方法。单母线分段是根据电源数目、功率和电网的接线情况来确定的。通常每段接一个或两个电源，引出线分别接到各段上，使各段引出线负荷分配与电源功率相平衡，尽量减少各段之间的功率变换。

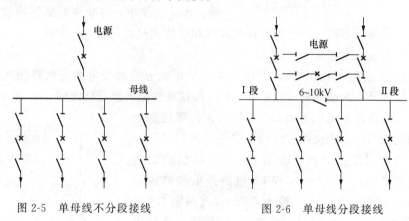

图 2-5　单母线不分段接线　　　　　图 2-6　单母线分段接线

单母线可用隔离开关分段，也可用断路器分段。由于分段的开关设备不同，其作用也有差别。

1）用隔离开关分段的单母线接线。母线检修时可分段进行，当母线发生故障时，经过倒闸操作可切除故障段，保证另一段继续运行，故比单母线不分段接线提高了可靠性。

2）用断路器分段的单母线接线。分段断路器除具有分段隔离开关的作用外，与继电保护配合，还能切断负荷电流、故障电流以及实现自动分、合闸。另外，检修故障段母线时，可直接操作分段断路器，断开分段隔离开关，且不会引起正常段母线停电，保证其继续正常运行。在母线发生故障时，分段断路器的继电保护动作，自动切除故障段母线，从而提高了运行可靠性。

3. 双母线接线

双母线接线克服了单母线接线的缺点，两条母线互为备用，具有较高的可靠性和灵活性。如图 2-7 所示为双母线接线。

双母线接线一般只用在对供电可靠性要求很高的大型企业总降压变电所 35～

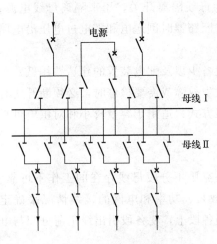

图 2-7　双母线接线

110kV 母线系统和有重要高压负荷或有自备发电厂的 6～10kV 的母线系统。

双母线接线有两种运行方式：一种运行方式是一组母线工作，另一组母线备用（明备用），母线断路器正常时是断开状态；另一种运行方式是两组母线同时工作，也互为备用（暗备用），此时母联断路器及母联隔离开关均为闭合状态。

4. 桥式接线

对于具有两条电源进线、两台变压器的企业总降压变电所，可采用桥式接线。其特点是在两条电源进线之间有一条跨接的"桥"。它比单母线分段接线简单，可减少断路器的数量。根据跨接桥横跨位置的不同，又分为内桥式接线和外桥式接线两种。

（1）内桥式主接线

一次侧采用内桥式接线，二次侧采用单母线分段的变电所主电路图（图 2-8）。这种主接线，其一次侧的高压断路器 QF10 跨接在两路电源进线之间，犹如一座桥梁，而且处在电路断路器 QF11 和 QF12 的内侧，靠近变压器，因此称为内桥式接线。这种主接线的运行灵活性较好，供电可靠性较高，适用于一、二级负荷的企业。如果某路电源，例如，WL1 电路停电检修或发生故障时，则断开 QF11，投入 QF10（其两侧 QS 先合），即可由 WL2 恢复对变压器 T1 的供电。这种内桥式接线多用于电源电路较长，因而发生故障和停电检修的机会较多，并且变电所的变压器不需经常切换的总降压变电所。

（2）外桥式主接线

一次侧采用外桥式接线、二次侧采用单母线分段的变电所主电路图（图 2-9）。这种主接线，其一次侧的高压断路器 QF10 也跨接在两路电源进线之间，但处在电路断路器 QF11 和 QF12 的外侧，靠近电源方向，因此称为外桥式接线。这种主接线的运行灵活性较好，供电可靠性较高，适用于一、二级负荷的企业。但与内桥式接线适用的场合有所不同。如果某台变压器，例如，T1 停电检修或发生故障时，则断开 QF11，投入 QF10（其两侧 QS 先合），使两路电源进线又恢复并列运行。这种外桥式接线适用于电源电路较短而变电所负荷变动较大、适于经济运行需经常

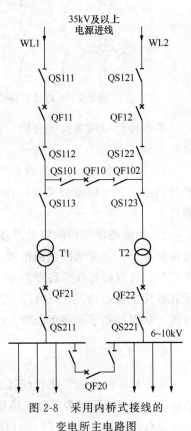

图 2-8　采用内桥式接线的变电所主电路图

切换变压器的总降压变电所。当一次电源电网用环形接线时，也宜于采用这种接线，使环形电网的穿越功率不通过进线断路器 QF11、QF12，这对改善电路断路器的工作及其继电保护的整定都极为有利。

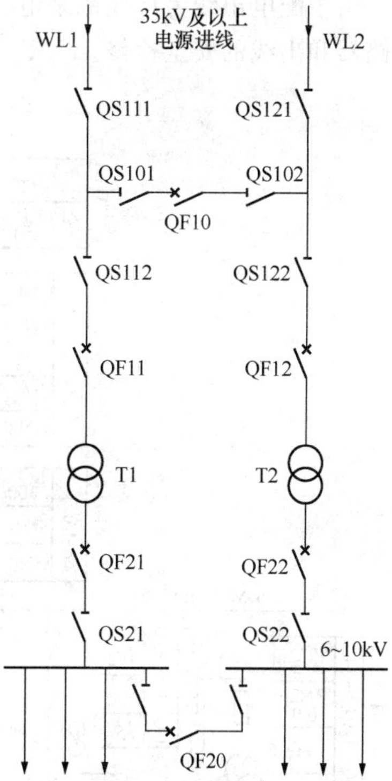

2.3.2　主接线实例

电气主接线应按国家标准的图形符号和文字符号绘制。为了阅读方便，常在图上标明主要电气设备的型号和技术参数。

图 2-10 所示是某中型企业供电系统中高压配电所及其附设 2 号车间变电所的主接线，它具有一定的代表性，下面按顺序作简要分析。

1. 电源进线

该高压配电站有两路 6kV 电源进线，一路是架空线 WL1，另一路是电缆线 WL2。最常见的进线方案是一路电源来自发电厂或电力系统变电所，作为正常工作电源；而另一路电源则来自邻近单位的高压联络线，作为备用电源。

2. 母线

图 2-9　采用外桥式接线的变电所主电路图

母线又称汇流排，是配电装置中用来汇集和分配电能的导体。高压配站的母线，通常采用单母线制。如果是两路及以上的电源进线时，则采用母线分段制。

图 2-10 所示的高压配电站通常采用一路电源工作，另一路电源采用备用的运行方式，因此母线分段开关通常是闭合的。如果工作电源进线发生故障或需要检修时，在切除该进线后，投入备用电源即可使整个高压配电站恢复供电。

为了测量、监视、保护和控制一次电路设备的需要，每段母线上都接有电压互感器，进线上和出线上均串接有电流互感器。该高压电流互感器均有两个二次绕组，其中一个接测量仪表，另一个接继电保护装置。为了防止雷电波侵入高压配电站时击毁其中的电气设备，各段母线上都装设了避雷器。避雷器和电压互感器装在同一个高压柜中，并共用一组高压隔开关。

3. 高压配电出线

高压配电站共有六路高压配电出线。第一路由左段母线 WB1 经隔离开关—断路器，供电给无功补偿用的高压电容器组；第二路由左段母线 WB1 经隔离开关—断路器，供电给 1 号车间变电所；第三路、第四路分别由两段母线经隔离开关—断路器，供电给 2 号车间变电所；第五路由右段母线 WB2 经隔离开关—断路器，供电给 3 号车间变电所；第六路由右段母线 WB2 经隔离开关—断路器，供电给 6kV 高压电动机。

由于配电出线为母线侧来电，因此只在断路器的母线侧装设隔离开关，就可以保证断路器和出线的安全检修。

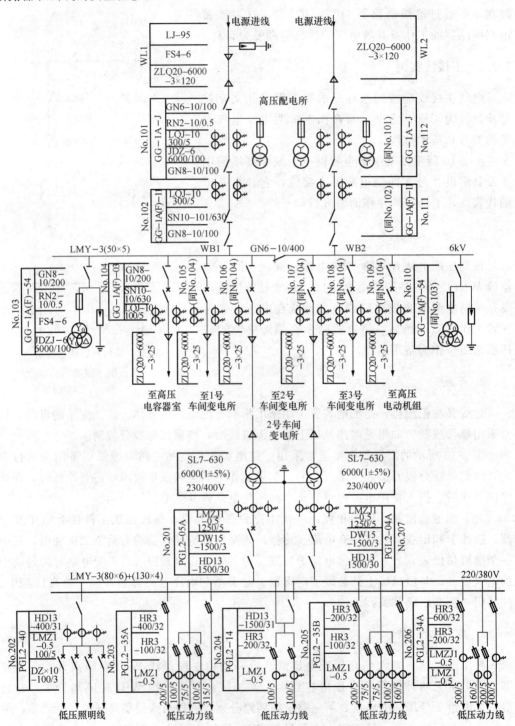

图 2-10　高压配电站及其附设 2 号车间变电所的主接线

4. 2 号车间变电所

2 号车间变电所是由 6～10kV 降至 380/220V 的终端变电所。由于该厂有高压配电站，因此该车间的高压侧开关电器、保护装置和测量仪表等按通常情况安装在高压配出线的首端，即高压配电站的高压配电室内。2 号车间变电所采用两个电源、两台变压器供电，说明其一、二级负荷较多。低压侧母线（380/220V）采用单母线分段接线，并装有中性线。380/220V 母线后的低压配电，采用低压配电屏（共五台），分别配电给动力和照明。其中照明线采用低压刀开关—低压断路器控制；而低压动力线均采用刀熔开关控制。低压配出线上的电流互感器，其二次绕组均为一个绕组，供低压测量仪表使用。

2.4 电力负荷及其计算

教 学 目 标

通过本节的介绍，使读者初步了解什么是负荷曲线以及与负荷曲线有关的物理量的实际意义，理解什么是计算负荷和负荷计算，掌握功率因数及其功率因数的人工补偿，重点掌握按需要系数法确定计算负荷的方法，理解尖峰电流及其计算方法。

2.4.1 负荷曲线

一个企业的电力负荷随用电设备工作时负载的变化总是经常变动的。表示电力负荷随时间变化的曲线称为负荷曲线。负荷曲线可以是有功功率日负荷曲线、无功功率日负荷曲线、有功功率年负荷曲线等。根据需要的不同，负荷曲线可以绘制成全厂的，也可以绘制成某一性质用电设备组的。

1. 日有功负荷曲线

日有功及无功负荷曲线如图 2-11 所示，为了便于在运行中绘制负荷曲线，负荷曲线常绘成阶梯形（图 2-12）。

2. 年有功负荷曲线

从日负荷曲线上，可以知道负荷在一昼夜内的变化规律。如果需要知道负荷在一年内的变化规律，就需要考虑年负荷曲线。

图 2-13（c）所示为年持续负荷曲线。它是根据

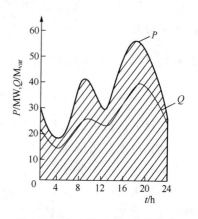

图 2-11　有功及无功日负荷曲线

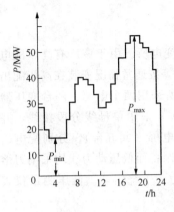

图 2-12 阶梯形有功日负荷曲线

全年的负荷变化，按照各个不同的负荷值，在一年中（8760h）的累计持续时间排列组成的。年持续负荷曲线可由代表日负荷曲线制作。例如，已知某单位夏季代表日与冬季代表日负荷曲线，如图 2-13（a）、图 2-13（b）所示，若夏季按 213 日、冬季按 152 日计算，则该企业的有功年持续负荷曲线如图 2-13（c）所示，其制作方法是：将两个代表日负荷曲线放置于坐标纸的左边，将年持续负荷曲线坐标轴设置于坐标纸右边，选好时间和功率的单位，按代表日负荷曲线上功率由大到小，画一系列平行于横轴的虚线，根据代表日负荷曲线中各不同负荷所持续的时间，夏季乘以 213 日，冬季乘以 152 日，即为该负荷的全年所持续的时间，由大到小画在图 2-12（c）中，即可绘制出企业有功年持续负荷曲线。

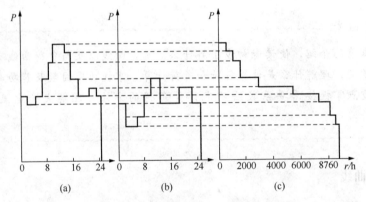

(a)　　　　　　　　(b)　　　　　　　　(c)

图 2-13　年持续负荷负荷曲线的绘制

（a）夏季代表日负荷曲线；（b）冬季代表日负荷曲线；（c）年持续负荷曲线

图 2-14 所示为企业年最大负荷曲线，它反映了从年初元月一日起至年终企业逐日（逐月）综合最大负荷的变化规律。从图 2-14 中可见，该企业夏季负荷比较小，年终负荷比年初大。

2.4.2　与负荷曲线和负荷计算有关的物理量

1. 年最大负荷和年最大负荷利用小时

年最大负荷 P_{max} 就是全年中负荷最大的工作班内消耗电能最大的半小时的平均功率，因此年最大负荷也称为半小时最大负荷 P_{30}。

年最大负荷利用小时又称为年最大负荷使用时间 T_{max}，它是一个假想时间，在此时间内，电力负荷按年最大负荷 P_{max}（或 P_{30}）持续运行所消

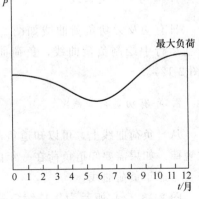

图 2-14　企业年最大负荷曲线

耗的电能，恰好等于该电力负荷全年实际消耗的电能。

图 2-15 所示用来说明年最大负荷利用小时 T_{max} 的几何意义。负荷所消耗的电能系曲线从 0 到 8760 所围成的面积，如果把这一面积用一相等的矩形面积表示，矩形的高代表最大负荷 P_{max}，则矩形的底 T_{max} 就是表示最大负荷利用小时。

年最大负荷利用小时数的大小，在一定程度上反映了实际负荷在一年内变化的程度。如果负荷曲线比较平坦，即负荷随时间的变化较小，则 T_{max} 的值较大；如果负荷变化剧烈，则 T_{max} 的值较小。年最大负荷利用小时是反映电力负荷特征的一个重要参数，它与企业的生产班制有明显的关系。

根据电力用户长期运行和实际积累的经验表明，对于各种类型的企业，最大负荷年利用小时如表 2-1 所示，供参考。

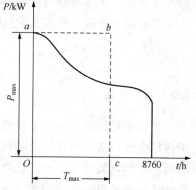

图 2-15　年最大负荷和年最大负荷利用小时

表 2-1　各种企业最大负荷年利用小时

工厂类别	T_{max}/h	工厂类别	T_{max}/h
化工企业	6200	农业机械制造厂	5330
石油提炼厂	7100	仪器制造厂	3080
重型机械制造厂	3770	汽车修理厂	4370
机床厂	4345	车辆修理厂	3580
工具厂	4140	电器企业	4280
轴承厂	5300	氮肥厂	7000～8000
汽车拖拉机厂	4960	金属加工企业	4355
起重运输设备厂	3300		

2. 平均负荷和负荷系数

平均负荷 P_{av} 就是电力负荷在一定时间 t 内平均消耗的功率，也就是电力负荷在该时间 t 内消耗的电能 W_t 除以时间 t 的值，即

$$P_{av} = \frac{W_t}{t} \tag{2-1}$$

年平均负荷 P_{av} 就是电力负荷在一年时间（8760h）内平均消耗的功率，也就是电力负荷在全年内实际消耗的电能 W_a 除以时间 8760h 的值，即

$$P_{av} = \frac{W_a}{8760} \tag{2-2}$$

负荷系数又称负荷率，它是用电负荷的平均负荷 P_{av} 与其最大负荷 P_{max} 的比值，即

$$K_L = \frac{P_{av}}{P_{max}} \tag{2-3}$$

对负荷曲线来说，负荷系数亦称负荷曲线填充系数，它表征负荷曲线不平坦的程度，即表征负荷起伏变动的程度。从充分发挥供电设备的能力、提高供电效率来说，希望此系数越高越趋近于 1 越好。从发挥整个电力系统的效能来说，应尽量使企业的不平坦的负荷曲线"削峰填谷"，以提高负荷系数。

对用电设备来说，负荷系数就是设备的输出功率 P 与设备容量 P_N 的比值，即

$$K_L = \frac{P}{P_N} \tag{2-4}$$

2.4.3 负荷计算

计算负荷是按发热条件选择电气设备的一个假想的负荷，从满足电气设备发热的条件来选择电气设备，用以计算的负荷称为"计算负荷"。计算负荷确定的合理与否直接影响到导线和电气设备的正确选择。

计算负荷的目的是：①选择导线和电缆的规格和型号；②选择企业总降压和车间变压器容量以及规格和型号；③选择供电系统中各种高、低压开关设备的规格和型号。

我国目前普遍采用的负荷计算方法，有需要系数法和二项式法。需要系数法是世界各国均普遍采用的计算方法，简单方便。二项式法在确定设备台数较少而容量差别悬殊的分支干线的负荷计算时，较之需要系数法合理，本小节只介绍需要系数法。

1. 用电设备的容量计算

在进行负荷计算时，必须先将用电设备按其不同工作制性质分为不同的用电设备组，由此确定用电设备组容量后再进行计算。

(1) 对一般连续工作制和短时工作制的用电设备组

设备容量就是所有设备的铭牌额定容量之和为

$$P_{\Sigma N} = \sum P_N \tag{2-5}$$

(2) 对断续周期工作制的用电设备组

设备容量就是将所有设备在不同负荷持续率下的铭牌额定容量换算到一个统一的负荷持续率下的功率之和。常用的断续周期工作制的用电设备换算如下。

1) 电焊机组。要求统一换算到 $\varepsilon = 100\%$，因此可得换算后的设备容量为

$$P_{\Sigma N} = P_N \sqrt{\frac{\varepsilon_N}{\varepsilon_{100}}} = S_N \cos\varphi \sqrt{\frac{\varepsilon_N}{\varepsilon_{100}}}$$

即

$$P_{\Sigma N} = P_N \sqrt{\varepsilon_N} = S_N \cos\varphi \sqrt{\varepsilon_N} \tag{2-6}$$

式中，P_N、S_N——电焊机的铭牌的有功功率和视在功率（kW）；

ε_N——与铭牌对应的负荷持续率；

ε_{100}——100% 的负荷持续率；

$\cos\varphi$——铭牌规定的功率因数。

2) 吊车电动机组。要求统一换算到 $\varepsilon = 25\%$，因此可得换算后的设备容量为

$$P_{\Sigma N} = P_N \sqrt{\frac{\varepsilon_N}{\varepsilon_{25}}} = 2P_e \sqrt{\varepsilon_N} \tag{2-7}$$

式中，P_N——吊车电动机的铭牌容量；

$\quad\quad \varepsilon_N$——与铭牌容量对应的负荷持续率（计算中用小数）；

$\quad\quad \varepsilon_{25}$——其值为 25% 的负荷持续率；

$\quad\quad P_e$——设备容量。

2. 按需要系数法确定计算负荷

（1）用电设备组计算负荷的确定

图 2-16 所示的用电设备组的计算负
荷。考虑到用电设备组的设备实际上不一
定都同时运行，运行的设备也不太可能都

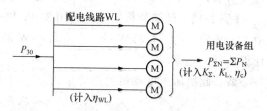

图 2-16　用电设备组的计算负荷

满负荷，同时设备本身有功率损耗，配电电路也有功率损耗，因此用电设备组的有功计
算负荷应为

$$P_{30} = \frac{K_{\Sigma} K_L}{\eta_{\Sigma} \eta_{WL}} P_{\Sigma P} \tag{2-8}$$

式中，K_{Σ}——设备组的同时使用系数，即设备组在最大负荷时运行的设备容量与全部

$\quad\quad\quad$ 设备容量之比；

$\quad\quad K_L$——设备组的负荷系数，即设备组在最大负荷时的输出功率与运行的设备容

$\quad\quad\quad$ 量之比；

$\quad\quad \eta_{\Sigma}$——设备组的平均效率；

$\quad\quad \eta_{WL}$——配电电路的平均效率。

令上式中的 $K_{\Sigma} K_L / (\eta_{\Sigma} \eta_{WL}) = K_d$，这里的 K_d 称为需要系数。由上式可知需要系数
的定义式为

$$K_d = \frac{P_{30}}{P_{\Sigma N}} \tag{2-9}$$

由此可得按需要系数法确定三相用电设备组有功计算负荷的基本公式为

$$P_{30} = K_d P_{\Sigma N} \tag{2-10}$$

实践表明，需要系数 K_d 不仅与用电设备组的工作性质、设备台数、设备效率和电
路损耗等因素有关，而且与操作人员的技能和生产组织等多种因素有关。

在附录中，附表 1 列出了各种用电设备组的需要系数值，可供参考。

在求出有功计算负荷 P_{30} 后，可按下列各式分别求出其余的计算负荷。

无功计算负荷为

$$Q_{30} = P_{30} \tan\varphi \tag{2-11}$$

式中，$\tan\varphi$——对应于用电设备组 $\cos\varphi$ 的正切值。

视在计算负荷为

$$S_{30} = \frac{P_{30}}{\cos\varphi} \tag{2-12}$$

式中，$\cos\varphi$——用电设备组的平均功率因数。

计算电流值为

$$I_{30} = S_{30}/(\sqrt{3}U_N) \qquad (2\text{-}13)$$

式中，U_N——用电设备组的额定电压。

负荷计算中常用的单位：有功功率为"千瓦"（kW），无功功率为"千乏"（kvar），视在功率为"千伏安"（kV·A），电流为"安"（A），电压为"千伏"（kV）。

【例 2-1】 已知某机修车间采用 380V 供电，低压干线上接有冷加工机床 34 台，其中 11kW 的 1 台，4.5kW 的 8 台，2.8kW 的 15 台，1.7kW 的 10 台。试求该机床组的计算负荷。

解 此机床组电动机的总容量为

$$P_{\Sigma N} = (11 \times 1 + 4.5 \times 8 + 2.8 \times 15 + 1.7 \times 10)kW = 106kW$$

在附录中，查附表 1，得 $K_d = 0.16 \sim 0.2$（取 0.2），$\cos\varphi = 0.5$，$\tan\varphi = 1.73$

有功计算负荷为

$$P_{30} = 0.2 \times 106kW = 21.2kW$$

无功计算负荷为

$$Q_{30} = 21.2 \times 1.73kvar = 36.7kvar$$

视在计算负荷为

$$S_{30} = 21.2/0.5kV \cdot A = 42.4kV \cdot A$$

计算电流为

$$I_{30} = 42.4/(\sqrt{3} \times 0.38)A = 64.4A$$

（2）多组（车间）用电设备计算负荷的确定

确定拥有多组用电设备的干线上或车间变电所低压母线上的计算负荷时，应考虑各组用电设备的最大负荷不同时出现的因素。因此在确定多组用电设备的计算负荷时，应结合具体情况对其有功负荷和无功负荷分别计入一个同时系数 $K_{\Sigma p}$ 和 $K_{\Sigma q}$。

对车间干线取 $\begin{cases} K_{\Sigma p} = 0.85 \sim 0.95 \\ K_{\Sigma q} = 0.90 \sim 0.97 \end{cases}$

对低压母线取 ① 由用电设备组计算负荷直接相加时

$$K_{\Sigma p} = 0.8 \sim 0.90$$

$$K_{\Sigma q} = 0.85 \sim 0.95$$

② 由车间干线计算负荷直接相加时

$$K_{\Sigma p} = 0.90 \sim 0.95$$

$$K_{\Sigma q} = 0.93 \sim 0.97$$

总的有功计算负荷为

$$P_{30} = K_{\Sigma p} \sum P_{30,i} \qquad (2\text{-}14)$$

总的无功计算负荷为

$$Q_{30} = K_{\Sigma q} \sum Q_{30,i} \qquad (2\text{-}15)$$

以上两式中的 $\sum P_{30,i}$ 和 $\sum Q_{30,i}$ 分别为各组设备的有功和无功计算负荷之和。

总的视在计算负荷为

$$S_{30} = \sqrt{P_{30}^2 + Q_{30}^2} \tag{2-16}$$

总的计算电流为

$$I_{30} = S_{30} / \sqrt{3} U_N \tag{2-17}$$

【例 2-2】 某机修车间 380V 电路上，接有金属切削机床电动机为 20 台，共为 55kW，通风机 2 台，共 3kW；电阻炉 1 台，为 2kW。试确定此电路上的计算负荷。

解 先求各组的计算负荷。

(1) 金属切削机床组

在附录中，查附表 1，取 $K_d = 0.2$，$\cos\varphi = 0.5$，$\tan\varphi = 1.73$

故有

$$P_{30(1)} = 0.2 \times 55\text{kW} = 11\text{kW}$$

$$Q_{30(1)} = 11 \times 1.73\text{kvar} = 19\text{kvar}$$

(2) 通风机组

在附录中，查附表 1，取 $K_d = 0.8$，$\cos\varphi = 0.8$，$\tan\varphi = 0.75$

故有

$$P_{30(2)} = 0.8 \times 3\text{kW} = 2.4\text{kW}$$

$$Q_{30(2)} = 2.4 \times 0.75\text{kvar} = 1.8\text{kvar}$$

(3) 电阻炉

在附录中，查附表 1，取 $K_d = 0.7$，$\cos\varphi = 1$，$\tan\varphi = 0$，故有

$$P_{30(3)} = 0.7 \times 2\text{kW} = 1.4\text{kW}$$

$$Q_{30(3)} = 0$$

因此总计算负荷为（取 $K_{\Sigma p} = 0.95$，$K_{\Sigma q} = 0.97$）

$$P_{30} = 0.95 \times (11 + 2.4 + 1.4)\text{kW} = 14.1\text{kW}$$

$$Q_{30} = 0.97 \times (19 + 1.8 + 0)\text{kvar} = 20.2\text{kvar}$$

$$S_{30} = \sqrt{14.1^2 + 20.2^2}\text{kV} \cdot \text{A} = 24.6\text{kV} \cdot \text{A}$$

$$I_{30} = 24.6 / (\sqrt{3} \times 0.38)\text{A} = 37.4\text{A}$$

在实际工程设计说明书中，为了使人一目了然，便于审核，常采用计算表格的形式，如表 2-2 所示。

表 2-2　[例 2-2] 需要系数法的电力负荷计算表

序号	用电设备组名称	台数 n	容量 $P_{\Sigma N}$ /kW	需要系数 K_d	$\cos\varphi$	$\tan\varphi$	计算负荷 P_{30} /kW	Q_{30} kvar	S_{30} /(kV·A)	I_{30} A
1	金属切削机床	20	55	0.2	0.5	1.73	11	19		
2	通风机	2	3	0.8	0.8	0.75	2.4	1.8		
3	电阻炉	1	2	0.7	1	0	1.4	0		
		23	60				14.8	20.8		
车间总计		取 $K_{\Sigma p} = 0.95$ $K_{\Sigma q} = 0.97$					14.1	20.2	24.6	37.4

（3）按逐级计算法确定企业计算负荷

所谓逐级计算法是从供配电系统最终端，即用电设备开始计算，逐级向上计算到电源进线，如图 2-17 所示的 $P_{30(1)} \sim P_{30(7)}$。

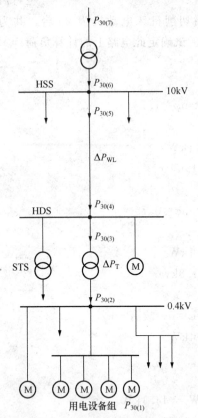

图 2-17 企业供电系统中各部分计算负荷和功率损耗

用电设备组计算负荷（图 2-17 中的 $P_{30(1)}$）的确定和多组用电设备计算负荷（图 2-17 中的 $P_{30(2)}$）的确定方法在前面以经叙述过了。

将车间变电所变压器高压侧计算负荷（图 2-17 中的 $P_{30(2)}$）加上变压器的功率损耗，即得变压器高压侧计算负荷（图 2-17 中的 $P_{30(3)}$）为

$$P_{30(3)} = P_{30(2)} + \Delta P_T \qquad (2-18)$$

$$Q_{30(3)} = Q_{30(2)} + \Delta Q_T \qquad (2-19)$$

式中，ΔP_T——变压器的有功功率损耗；

ΔQ_T——无功功率损耗。在负荷计算中，新型低损耗电力变压器，如 S9、SC9 等的功率损耗可按下列简化公式近似计算。

有功功率损耗为

$$\Delta P_T \approx 0.01 S_{30} \qquad (2-20)$$

无功功率损耗为

$$\Delta Q_T \approx 0.05 S_{30} \qquad (2-21)$$

式中，S_{30}——变压器二次侧的视在计算负荷。

高压配电所（HDS）计算负荷（图 2-17 中的 $P_{30(4)}$），应该是高压母线上所有高压电路计算负荷之和（$\sum P_{30(3) \cdot i}$ 和 $\sum Q_{30(3) \cdot i}$），再乘上一个有功同时系数和无功同时系数 $K_{\Sigma p}$ 和 $K_{\Sigma q}$ 即

$$P_{30(4)} = K_{\Sigma p} \cdot \sum P_{30(3) \cdot i} \qquad (2-22)$$

$$Q_{30(4)} = K_{\Sigma q} \cdot \sum Q_{30(3) \cdot i} \qquad (2-23)$$

式中，有功同时系数 $K_{\Sigma p}$ 取 0.95~0.97，无功同时系数 $K_{\Sigma q}$ 取 0.97~1。

电路的有功功率损耗是电流通过电路电阻所产生的，无功功率损耗是电流通过电路电抗所产生的，可分别按下式计算为

$$\Delta P_{WL} = 3 I_{30}^2 \cdot R_{WL} \qquad (2-24)$$

$$\Delta Q_{WL} = 3 I_{30}^2 \cdot X_{WL} \qquad (2-25)$$

式中，ΔP_{WL}、ΔQ_{WL}——高压电路的有功功率损耗和无功功率损耗。

高压配电电路的计算负荷（图 2-17 中的 $P_{30(5)}$），应该是该高压配电电路所供高压配电所的计算负荷（图 2-17 中的 $P_{30(4)}$），再加上高压配电电路的功率损耗，即

$$P_{30(5)} = P_{30(4)} + \Delta P_{WL} \qquad (2-26)$$

$$Q_{30(5)} = Q_{30(4)} + \Delta Q_{WL} \qquad (2-27)$$

企业总降压变电所（HSS）低压侧计算负荷（图 2-17 中的 $P_{30(6)}$）、高压侧计算负荷（图 2-17 中的 $P_{30(7)}$）的确定方法可以依此类推，这里省略。

（4）企业的功率因数

《供电营业规则》规定："用户在当地供电企业规定的电网高峰负荷时的功率因数应达到下列规定：100kV·A 及以上高压供电的用户功率因数为 0.90 以上，其他电力用户和大、中型电力排灌站、趸购转售电企业，功率因数为 0.85 以上。农业用电，功率因数为 0.80。"并规定，凡功率因数不能达到上述规定的新用户，供电企业可拒绝接电。对已送电的用户均应努力达到上述利率标准。供电部门可按规定的利率标准实行利率调整电费制度，也可根据情况限制或停止供电。

1）瞬时功率因数。瞬时功率因数可由功率因数表（相位表）直接测量，亦可由功率表、电流表和电压表的读数按下式求出（间接测量）

$$\cos\varphi = P/(\sqrt{3}\,IU) \tag{2-28}$$

式中，P——功率表测出的三相功率读数（kW）；

　　I——电流表测出的线电流读数（A）；

　　U——电压表测出的线电压读数（kV）。

瞬时功率因数只用来了解和分析企业或设备在生产过程中无功功率的变化情况，以便采取适当的补偿措施。

2）平均功率因数。平均功率因数亦称加权平均功率因数，按下式计算为

$$\cos\varphi = \frac{W_p}{\sqrt{W_p^2 + W_q^2}} = \frac{1}{\sqrt{1 + \left(\dfrac{W_q}{W_p}\right)^2}} \tag{2-29}$$

式中，W_p——某一时间内消耗的有功电能，由有功电度表读出；

　　W_q——某一时间内消耗的无功电能，由无功电度表读出。

我国电业部门每月向工业用户收取电费，规定电费要按月平均功率因数的高低来调整。

3）最大负荷时的功率因数。最大负荷时功率因数是指在年最大负荷（即计算负荷）时的功率因数，按下式计算为

$$\cos\varphi = P_{30}/S_{30} \tag{2-30}$$

（5）功率因数的人工补偿

企业中由于有大量的感应电动机、电焊机、电弧炉及气体放电灯等感性负荷，从而使功率因数降低。如在充分发挥设备潜力、改善设备运行性能、提高其自然功率因数的情况下，尚达不到规定的企业功率因数要求时，则需考虑人工补偿。

图 2-18 表示功率因数提高与无功功率和视在功率变化的关系。假设功率因数由 $\cos\varphi$ 提高到 $\cos\varphi'$，这时在负荷需用的有功功率 P_{30} 不变的条件下，无

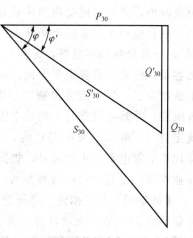

图 2-18　功率因数提高与无功功率和视在功率变化的关系

功功率将由 Q_{30} 减小到 Q'_{30}，视在功率将由 S_{30} 减小到 S'_{30}。相应地负荷电流 I_{30} 也得以减小，这将使系统的电能损耗和电压损耗相应降低，既节约了电能，又提高了电压质量，而且可选较小容量的供电设备和导线电缆，因此提高功率因数对电力系统大有好处。

由图 2-18 可知，要使功率因数由 $\cos\varphi$ 提高到 $\cos\varphi'$，装设的无功补偿装置容量必须为

$$Q_C = Q_{30} - Q'_{30} = P_{30}(\tan\varphi - \tan\varphi') \tag{2-31}$$

或为

$$Q_C = \Delta q_C P_{30} \tag{2-32}$$

式中，$\Delta q_C = \tan\varphi - \tan\varphi'$，称为无功补偿率，或比补偿容量。无功补偿率，是表示要使 1kW 的有功功率由 $\cos\varphi$ 提高到 $\cos\varphi'$ 所需要的无功补偿容量的值（kvar）。

在附录中，附表 3 列出了并联电容器的无功补偿率，可利用补偿前后的功率因数直接查出。

在确定了总的补偿容量后，即可根据所选并联电容器的单个容量 q_C 来确定电容器的个数，即

$$n = Q_C / q_C \tag{2-33}$$

常用的并联电容器的主要技术数据，如附表 4 所列。

由上式计算所得的电容器个数 n，对于单相电容器（电容器全型号后面标"1"者）来说，应取 3 的倍数，以便三相均衡分配。

（6）无功补偿后的企业计算负荷计算

企业（或车间）装设了无功补偿装置以后，则在确定补偿装置装设地点以前的总计算负荷时，应扣除无功补偿的容量，即总的无功计算负荷为

$$Q'_{30} = Q_{30} - Q_C \tag{2-34}$$

补偿后总的视在负荷为

$$S'_{30} = \sqrt{P_{30}^2 + (Q_{30} - Q_C)^2} \tag{2-35}$$

由上式可以看出，在变电所低压侧装设了无功补偿装置以后，由于低压侧总的视在负荷减小，从而可使变电所主变压器的容量选得小一些。这不仅降低了变电所的初投资，而且可减少企业的电费开支。因为我国电业部门对大工业用户是实行的"两部电费制"，一部分叫基本电费，是按所装设的主变压器容量来计费的，规定每月以 kV·A 为容量单位来计算要交多少钱，容量越大，交的基本电费就多，容量减小了，交的基本电费就少了；另一部分电费叫电度电费，是按每月实际耗用的电能（kW·h）数来计算电费，并且要根据月平均功率因数的高低乘上一个调整系数。凡月平均功率因数高于规定值（一般规定为 0.85）的，可按一定比率减收电费；而低于规定值时，则要按一定比率加收电费。由此可见，提高企业功率因数不仅对整个电力系统大有好处，而且对企业本身也是有一定经济利益的。

【例 2-3】 某厂拟建一降压变电所，装设一台主变压器。已知变电所低压侧有功计算负荷为 710kW，无功计算负荷为 900kvar。为了使企业（变电所高压侧）的功率因数不低于 0.9，如在低压侧装设并联电容器进行补偿时，需装设多少补偿容量？补偿前后企业变电所所选主变压器的容量有何变化？

解 1）补偿前的变压器容量和功率因数。

变电所低压侧的视在计算负荷为

$$S_{30(2)} = \sqrt{710^2 + 900^2}\,kV \cdot A = 1146kV \cdot A$$

主变压器容量选择条件为 $S_{N,T} \geqslant S_{30(2)}$，因此未进行无功补偿时，主变压器容量应选为 $1250kV \cdot A$（参见附表 5、附表 6）。

这时变电所低压侧的功率因数为

$$\cos\varphi_{(2)} = 710/1146 = 0.62$$

2）无功补偿容量。

按规定，变电所高压侧的 $\cos\varphi \geqslant 0.90$。考虑到变压器的无功功率损耗 ΔQ_T 远大于有功功率损耗 ΔP_T，一般 $\Delta Q_T = (4 \sim 5)\Delta P_T$，因此在变压器低压侧补偿时，低压侧补偿后的功率因数应略高于 0.90，这里取 $\cos\varphi' = 0.92$。

要使低压侧功率因数由 0.62 提高到 0.92，低压侧需装设的并联电容器容量为

$$Q_C = 710 \times [\tan(\arccos 0.62) - \tan(\arccos 0.92)]kvar$$
$$= 596kvar$$

取为

$$Q_C = 600kvar$$

3）补偿后的变压器容量和功率因数。

变电所低压侧的视在计算负荷为

$$S'_{30(2)} = \sqrt{710^2 + (900 - 600)^2}\,kV \cdot A = 770.8kV \cdot A$$

因此，无功补偿后主变压器容量可选为 $800kV \cdot A$（参看附表 5、附表 6）。

变压器的功率损耗为

$$\Delta P_T \approx 0.01 S'_{30(2)} = 0.01 \times 770.8kW = 7.7kW$$
$$\Delta Q_T \approx 0.05 S'_{30(2)} = 0.05 \times 770.8kvar = 38.5kvar$$

变电所高压侧的计算负荷为

$$P'_{30(1)} = (710 + 7.7)kW = 717.7kW$$
$$Q'_{30(1)} = [(900 - 600) + 38.5]kvar = 338.5kvar$$
$$S'_{30(1)} = \sqrt{717.7^2 + 338.5^2}\,kV \cdot A = 793.5kV \cdot A$$

无功补偿后，企业的功率因数为

$$\cos\varphi' = P'_{30(1)}/S'_{30(1)} = 717.7/793.5 = 0.904$$

这一功率因数满足要求。

4）无功补偿前后比较。

$$S'_{N.T} - S_{N.T} = (1250 - 800)kV \cdot A = 450kV \cdot A$$

变压器容量在补偿后减少了 $450kV \cdot A$，不仅会减少基本电费开资，而且由于提高了功率因数，还会减少电度电费开支。

由此例可以看出，采用无功补偿来提高功率因数，能使企业取得可观的经济效益。

2.4.4 尖峰电流的计算

尖峰电流是指持续时间 $1 \sim 2s$ 的短时最大负荷电流。

尖峰电流主要用来选择熔断器和低压断路器，整定继电保护装置及检验电动机自起动条件等。

1. 单台用电设备尖峰电流的计算

单台用电设备的尖峰电流就是其起动电流，因此尖峰电流为

$$I_{pk} = I_{st} = K_{st} I_N \tag{2-36}$$

式中，I_N——用电设备的额定电流；

I_{st}——用电设备的起动电流；

K_{st}——用电设备的起动电流倍数；笼型电动机为 $5 \sim 7$，绕线型电动机为 $2 \sim 3$，直流电动机为 1.7，电焊变压器为 3 或稍大。

2. 多台用电设备尖峰电流的计算

引至多台用电设备的电路上的尖峰电流按下式计算为

$$I_{pk} = K_\Sigma \sum_{i=1}^{n-1} I_{N,i} + I_{st,max} \tag{2-37}$$

或为

$$I_{pk} = I_{30} + (I_{st} - I_N)_{max} \tag{2-38}$$

式中，$I_{st,max}$ 和 $(I_{st} - I_N)_{max}$——用电设备中起动电流与额定电流之差为最大的那台设备的起动电流及其起动电流与额定电流之差；

$\sum_{i=1}^{n-1} I_{N,i}$——将起动电流与额定电流之差为最大的那台设备除外的其他 $n-1$ 台设备的额定电流之和；

K_Σ——上述 $n-1$ 台设备的同时系数，按台数多少选取，一般为 $0.7 \sim 1$；

I_{30}——全部投入运行时电路的计算电流。

【例 2-4】 有一 380V 三相电路，供电给如表 2-3 所示 4 台电动机。试计算该电路的尖峰电流。

表 2-3 ［例 2-4］的负荷资料

参数	电 动 机			
	M1	M2	M3	M4
额定电流 I_N/A	13.5	23.9	18.0	36.5
起动电流 I_{ST}/A	81	155.35	108	255.5

解 由表 2-3 可知，电动机 M4 的 $I_{st} - I_N = 255.5A - 36.5A = 219A$ 为最大。取 $K_\Sigma = 0.9$，因此该电路的尖峰电流为

$$I_{pk} = 0.9 \times (13.5 + 23.9 + 18.0)A + 255.5A = 305.36A$$

本 章 小 结

企业内部供电系统由高压和低压配电电路、变电所（或配电站）以及用电设备构

成。它通常是由电力系统或企业自备发电厂供电的。变配电所是电力系统中变换电压、接受和分配电能、控制电流的流向和调整电压的设施。对于大型企业或用电负荷较大的中型企业，变电所分为总降压变电所、车间变电所。企业的高压配电所（也称高压开关站），应尽可能与邻近的车间变电所合建。

电气主接线是由各种主要电气设备（包括变压器、开关电器、母线、互感器及连接电路等）按一定顺序连接而成的接受和分配电能的总电路。其基本形式有：电路—变压器组单元接线、单母线接线、双母线接线和桥式接线。电力负荷随时间变化的曲线称为负荷曲线。与负荷曲线有关的物理量主要有负荷系数、平均负荷、年最大负荷、年最大负荷利用小时等。

计算负荷是按发热条件选择电气设备的一个假想的负荷，计算负荷确定的合理与否直接影响到导线和电气设备的正确选择。用需要系数法确定计算负荷应用较广泛，适合设备台数较多的场合。企业计算负荷要从单台、用电设备组、多组（车间）用电设备、低压母线、主变压器损耗、配电电路、低压母线、高压母线依次算起，同时考虑无功功率因数的人工补偿，最后确定出总的计算负荷。

思考题与习题

2-1　企业供电系统是由哪几部分组成的？

2-2　企业变配电站的作用和类型是什么？

2-3　企业变配电所的电气主接线有哪些类型？

2-4　电路—变压器组单元接线有什么优缺点？

2-5　什么是内桥式接线和外桥式接线？各适用于什么场合？

2-6　什么是负荷曲线？

2-7　什么是计算负荷？

2-8　使用计算负荷的目的是什么？

2-9　什么叫年最大负荷利用小时？什么叫年最大负荷和年平均负荷？什么叫负荷系数？

2-10　什么叫平均功率因数？如何计算？有何用途？

2-11　进行无功功率补偿、提高功率因数，有什么意义？如何确定无功补偿容量？

2-12　什么叫尖峰电流？尖峰电流的计算有什么用处？

2-13　有一个大批生产的机械加工车间，拥有金属切削机床电动机，其容量共为 800kW，通风机容量共为 56kW，电路电压为 380V。试分别确定各组和车间的计算负荷 P_{30}、Q_{30}、S_{30} 和 I_{30}。

2-14　有一机修车间，拥有冷加工机床 52 台，共 200kW；行车 1 台，共 5.1kW（$\varepsilon=15\%$）；通风机 4 台，共 5kW；点焊机 3 台，共 10.5kW（$\varepsilon=65\%$）。车间采用 220/380V 三相四线制（TN-C 系统）供电。试确定车间的计算负荷 P_{30}、Q_{30}、S_{30} 和 I_{30}。

2-15　有一 380V 的三相电路，供电给 35 台小批生产的冷加工机床电动机，总容量为 85kW，其中较大容量的电动机有：7.5kW 的 1 台，4kW 的 3 台，3kW 的 12 台。试用需要系数法确定其计算负荷 P_{30}、Q_{30}、S_{30} 和 I_{30}。

2-16 某厂变电所装有一台 SL7-630/10 型电力变压器，其二次侧（380V）的有功计算负荷为 420kW，无功计算负荷为 350kvar。试求此变电所一次侧的计算负荷及其功率因数。如果功率因数未达到 0.90，问此变电所低压母线上应装设多大容量并联电容器才能达到要求？

2-17 某厂的有功计算负荷为 2400kW，功率因数为 0.65。现拟在企业变电所 10kV 母线上装设 BW 型并联电容器，使功率因数提高到 0.90。试计算所需电容器的总容量。如采用 BW10.5-30-1 型电容器，问需装设多少个？装设电容器以后该厂的视在计算负荷为多少？比未装设电容器时的视在计算负荷减少了多少？

2-18 某车间有一条 380V 电路供电给表 2-4 所示 5 台交流电动机。试计算该电路的计算电流和尖峰电流（提示：计算电流在此可近似地按下式计算：$I_{30} = K_{\Sigma} \sum I_{N}$，式中 K_{Σ} 建议取为 0.9）。

表 2-4　习题 2-18 的负荷资料

参　数	电　动　机				
	M1	M2	M3	M4	M5
额定电流 I_{N}(A)	10.2	32.4	30	6.1	20
起动电流 I_{st}(A)	66.3	227	165	34	140

第3章

企业电力电路

知识点 ☞

1. 高低压配电电路的三种接线方式及其用途。
2. 电力电路按结构划分的类别及其构成和敷设。
3. 导线及电缆截面选择需要遵循的条件。
4. 电力线路运行及维护常识等。

3.1 电力电路的接线方式

教 学 目 标

通过本节的介绍，使读者了解高低压电路的几种接线方式，同时掌握各种接线形式在实际应用中的区别。

3.1.1 高压配电电路的接线方式

企业的高压配电电路有放射式、树干式和环式等基本接线方式。

1. 放射式接线

放射式接线就是每个负荷都有独立的电路供电，都来自于总配电所，电路之间互不影响，因此供电可靠性较高。而且便于装设自动装置；但是高压开关设备用得较多，而且每台高压断路器或负荷开关须装设一个高压开关柜，从而使投资增加。

2. 树干式接线

树干式接线就是许多负荷共用一条电路，树干式接线与放射式接线相比，具有以下优点：多数情况下，能减少电路的有色金属消耗量；采用的高压开关数量较少，投资较省。但有下列缺点：供电可靠性较低，当高压配电干线发生故障或检修时，接于该干线的所有负荷都要停电；同时在实现自动化方面，适应性较差。

3. 环式接线

环式接线实质上是两端供电的树干式接线。为了避免环形电路上发生故障时影响整个电网的正常运行，也为了便于实现电路保护的选择性，因此绝大多数环形电路采取"开口"运行方式，即环形电路中有一处的开关正常时是断开的。这种环式接线在现代城市电网中应用很广。

3.1.2 低压配电电路的接线方式

企业的低压配电电路也有放射式、树干式和环网式等基本接线方式。

1. 放射式接线

放射式接线的特点：其配电出线发生故障时，不致影响其他配电出线的运行，因此供电可靠性较高，如图 3-1 所示。

2. 树干式接线

树干式接线的特点：其特点正好与上述放射式接线相反。一般情况下，树干式采用的开关设备较少，有色金属消耗量也较少，但在干线发生故障时，影响范围大，因此供电可靠性较低，如图 3-2 所示。

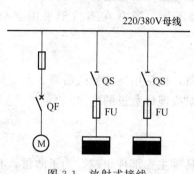

图 3-1　放射式接线

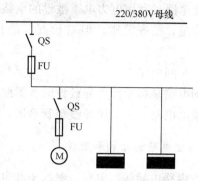

图 3-2　树干式接线

　　链式接线就是负荷之间相互连接，下一负荷电源来自于上一负荷接线处。链式接线的特点与树干式基本相同，适于用电设备彼此相距很近而容量均较小的次要用电设备。

　　3. 环式接线

　　环形接线的供电可靠性较高。任一段电路发生故障或需要检修时，都不致造成供电中断，或只是短暂停电，一旦切换电源的操作完成，即可恢复供电，如图 3-3 所示。环形接线可使电能损耗和电压损耗减少，但是环形系统的保护装置及其整定配合比较复杂，如配合不当，容易发生误动作，反而扩大故障停电范围。

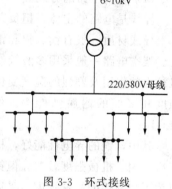

图 3-3　环式接线

3.2　电力电路的结构和技术要求

教学目标

　　通过本节的介绍，使读者对电力电路的结构分类有一个基本了解，同时对架空电路、电缆电路和车间电路的使用特点、范围及区别有初步的掌握。

企业供配电电路的结构与敷设

　　1. 供配电电路的结构类型及其特点

　　供配电电路按结构形式来分，有架空电路、电缆电路和车间电路等三类。

　　（1）架空电路

　　架空电路是利用电杆架空敷设导线的露天电路。架空电路造价较低，架设施工容易，巡视检修方便，易于发现和排除故障，因此被广泛采用。

（2）电缆电路

电缆电路是利用电力电缆敷设的电路。电缆可避免雷电危害和机械损伤，不影响厂区地面设施，整齐美观，但造价高，维护检修不便，通常在不适于采用架空电路时采用。

（3）车间电路

车间电路是指车间内外敷设的各类配电电路，包括用绝缘导线沿墙、沿屋架或沿天花板明敷的电路，用绝缘导线穿管沿墙、沿屋架或埋地敷设的电路。

2．架空电路的结构和敷设

架空电路由导线、电杆、绝缘子和电路金具等主要部件组成。为了防雷，有的架空电路上还在电杆顶端架避雷线（架空地线），如图 3-4 所示。为了加强电杆的稳固性，有的电杆还安装有拉线或板桩。

（1）架空电路的导线

导线是电路的主体，担负着输送电能（电力）的功能。

导线材质一般有铜、铝和钢三种。

架空电路一般采用多股绞线，架设在杆塔上，电路要承受自重、风压、冰雪载荷等机械力的作用及剧烈的温度变化和化学腐蚀，所以要求导线具有优良的导电性能、机械强度和很好的耐腐蚀能力。绞线又有铜绞线（TJ）、铝绞线（LJ）和钢芯铝绞线（LGJ）。

其中，铜的导电性能好，机械强度大，抗拉强度高，抗腐蚀能力强；铝的导电性能仅次于铜，机械强度较差，但铝的价格便宜；钢的导电性能差，但其机械强度较高。所以为了加强铝的机械强度，采用多股绞成并用抗拉强度较高的钢作为线芯，把铝线绞在线芯外面，作为导电部分，这种绞线称为钢芯铝绞线，其截面如图 3-5 所示。

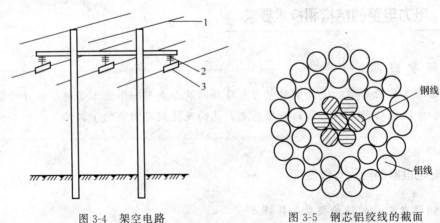

图 3-4　架空电路　　　　　　　图 3-5　钢芯铝绞线的截面

1—避雷线；2—绝缘金具；3—绝缘子

钢芯铝绞线集中了铝和钢的优点，导电率与铝绞线接近，但机械强度得到了大大增强，广泛应用于机械强度要求较高和 35kV 及以上的架空电路上。

（2）电杆、横担和拉线

电杆是支持导线的支柱，是架空电路的重要组成部分。对电杆的要求，主要是有足够的机械强度，同时尽可能经久耐用，价廉，便于搬运和安装。

电杆按其采用的材料分，有木杆、水泥杆和铁塔等三种。电杆按其在架空电路中的功能和地位分，有直线杆、分段杆、转角杆、终端杆、跨越杆和分支杆等形式。如图 3-6 所示是上述各种线杆在低压架空电路中应用的示意图。

横担安装在电杆的上部，用来安装绝缘子以架设导线。常用的横担有木横担、铁横担和瓷横担。现在普遍采用铁横担和瓷横担。瓷横担用于高压架空电路，兼有绝缘子和横担的双重功能，能节约大量木材和钢材，降低电路造价。它能在断线时转动，可避免因断线而扩大事故，同时它的表面便于雨水冲洗，可减少电路维护工作。

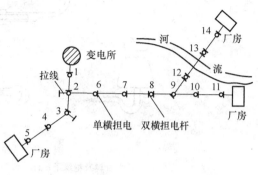

图 3-6　各类线杆在低压架空电路上的应用

拉线是为了平衡电杆各方面的作用力，并抵抗风压以防止电杆倾倒而使用的，如终端杆、转角杆、分段杆等，往往都装有拉线。

（3）电路绝缘子和金具

绝缘子又称瓷瓶。电路绝缘子用来将导线固定在电杆上，并使导线与电杆绝缘。如图 3-7 所示是电路绝缘子的外形结构。

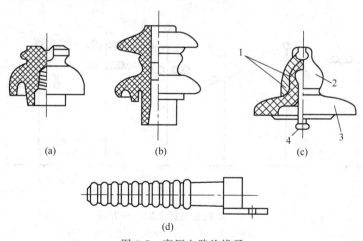

图 3-7　高压电路绝缘子

（a）针式；（b）蝴蝶式；（c）悬式；（d）瓷横担

1—水泥胶合剂；2—帽；3—瓷件；4—钢脚

电路金具是用来连接导线、安装横担和绝缘子、固定和紧固拉线等的金属附件，常见的电路金具如图 3-8 所示。有安装针式绝缘子的直脚、弯脚；安装碟式绝缘子的穿心螺钉；固定横担的 U 形抱箍；调节拉线松紧的花篮螺钉等。

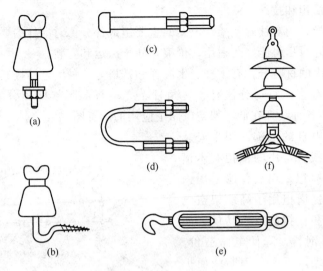

图 3-8 架空电路金具

(a) 直脚及绝缘子；(b) 弯脚及绝缘子；(c) 穿心螺钉；

(d) U 形抱箍；(e) 花篮螺钉；(f) 悬式绝缘子及金具

（4）架空电路的敷设

1）架空线的选择。正确选择电路路径排定秆位，要求，路径要短，转角要少，交通运输方便，便于施工架设和维护，尽量避开江河、道路和建筑物，运行可靠，地质条件好，另外还要考虑今后的发展。敷设架空电路，要严格遵守有关技术规程的规定。

2）导线在电杆上的排列方式，如图 3-9 所示。

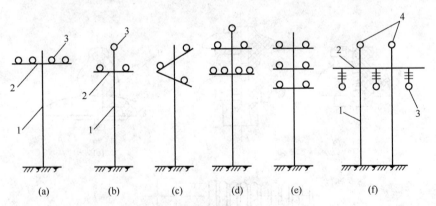

图 3-9 导线在电杆上的排列方式

1—电杆；2—横担；3—导线；4 避雷线

3）架空电路的档距与弧垂。架空电路的档距（又称"跨距"）是指同一条电路两相邻电杆之间的水平距离，厂区架空电路的档距，低压为 25～40m，高压（10kV 及以下）为 35～50m。

导线的弧垂（又称"弛垂"），是指架空电路一个档距内导线最低点与两端电杆上导线固定点间的垂直距离。

3. 电缆电路的结构和敷设

（1）电力电缆的结构

电缆是一种特殊的导线，由导电芯、绝缘层、铅包（或铝包）和保护层几个部分组成。保护层又分为内护层和外护层，内护层用以直接保护绝缘层，而外护层用以防止内护层遭受机械损伤和腐蚀，外护层通常为钢丝或钢带构成的钢缆，外覆沥青、麻被或塑料护套，如图3-10所示。

电缆的类型很多。电力电缆按其缆芯材质分铜芯和铝芯两大类；按芯数又可分为单芯、双芯、三芯及四芯等；按其采用的绝缘介质分油浸纸绝缘的和塑料绝缘的两大类。塑料绝缘电缆又有聚氯乙烯绝缘及护套电缆和交联聚乙烯绝缘聚乙烯护套电缆两种。

（2）电缆头的结构

电缆头包括将两段电缆连接在一起的中间接头、电缆始端和终端连接导线及电气设备的终端头。电缆终端头分户外型和户内型两种。户内型电缆终端头型

图 3-10　油浸纸绝缘电力电缆

1—缆芯；2—油浸纸绝缘层；3—麻筋；4—油浸纸；5—铅包；6—涂沥青的纸带；7—浸沥青的麻被；8—铜铠；9—麻被

式较多，常用的是铁皮漏斗型、塑料干封型和环氧树脂终端头型。环氧树脂终端头，具有工艺简单、绝缘和密封性能好、体积不大、重量轻、成本低等优点，被广泛使用。经验表明，电缆头是电缆电路中的薄弱环节，电路中的大部分故障都发生在接头处，因此电缆头的制作要求很严格，必须保证电缆密封完好，具有良好的电气性能、较高的绝缘强度和机械强度。

（3）电缆的敷设方式

敷设电缆一定要严格按有关规程和设计要求进行，电缆敷设的路径要最短，力求减少弯曲，尽量减少外界因素，如机械的、化学的等对电缆的损坏；散热要好；尽量避免与其他管道交叉；避开规划中要挖土的地方。

企业中常见的电缆敷设方式有直接埋地敷设，利用电缆沟和电缆桥架等几种。而电缆隧道和电缆排管等敷设方式较少采用。

1）直接埋地敷设。通常沿敷设路径挖一壕沟，深度不得小于0.7m，离建筑物基础不得小于0.6m，在沟底铺以100mm厚的软土或砂层，再敷设电缆，然后在其上再铺100mm厚的软土或砂层，盖以混凝土保护层，如图3-11所示。这种敷设方法散热性能好、载流量大、敷设方便，设有专门设施，准备期短，

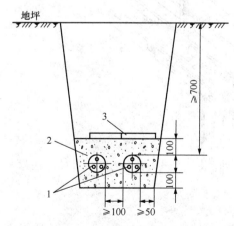

图 3-11　直接埋地敷设

1—10kV以下电力电缆；2—砂或软土；3—保护板

比较经济，但维护、更换电缆麻烦，对外来机械损伤的抵御能力差，易受土层腐蚀物质损害。一般大型工厂车间与变电站之间的较长干线宜采用这种方式。

2）电缆沟。电缆敷设在预先修建好的水泥沟内，上面用盖板覆盖，这种方式占地少，走向灵活，敷设检修、更换和增设电缆均较方便，并且可以多根或多种电缆并敷，但投资较直埋敷设大，载流量比直埋敷设小，在容易积水的场所不宜使用，如图 3-12 所示。

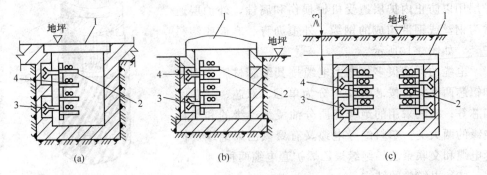

图 3-12　电缆沟敷设

（a）户内；（b）户外；（c）厂区

1—盖板；2—电缆支架；3—预埋铁件；4—电缆

3）电缆隧道。电缆隧道具有敷设、检修、更换和增设电缆十分方便的优点，可以同时敷设几十根以上的各种电缆。缺点是投资很大，防火要求很高，一般用于大型工厂变电所、发电厂引出区部位的区段。

4）电缆桥架。利用车间空间、墙、柱、梁等，用支架固定电缆，排列整齐、结构简单、维护检修方便，缺点是积灰严重，易受热力管道影响，不够美观。如图 3-13 所示。

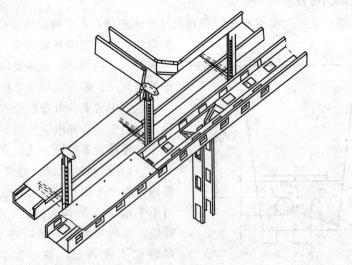

图 3-13　电缆桥架敷设

（4）电缆敷设的一般要求

为了识别裸导线（含母线）的相序，以利于运行维护和检修，按《电工成套装置中的导线颜色》（GB 2681—1981）规定，交流三相系统中的裸导线应按表 3-2 所示涂色。裸导线涂色不仅用来辨别相序和用途，而且能够防蚀和改善散热条件。

表 3-1　电缆与管道相互间允许距离　　　　　　　　　　（单位：mm）

电缆与管道之间走向		电力电缆	控制和信号电缆
热力管道	平行	1000	500
	交叉	500	250
其他管道	平行	150	100

表 3-2　交流三相系统中裸导线的涂色

裸导线类别	A 相	B 相	C 相	N 线和 PEN 线	PE 线
涂漆颜色	黄	绿	红	淡蓝	黄绿双色

4. 车间电路的结构和敷设

车间电路包括室内配电电路和室外配电电路。

室内配电电路多采用绝缘导线，但配电干线多采用裸导线（或硬母线），少数情况下用电缆；室外配电电路指沿着车间外墙或屋檐敷设的低压配电电路和引入建筑物的进户线，以及各车间之间短距离架空电路，一般均采用绝缘导线。

（1）绝缘导线

绝缘导线按芯线材料的不同分为铜芯和铝芯导线；按绝缘材料的不同分为橡胶绝缘导线和塑料绝缘导线；按芯线构造的不同可分为单芯导线、多芯导线和软线。

绝缘导线的敷设方式分明敷设和暗敷设两大类。导线敷设于墙壁、桁梁架或天花板等的表面称为明敷；导线穿管埋设在墙内、地坪内或装设在顶棚里称为暗敷。

具体布线方式有如下几种。

1）瓷夹、瓷柱和瓷瓶配线：沿墙壁（桁架）或天花板明敷。

2）木板配线：适用于干燥无腐蚀的房屋内的明敷。

3）穿管配线：分为明敷和暗敷两种。钢管适用于防护机械损伤的场合，但不宜用于有严重腐蚀的场所；塑料管除不能用于高温和对塑料有腐蚀的场所外，其他场所均可选用。

4）钢索配线：钢索横跨在车间或构架之间，一般用于厂房和露天场所。

（2）裸导线

车间的配电干线或分支线通常采用硬母线（又称母排）的结构，截面形状有圆形、矩形和管形等，实际应用中以采用 LMY 型硬铝母线最为普遍。采用裸导线作为导线的原因是安装简单，投资少，容许电流大，可以节省绝缘材料。裸导线的敷设主要是要满足安全间距的要求，距地面不得低于 2.5m。

车间配电电路还可采用一种封闭式母线，由制造厂成套设备供应各种水平或垂直接头，构成插接式母线系统，接线方式方便灵活，也较美观，适用于车间面积大，设备容量不大，用电设备布置均匀紧凑，而又可能因工艺流程改变需经常调整位置的车间。其缺点是结构复杂，需钢材较多，价格较贵。

车间内的吊车滑触线通常采用角钢，但新型安全滑触线的载流导体则为钢排且外面有保护罩。

可见，车间低压电路敷设方式的选择，应根据周围环境条件、工程设计要求和经济条件决定。

3.3 导线和电缆截面的选择

教 学 目 标

通过本节的介绍，使读者对导线和电缆形式的选择必须遵循的条件有初步的认识，同时对每种原则下如何选择导线和电缆有较为深刻的理解。

3.3.1 导线和电缆形式的选择

高压架空电路，一般采用铝绞线。当档距较大、电杆较高时，宜采用钢芯铝绞线。沿海地区及有腐蚀性介质的场所，宜采用铜绞线或防腐铝绞线。低压架空电路，也一般采用铝绞线。

高压电缆电路，在一般环境和场所下，可采用铝芯电缆；但在有特殊要求的场所，例如，在震动剧烈、有爆炸危险、高温及对铝有腐蚀的场所，应采用铜芯电缆。埋地敷设的电缆，应采用有外护层的铠装电缆；但在无机械损伤可能的场所，可采用塑料护套电缆或带外护层的铅包电缆。在可能发生位移的土层中埋地敷设的电缆，应采用钢丝铠装电缆。敷设在电缆沟、桥架或穿管（排管）的电缆，一般采用裸铠装电缆或塑料护套电缆。交联电缆宜优先采用。

对低压电缆电路，一般也采用铝芯电缆，但特别重要的或有特殊要求的电路，可采用铜芯绝缘线。

3.3.2 导线和电缆截面选择的条件

为了保证供配电电路安全、可靠、优质、经济地运行，供配电电路的导线和电缆截面的选择必须满足下列条件。

1. 发热条件

导线和电缆（包括母线）在通过正常最大负荷电流（即计算电流）时产生的发热温度，不应超过其正常运行时的最高允许温度。

2. 电压损耗条件

导线和电缆在通过正常最大负荷电流即电路计算电流时产生的电压损耗，不应超过正常运行时允许的电压损耗。

3. 经济电流密度

35kV 及以上高压电路及电压在 35kV 以下但距离长、电流大的电路，其导线和电缆截面按经济电流密度选择，以使电路的年费用支出最小。企业内的 10kV 及以下电路，通常不按此原则选择。

4. 机械强度

导线（包括裸导线和绝缘导线）截面应不小于其最小允许截面。架空裸导线的最小允许截面见附表 19，绝缘导线线芯的最小允许截面见附表 20。对于电缆，由于它有内外护套，机械强度一般满足要求，不需校验，但需校验短路热稳定度。母线也应校验短路稳定度。关于绝缘导线和电缆，还应满足工作电压的要求。

3.3.3　按发热条件选择导线和电缆的截面

1. 三相系统相线截面的选择

按发热条件选择三相系统中的相线截面时，应使其允许载流量不小于通过相线的计算电流，即

$$I_{\mathrm{al}} \geqslant I_{30}$$

如果导线敷设地点的环境温度与导线允许载流量所采用的环境温度不同时，则导线的允许载流量应乘以温度校正系数为

$$K_{\theta} = \sqrt{\frac{\theta_{\mathrm{al}} - \theta'_{0}}{\theta_{\mathrm{al}} - \theta_{0}}} \qquad (3-1)$$

式中，θ_{al}——导线额定负荷时的最高运行温度；

θ_{0}——导线的允许载流量所采用的环境温度；

θ'_{0}——导线敷设地点实际的环境温度。

对电容器的引入线，由于电容器充电时有较大的涌流，因此其计算电流应取为电容器额定电流的 1.35 倍。

必须注意，按发热条件选择导线和电缆截面时，还必须校验导线和电缆截面与其保护装置（熔断器或低压断路器保护）是否配合得当。

2. 中性线、保护线和保护中性线截面的选择

（1）中性线（N 线）截面的选择

三相四线制电路中的 N 线，要通过不平衡电流或零序电流，因此 N 线的允许载流量不应小于三相系统中的最大不平衡电流，同时应考虑谐波电流的影响。

1) 一般三相四线制的中性线截面,应不小于相线截面 A_φ 的 50%,即 $A_0 \geq 0.5A_\varphi$。

2) 由三相四线制电路分支的两相三线电路和单相电路,由于其中性线电流与相线电流相等,因此其中性线截面 A_0 应与相线截面 A_φ 相同,即 $A_0 = 0.5A_\varphi$。

3) 三次谐波电流相当突出的三相四线制电路,由于各相的三次谐波电流都要通过中性线,使得中性线电流可能接近甚至超过相电流,因此在这种情况下,中性线截面 A_0 宜等于或大于相线截面 A_φ,即 $A_0 \geq 0.5A_\varphi$。

(2) 保护线(PE 线)截面的选择

PE 线要考虑三相电路发生单相短路故障时的单相短路热稳定度。

根据短路热稳定度的要求,PE 线的截面 A_{PE},按《低压配电设计规范》(GB 50054—2009)规定:

1) 当 $A_0 \leq 16mm^2$ 时,$A_{PE} \geq A_0$,

2) 当 $16mm^2 < A_0 \leq 35mm^2$ 时,$A_{PE} \geq 16mm^2$,

3) 当 $A_0 > 35mm^2$ 时,$A_{PE} \geq 0.5A_\varphi$。

(3) 保护中性线(PEN 线)截面的选择

PEN 线兼有 PE 线和 N 线的双重功能,因此其截面选择应同时满足上述 PE 线和 N 线的要求,取其中的最大值。

【例 3-1】 有一条采用 BLV-500 型铝芯塑料线室内明敷的 220/380V 的 TN-S 电路,计算电流为 50A。当地最热月的日最高温度平均值为 +30℃。试按发热条件选择此电路的导线截面。

解 此 TN-S 电路除三根相线外,尚有 N 线和 PE 线。

(1) 相线截面的选择

环境温度对室内应为 30℃+5℃=35℃。查附表 26,35℃时明敷的 BLV-500 型铝芯塑料线截面为 $10mm^2$ 时,$I_{al}=51A > I_{30}=50A$,满足发热条件,因此相线截面选 $A_\varphi=10mm^2$。

(2) N 线截面的选择

按 $A_0 \geq 0.5A$ 选 $A_0=6mm^2$。

(3) PE 线截面的选择

由于 $A_{PE} < 16mm^2$,故选 $A_{PE}=A_\varphi=10mm^2$。

所选电路的导线型号规格可表示为

$$BLV-500-(3 \times 10+1 \times 6+PE10)$$

【例 3-2】 上例所示电路中,采用 BLV-500 型铝芯塑料线穿硬塑料管(VG)埋地敷设。当地最热月平均气温为 25℃。试按发热条件选择此电路的导线截面及穿线管内径。

解 查附表 26 得 25℃时 5 根单芯线穿硬塑料管的 BLV-500 型导线截面为 $25mm^2$ 的 $I_{al}=57A > I_{30}=50A$。因此按发热条件,选 $A_\varphi=25mm^2$。

N 线截面按 $A_0 \geq 0.5A_\varphi$,选 $A_0=16mm^2$。

PE 线截面选 $A_{PE}=16mm^2$。

穿线的硬塑料管(VG)内径,查附表 26,得穿线管径 $D=50mm$。

所选导线和管径可表示为

$$BLV - 500 - (3 \times 25 + 1 \times 16 + PE16) - PCG50$$

3.3.4 按经济电流密度选择导线和电缆的截面

导线（或电缆，下同）的截面越大，电能损耗就越小，但是电路投资、维修管理费用和有色金属消耗量却要增加。因此从经济方面考虑，导线应选择一个比较合理的截面，既使电能损耗小，又不致过分增加电路投资、维修管理费用和有色金属消耗量。

我国现行经济电流密度规定如表 3-3 所示。

表 3-3　导线和（电缆）经济电流密度　（单位：A/mm²）

电路类别	导线材质	年最大负荷利用小时		
		3000h 以下	300～5000h	5000h 以上
架空电路	铜	3.00	2.25	1.75
	铝	1.65	1.15	0.90
电缆电路	铜	2.50	2.25	2.00
	铝	1.92	1.73	1.54

按经济电流密度 j_{ec} 计算经济截面 A_{ec} 的公式为

$$A = \frac{I_{30}}{j_{ec}} \qquad (3-2)$$

式中，I_{30}——电路的计算电流。

【例 3-3】 有一条用 LGJ 型钢芯铝绞线架设的 35kV 架空电路，计算负荷 4500kW，$\cos\varphi = 0.8$，$T_{max} = 5600h$。试选择其经济截面，并校验发热条件和机械强度（当地最热月平均最高气温为 35℃）。

解 1）选择经济截面。

$$I_{30} = \frac{P_{30}}{\sqrt{3}U_N\cos\varphi} = \frac{4500}{\sqrt{3} \times 35 \times 0.8}A = 92.8A$$

由表 3-3 查得 $j_{ec} = 0.90A/mm^2$，因此可得

$$A_{ec} = \frac{92.8}{0.90}mm^2 = 103mm^2$$

选标准截面 95mm²。即选 LGJ-95 型钢芯铝绞线。

2）校验发热条件。

在附录中，查附表 21 得 LGJ-95 的 $I_{al} = 295A$（环境温度 35℃）。由于 $I_{al} > I_{30} = 92.8A$，因此所选截面满足发热条件。

3）校验机械强度。

在附录中，查附表 21 得 35kV 架空 LGJ 线的最小截面 $A_{min} = 35mm^2$。由于 $A = 95mm^2 > A_{min}$，因此所选截面满足机械强度要求。

3.3.5 电路电压损耗的计算

由于电路存在阻抗，所以电路通过电流时就是产生电压损耗。按规定，高压配电电

路的电压损耗，一般不超过电路额定电压的 5%；从变压器低压侧母线到用电设备受电端的低压配电电路的电压损耗，一般不超过用电设备额定电压的 5%；对视觉要求较高的照明电路，则为 2%～3%。如电路的电压损耗值超过了允许值，则应适当加大导线截面，使之满足允许的电压损耗要求。

1. 集中负荷的三相电路电压损耗的计算

图 3-14 所示为带有两个集中负荷的三相电路。电路图中的负荷电流用小写 i 表示，各线段的长度，每相电阻和电抗分别用小写 l、r 和 x 表示。各负荷点至电路首段的长度、每相电阻和电抗分别用大写 L、R 和 X 表示。

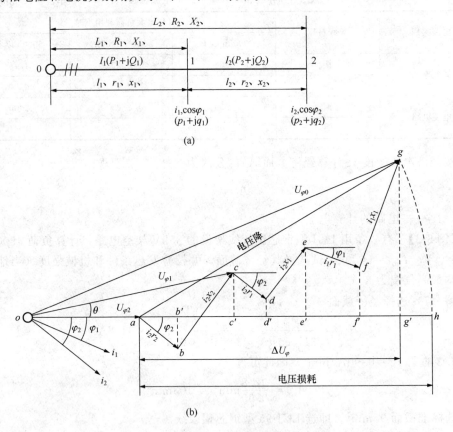

图 3-14 带有两个集中负荷的三相电路

以电路末端的相电压为参考轴，绘制电路的电压、电流相量图。

电路电压降的定义为：电路首段电压与末端电压的相量差。电路电压损耗的定义为：电路首段电压与末端电压的代数差。电压降在参考轴上的水平投影用 ΔU_φ 表示。在工厂供电系统中，由于电路的电压降相对于电路电压来说很小，因此，可近似地认为就是 ΔU_φ 电压损耗，即

$$\Delta U_\varphi = \overrightarrow{ab} + \overrightarrow{b'c} + \overrightarrow{c'd} + \overrightarrow{d'e} + \overrightarrow{e'f} + \overrightarrow{f'g}$$

$$= i_2 r_2 \cos\varphi_2 + i_2 x_2 \sin\varphi_2 + i_2 r_1 \cos\varphi_2 + i_2 x_1 \sin\varphi_2 + i_1 r_1 \cos\varphi_1 + i_1 x_1 \sin\varphi_1$$

$$= i_2(r_1 + r_2)\cos\varphi_2 + i_2(x_1 + x_2)\sin\varphi_2 + i_1 r_1 \cos\varphi_1 + i_1 x_1 \sin\varphi_1$$

$$= i_2 R_2 \cos\varphi_2 + i_2 X_2 \sin\varphi_2 + i_1 R_1 \cos\varphi_2 + i_1 X_1 \sin\varphi_1$$

将相电压损耗 ΔU_φ 换算为线电压损耗 ΔU 为

$$\Delta U = \sqrt{3}\,\Delta U_\varphi = \sqrt{3}(i_2 R_2 \cos\varphi_2 + i_2 X_2 \sin\varphi_2 + i_1 R_1 \cos\varphi_2 + i_1 X_1 \sin\varphi_1)$$

对带多个集中负荷的一般电压损耗的计算公式为

$$\Delta U = \sqrt{3}\sum(ir\cos\varphi + ix\sin\varphi) = \sqrt{3}\sum(i_a r + i_r x) \tag{3-3}$$

式中，i_a——负荷电流的有功分量；

$\quad\quad i_r$——负荷电流的无功分量。

若电压损耗用各线段的负荷电流、负荷功率、线段功率来表示，其计算公式如下。

1）用各线段中的负荷电流表示，则有

$$\Delta U = \sqrt{3}\sum(Ir\cos\varphi + Ix\sin\varphi) = \sqrt{3}\sum(I_a r + I_r x) \tag{3-4}$$

式中，I_a——线段电流的有功分量；

$\quad\quad I_r$——线段电流的无功分量。

2）如果用负荷功率 p、q 来计算，则利用 $i = p/(\sqrt{3}U_N\cos\varphi) = q/(\sqrt{3}U_N\sin\varphi)$ 代入式（3-3），即可得电压损耗计算公式为

$$\Delta U = \frac{\sum(pR + qX)}{U_N} \tag{3-5}$$

如果用线段功率 P、Q 来计算，则利用 $I = P/(\sqrt{3}U_N\cos\varphi) = Q/(\sqrt{3}U_N\sin\varphi)$ 代入式（3-4），即可得电压损耗计算公式为

$$\Delta U = \frac{\sum(Pr + Qx)}{U_N} \tag{3-6}$$

对于"无感"电路，即电路感抗可略去不计或负荷 $\cos\varphi\approx1$ 的电路，则电压损耗计算公式为

$$\Delta U = \sqrt{3}\sum(iR) = \sqrt{3}\sum(Ir) = \frac{\sum(pR)}{U_N} = \frac{\sum(Pr)}{U_n} \tag{3-7}$$

对于"均一无感"电路，即全电路的导线型号规格一致且可不计感抗或负荷 $\cos\varphi\approx$ 1 的电路，则电压损耗计算公式变为

$$\Delta U = \frac{\sum(pL)}{\gamma A U_N} = \frac{\sum(Pl)}{\gamma A U_N} = \frac{\sum M}{\gamma A U_N} \tag{3-8}$$

电路电压损耗的百分比值为

$$\Delta U\% = \frac{\Delta U}{U_N}\times 100 \tag{3-9}$$

"均一无感"的三相电路电压损耗百分值为

$$\Delta U\% = \frac{\sum M}{\gamma A U_N^2}\times 100 = \frac{\sum M}{CA} \tag{3-10}$$

式中，C——计算系数，如表 3-4 所示。

表 3-4　公式 $\Delta U\% = \sum M/(CA)$ 中的计算系数 C 值

电路额定电压/V	电路类型	C 得计算式	计算系数 $C/[(\text{kW} \cdot \text{m})/\text{mm}^2]$	
			铜线	铝线
220/380	三相四线	$\gamma U_N^2/100$	76.5	46.2
	两相三线	$\gamma U_N^2/225$	34.0	20.5
220	单相及直流	$\gamma U_N^2/200$	12.8	7074
110			3.21	1.94

对于"均一无感"的单相交流电路和直流电路，由于其负荷电流（或功率）要通过来回两根导线，所以其总的电压损耗应为一根导线上电压损耗的 2 倍，而三相电路的电压损耗实际上只是一相（一根）导线上的电压损耗，所以这种单相和直流电路的电压损耗百分比值为

$$\Delta U\% = \frac{200 \sum M}{\gamma A U_N^2} = \frac{\sum M}{CA} \tag{3-11}$$

式中，U_N——电路额定电压，对单相电路为额定相电压；

　　　C——计算系数，如表 3-4 所示。

【例 3-4】　有一条用 LJ-95 型铝绞线架设的 5km 长的 10kV 架空电路，计算负荷为 1380kW，$\cos\varphi = 0.75$。电路导线为等距水平排列，线距为 1m。试验算此电路是否满足允许电压损耗 5% 的要求。

解　由 $P_{30} = 1380\text{kW}$ 和 $\cos\varphi = 0.75$ 得：

$$Q_{30} = P_{30} \tan\varphi = 1380 \times 0.88\text{kvar} = 1214\text{kvar}$$

又由 $a = 1\text{m}$ 和等距水平排列得：

$$a = 1.26a = 1.26\text{m}$$

根据 $A = 95\text{mm}^2$ 及 $a_{av} = 1.26\text{m}$，查附表 17 得 $R_0 = 0.34\Omega/\text{km}$，$X_0 = 0.35\Omega/\text{km}$。因此电路的电压损耗为

$$\Delta U = \frac{pR + qX}{U_N} = \frac{1380 \times (5 \times 0.34) + 1214 \times (5 \times 0.35)}{10}\text{V} = 447.05\text{V}$$

电路的电压损耗百分比值为

$$\Delta U\% = \frac{\Delta U}{U_N} \times 100\% = \frac{447.05}{10\,000} \times 100\% = 4.47\% < \Delta U_{al}\% = 5\%$$

所以该电路的电压损耗满足要求。

2. 均匀分布负荷的三相电路电压损耗的计算

均匀分布负荷的三相电路是指三相电路单位长度上的负荷是相同的，如图 3-15 所示为负荷均匀分布的电路，其单位长度电路上负荷电流为 i_0，根据数学推导（略），它所产生的电压损耗相当于全部分布负荷集中于分布线段的中点所产生的电压损耗。计算公式为

$$\Delta U = \sqrt{3}\, IR_0 \left(L_1 + \frac{L_2}{2} \right) \tag{3-12}$$

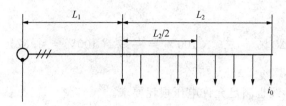

图 3-15　负荷均匀分布的电路

由此可见，带有均匀分布负荷的电路，在计算电压损耗时，可将均匀分布负荷集中于分布线段的中点，按集中负荷来计算。

【例 3-5】 某 220/380V 的 TN-C 电路。其电路如图 3-15，$L_1 = 20m$、$L_2 = 60m$，其中有一集中负荷 $P_1 = 20kW$、$\cos\varphi = 0.8$，距电流 30m，其他分散负荷为 0.5kW/m、$\cos\varphi = 0.7$，电路拟采用 BLX 型导线明敷，环境温度为 35℃，允许电压损耗为 5%。试选择导线截面。

解　（1）电路等效变换

将带均匀分布负荷的电路等效为带集中负荷的电路。

原集中负荷 $p_1 = 20kW$，$\cos\varphi_1 = 0.8$，因此有

$$q_1 = p_1 \tan\varphi_1 = 20\tan(\arccos 0.8)\,kvar = 15\,kvar$$

原分布负荷变换为集中负荷为

$$p_2 = 0.5 \times 60\,kW = 30\,kW, \quad \cos\varphi_2 = 0.7$$

因此有

$$q_2 = p_2 \tan\varphi_2 = 30\tan(\arccos 0.7) = 30\,kvar$$

（2）按发热条件选择导线截面

电路的总负荷为

$$P = p_1 + p_2 = (20 + 30)\,kW = 50\,kW$$

$$Q = q_1 + q_2 = 15\,kvar + 30\,kvar = 45\,kvar$$

$$S = \sqrt{P^2 + Q^2} = \sqrt{50^2 + 45^2}\,kV \cdot A = 67.3\,kV \cdot A$$

$$I = \frac{S}{\sqrt{3}U_N} = \frac{67.3}{\sqrt{3} \times 0.38}A = 102A$$

按 $I = 102A$ 查附表 26，得 BLX 导线 $A = 35mm^2$ 在 35℃ 时的 $I_{al} = 119A > I = 102A$，因此按发热条件选 BLX-500-1×35 型导线三根作为相线，另选 BLX-500-1×25 型导线一根作为 PEN 线明敷。

（3）校验机械强度

查附表 20，按明敷在绝缘支持件上，且按支持点间距为最大来考虑，其最小允许截面为 $10mm^2$。现所选相线和 PEN 线截面均大于 $10mm^2$，故满足机械强度要求。

（4）校验电压损耗

按 $A = 35mm^2$ 查有关资料，得 $R_0 = 1.06\Omega/km$，$X_0 = 0.241\Omega/km$。

因此电路的电压损耗为

$$\Delta U = \frac{(p_1 L_1 + p_2 L_2)R_0 + (p_1 L_1 + p_2 L_2)X_0}{U_N}$$

$$= [(20 \times 0.03 + 30 \times 0.05) \times 1.06 + (15 \times 0.03 + 30 \times 0.05) \times 0.24] \div 0.38$$

$$= 7.09\text{V}$$

$$\Delta U\% = \frac{\Delta U}{U_N} \times 100\% = \frac{7.09}{380} \times 100\% = 1.87\%$$

由于 $\Delta U\% = 1.87\% < \Delta U_{al} = 5\%$

因此以上所选导线也满足允许电压损耗要求。

3.4 电力电路的运行与维护

教 学 目 标

通过本节的介绍，使读者对电力电路的运行与维护的相关知识有一个基本了解，同时对电路的停电故障位置的判断有一初步的认识和理解。

3.4.1 架空电路的运行维护

1. 一般要求

对厂区架空电路，一般要求每月进行一次巡视检查。如遇大风、大雨及发生故障等特殊情况时，应临时增加巡视次数。

2. 巡视项目

1）电杆有无倾斜、变形、腐朽、损坏及基础下沉等现象，如有，应设法修理。

2）沿电路的地面是否堆放有易燃、易爆和强腐蚀性物体，如有，应立即设法挪开。

3）沿电路周围，有无危险建筑物，应尽可能保证在雷雨季节和大风季节里，这些建筑物不致于对电路造成损坏。

4）电路上有无树枝、风筝等杂物悬挂，如有，应设法消除。

5）拉线和扳桩是否完好，绑扎线是否紧固可靠，如有缺陷，应设法修理或更换。

6）导线的接头是否接触良好，有无过热发红、严重氧化、腐蚀或断脱现象，绝缘子有无破损和放电现象，如有，应设法修理或更换。

7）避雷装置的接地是否良好，接地线有无锈断情况，在雷电季节到来之前，应重点检查，以确保防雷安全。

8）其他危及电路安全运行的异常情况。

在巡视中如发现异常情况，应记入专用记录本内，重要情况应及时向上级汇报，请示处理。

3.4.2 电缆电路的运行维护

1. 一般要求

电缆电路大多是敷设在地下的，要做好电缆的运行维护工作，就要全面了解电缆的敷设方式、结构布置、电路走向及电缆头位置等。对电缆电路，一般要求每季进行一次巡视检查，并应经常监视其负荷大小和发热惰况。如遇大雨、洪水及地震等特殊情况及发生故障时，应临时增加巡视次数。

2. 巡视项目

1）电缆头及瓷套管有无破损和放电痕迹；对填充有电缆胶（油）的电缆头，还应检查有无漏油溢胶现象。

2）对明敷电缆，须检查电缆外皮有无锈蚀、损伤、沿线支架或挂钩有无脱落，电路上及附近有无堆放易燃、易爆及强腐蚀性物体。

3）对暗敷及埋地电缆，应检查沿线的盖板和其他保护物是否完好，有无挖掘痕迹，电线标桩是否完整无缺。

4）电缆沟内有无积水或渗水现象，是否堆有杂物及易燃、易爆危险品。

5）电路上各种接地是否良好，有无松脱、断股和腐蚀现象。

6）其他危及电缆安全运行的异常情况。

在巡视中如发现异常情况，应记入专用记录本内，重要情况应及时向上级汇报，请示处理。

3.4.3　车间配电电路的运行维护

1. 一般要求

要搞好车间配电电路的运行维护工作，必须全面了解车间配电电路的布线情况、结构形式、导线型号规格及配电箱和开关、保护装置的位置等，并了解车间负荷的要求、大小及车间变电所的有关情况。对车间配电电路，有专门的维护电工时，一般要求每周进行一次巡视检查。

2. 巡视项目

1）检查导线的发热情况。例如，裸母线在正常运行时的最高允许温度一般为70℃。如果温度过高时，将使母线接头处氧化加剧，接触电阻增大，运行情况迅速恶化，最后可能引起接触不良或断线。所以一般要在母线接头处涂以变色漆或示温蜡，以检查其发热情况。

2）检查电路的负荷情况。一般情况下，电路的负荷电流不得超过导线的允许载流量，否则导线要过热。对于绝缘导线，导线过热还可能引起火灾。因此，运行维护人员要经常注意电路的负荷情况，一般用钳形电流表来测量电路的负荷电流。

3）检查配电箱、分线盒、开关、熔断器、母线槽及接地保护装置等的运行情况，检查母线接头有无氧化、过热变色和腐蚀等情况，接线有无松脱、放电和烧毛的现象，螺栓是否紧固。

4）检查电路上和电路周围有无影响电路安全的异常情况。绝对禁止在绝缘导线上悬挂物体，禁止在电路近旁堆放易燃、易爆危险品。

5) 对敷设在潮湿、有腐蚀性物质的场所的电路和设备，要作定期的绝缘检查，绝缘电阻一般不得低于 0.5MΩ。

在巡视中如发现异常情况，应记入专用记录本内，重要情况应及时向上级汇报，请示处理。

3.4.4 电路运行中突然停电的处理

电力电路在运行中，如突然停电时，可按不同情况分别处理。

1) 当进线没有电压时，说明是电力系统方面暂时停电。这时总开关不必拉开，但出线开关应全部拉开，以免突然来电时，用电设备同时起动，造成过负荷和电压骤降，影响供电系统的正常运行。

2) 当双回路进线中的一回进线停电时，应立即进行切换操作（又称倒闸操作），将负荷特别是其中重要负荷转移给另一回路进线供电。

3) 厂内架空电路发生故障使开关跳闸时，如开关的断流容量允许，可以试合一次，争取尽快恢复供电。由于架空电路的多数故障是暂时性的，所以多数情况下可能试合成功，如果试合失败，开关再次跳闸，说明架空电路上的故障尚未消除，这时应该对电路故障进行停电隔离检修。

4) 对放射式电路中某一分支线上的故障检查时，可采用"分路合闸检查"的方法。在如图 3-16 所示的供电系统，假设故障出现在电路 WL8 上，由于保护装置失灵或选择配合不当，致使电路 WL1 的开关越级跳闸。分路合闸检查故障的步骤如下。

①将出线 WL2～WL6 的开关全部断开，然后合上 WL1 的开关，由于母线 WB1 正常，因此合闸成功。

②依次试合 WL2～WL6 的开关，结果除 WL5 的开关因其分支线 WL8 存在故障又跳开外，其余出线开关均试合成功，恢复供电。

③将分支线 WL7～WL9 的开关全部断开，然后合上 WL5 的开关。

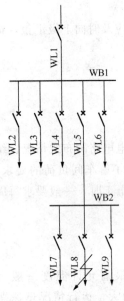

图 3-16 分路合闸检验电路

④依次试合 WL7～WL9 的开关，结果只有 WL8 的开关因电路上存在着故障又自动跳开外，其余电路均恢复供电。

这种分路合闸检查故障的方法，可将故障范围逐步缩小，迅速找出故障电路，并迅速恢复其他完好电路的供电。

本 章 小 结

本章首先介绍电力电路的三种接线方式：放射式接线、树干式接线和环形接线，以及三种接线方式的特点及适用场合；随后介绍了架空和电缆电路的概念、结构和敷设；车间电路的结构和敷设等；导线和电缆截面选择原则；按发热条件、电压损失、经济电流密度以及机械强度选择导线和电缆截面的方法；最后对架空和电缆电路的运行维护及车间配电电路的运行维护也作了简单介绍。

通过对本章的介绍，使读者能区别三种接线方式的不同使用范围，架空与电缆在不同场合的运用。在选择导线和电缆截面时，能掌握正确方法。了解架空和电缆以及车间配电电路的运行维护，让读者了解一些运行与维护的基本知识，培养读者的理论水平。

思考题与习题

3-1　试分别比较高压和低压的放射式接线和树干式接线的优缺点，并分别说明高低压配电系统各宜采用哪种接线方式？

3-2　试比较架空电路和电缆电路的优缺点。

3-3　铜、铝和钢三种材质的导线各有哪些优缺点？各用于哪些场合？

3-4　LJ-95 表示什么导线？95 代表什么？

3-5　什么叫架空电路的档距？什么叫弧垂？为什么弧垂不宜过大和过小？

3-6　导线和电缆截面的选择应考虑哪些条件？一般动力电路宜先按什么条件选择？照明电路宜先按什么条件选择？为什么？

3-7　三相系统中的中性线（N 线）截面一般情况下应如何选择？

3-8　什么叫"经济截面"？什么情况下的电路导线或电缆要按"经济电流密度"选择？

3-9　在某一动力平面图上，某电路旁标注有 BLX-1000-(3×70+1×50)G70-QM，试问其中各符号和数字代表什么意思？

3-10　试按发热条件选择 220/380V 电路为 TN-S 系统。试按发热条件选择其相线、N 线和 PE 线的截面及穿管钢管（G）的直径。

3-11　某 220/380V 的两相三线电路末端，接有 220V、5kW 的加热器两台，其相线和 N 线均采用 BLV-500-1×16 的导线明敷，电路长 50m。试计算其电压损耗百分比值。

3-12　有一条用 LJ 型铝绞线架设的 5km 长，10kV 的架空电路，计算负荷为1380kW，功率因数为 0.8，年最大负荷利用小时为 4800h。试选择其经济截面，并校验其发热条件和机械强度。

电力变压器

4.1 变压器的分类与型号

教学目标

通过本节介绍，了解变压器的作用、基本分类和各自适用范围，读懂变压器铭牌，掌握电力变压器一般型号表示的含义。

变压器的分类

变压器是一种静止的电气设备。它由绕在共同铁心上的两个或两个以上的绕组借交变磁场联系着，能把一种电压、电流的交流电能转变为频率相同的另一种电压、电流的交流电能。按用途一般分为电力变压器和特殊变压器两种。

电力变压器是供配电系统中最关键的一次设备，主要用于公用电网和工业电网中，将某一给定电压值的电能转变为所要求的另一种电压值的电能，以利于电能的合理输送、分配和使用。特殊变压器是特殊电源、控制系统、电信装置中的用途特殊、性能特殊、结构特殊的变压器。电力变压器类型很多，可按电力变压器的功用、相数、绕组形式、绕组绝缘及冷却方式、调压方式等进行分类。

1. 变压器的分类

1）按功能划分，有升压和降压两种。在远距离输配电系统中，为了把发电机发出的较低电压升高为较高的电压级，需升压型变压器，而对于直接供电给各类用户的终端变电所，则采用降压变压器。

2）按相数划分，有单相和三相两种。用户变电所一般采用三相变压器。

3）按调压方式划分，有无载调压和有载调压两种。无载调压变压器一般用于对电压水平要求不高的场所，特别是 10kV 及以下的配电变压器，反之则采用有载调压变压器。

4）按绕组导体材质划分，有铜绕组和铝绕组变压器。过去我国工厂变电所大多采用铝线绕组，但现在低损耗、大容量的铜线绕组变压器已得到更广泛的应用。

5）按绕组形式划分，有双绕组变压器、三绕组变压器和自耦变压器三种。双绕组变压器用于变换一个电压的场所，三绕组变压器用于需要两个电压的场所，它有一个一次绕组，两个二次绕组。自耦式变压器大多用在实验室中调压使用。

6）按绕组绝缘及冷却方式划分，有油浸式、干式和充气式（SF_6）等。其中油浸式变压器又有油浸自冷式、油浸风冷式、油浸水冷式和强迫油循环冷却方式等。而干式变压器又有浇注式、开启式、封闭式等。

油浸式变压器具有较好的绝缘和散热性能，且价格较低，便于检修，因此被广泛地采用，但由于油的可燃性，不便用于易燃、易爆和安全要求较高的场所。

干式变压器结构简单，体积小，质量轻，并且防火、防尘、防潮，虽然价格较同容量的油浸式变压器贵，在安全防火要求较高的场所被广泛应用。

充气式变压器是利用充填的气体进行绝缘和散热，具有优良的电气性能，主要用于安全防火要求较高的场所，并常与其他重要电器配合，组成成套装置。

特殊用途变压器按用途分类主要有整流变压器、电炉变压器、电焊变压器、矿用变压器、船用变压器、中频变压器、调压变压器等。

2. 变压器的型号

典型变压器的铭牌如图 4-1 所示。

电力变压器					
产品型号	S_7-400/10			标准代号	
额定容量	400kV·A			产品代号	
额定电压	10000±5%/400V			出厂序号	
额定频率	50 Hz		高压		低压
相数	3 相	开关位置			
连接组标号	Y,yn0				
冷却方式	ONAN		V	A	V	A
使用条件	户外式					
阻抗电压	4.12%	I	10500			
器身吊重	897kg	II	10000	23.4	400	577.4
油重	279kg	III	9500			
总重	kg					
中华人民共和国××××厂 年 月					

图 4-1 典型变压器的铭牌

国产电力变压器型号的表示和含义如图 4-2 所示。

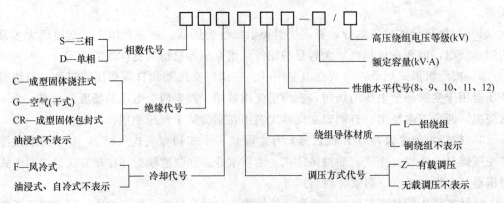

图 4-2 国产变压器型号的表示和含义

例如，S11-800/10，为三相铜绕组油浸式电力变压器，设计序号为 11，额定容量为 800kV·A，高压绕组电压为 10kV。

4.2 变压器的构成及主要技术参数

教学目标

掌握变压器的基本构成及其各部件的功能。了解常用的 SL7 和 S9 系列三相油浸式电力变压器的特点和变压器的过负荷能力；理解并掌握变压器的主要技术参数。

4.2.1 变压器的构成

1. 变压器的基本结构

电力变压器是利用电磁感应原理进行工作的，因此最基本的结构组成是电路和磁路两部分。变压器的电路部分就是它的绕组，对于降压变压器，与系统电路和电源连接的称为一次绕组，与负载连接的为二次绕组；变压器的铁心构成了它的磁路，铁心由铁轭和铁心柱组成，绕组套在铁心柱上；为了减少变压器的涡流和磁滞损耗，采用表面涂有绝缘漆膜的硅钢片交错叠成铁心。

2. 常用三相油浸式电力变压器

常用三相油浸式电力变压器如图 4-3 所示。

（1）油箱

油箱由箱体、箱盖、散热装置、放油阀组成，其主要作用是把变压器连成一个整体进行散热。内部是绕组、铁心和变压器的油。变压器油既有循环冷却和散热的作用，又有绝缘作用。绕组与箱体有一定的距离，由油箱内的油绝缘。

（2）高低压套管

变压器的引出线从油箱内到油箱外，必须经过瓷质的绝缘套管，以使带电的导线与接地的油箱绝缘。电压越高，绝缘套管就越大，对电气绝缘要求也就越高。

（3）储油柜（油枕）

储油柜内储有一定的油，它的作用一是补充变压器因油箱渗油和油温变化造成的油量下降，二是当变压器油发生热胀冷缩时保持与周围大气压力的平衡。其附件吸湿器与油枕内油面上方空间相连通，能够吸收进入变压器的空气中的水分，以保证油的绝缘强度。储油柜上有油标，供观察之用。

（4）气体继电器

气体继电器是保护变压器内部故障的一种设备。它装在油箱与油枕的连接管上，内部装有两对带水银接头的浮筒。当变压器内部发生故障时，由于绝缘破坏而分解

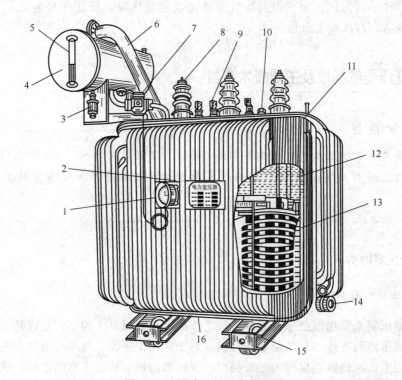

图 4-3 油浸式三相电力变压器

1—信号温度计；2—铭牌；3—吸湿器；4—油枕；5—油标；6—防爆管；7—气体继电器；
8—高压套管；9—低压套管；10—分接开关；11—油箱；12—铁芯；13—绕组；
14—放油阀；15—小车；16—接地螺栓

出来的气体迫使浮筒的接头接通，向控制室发出信号，告诉运行人员采取消除故障的措施。如发生严重故障时，则另一对接头接通，把变压器从系统中切除，防止事故继续扩大。

（5）防爆管

防爆管又称安全阀，当变压器内部发生短路时，油急剧地分解形成大量的气体，使油箱内的压力急增，有可能损坏油箱，以致发生爆炸，这时，防爆管的出口处玻璃会自行破裂，释放压力，并使油向一定方向流出。

（6）分接开关

分接开关用于改变变压器的绕组匝数以调节变压器的输出电压。分接开关分为有载调压和无载调压两种，用户配备的一般都是无载调压分接开关，其电压为 10kV、容量不超过 6300kV·A。该分接开关有 I、II、III 三挡位置，相应的变压比分别为 10.5/0.4、10/0.4、9.5/0.4，分别适用于电压偏高、电压适中、电压偏低的情况。当分接开关在 II 挡位置时，如二次电压偏高，应往上调至 I 挡位置；若二次电压偏低，则应往下调至 III 挡位置。这就是所谓的"高往高调，低往低调"。无载调压分接开关的操作必须在停电后进行，改变挡位前后均须应用万用电表和电桥测量绕组的直流电阻；线间直流电阻偏差不得超过平均值的 2%。

3. 低损耗变压器

(1) S7、SL7、SLZ7 系列电力变压器

此类变压器在铁心的结构与材料方面有所改进，节电效果是显著的。铁心材料选用的是 Q10-0.35（或 Z10-0.35）优质晶粒取向冷轧硅钢片，45°全斜接缝无孔结构。心柱用环氧玻璃黏带绑上，上下铁轭通过装在夹件上的拉带加紧，这种硅钢片的导磁性能好，单位损耗低，在其他方面也作了一些改进，使变压器的空载损耗较 JBI300-73 标准降低 40% 左右，短路损耗降低 15% 左右，空载电流也降低 10% 左右，因而成为低损耗电力变压器。SL7 系列低损耗配电变压器的主要技术数据见附表 5。

(2) S9 系列低损耗配电变压器

S9 系列低损耗配电变压器是以意大利 20 世纪 80 年代初的产品水平为目标，全国统一设计和研制的过渡型新产品。S9 系列的空载损耗较 SL7 系列平均降低 10.4%，比 JBI300-73 系列产品平均降低 47.1% 左右，负载损耗比 SL7 系列平均降低 32.2%。S9 系列 6~10kV 级铜绕组低损耗电力变压器的技术数据见附表 6。

S9 系列产品在结构和材料方面也作了一些改进，铁心采用优质晶粒取向冷轧电工钢片，45°全斜接缝无冲孔结构，从而降低了工艺损耗系数。芯柱采用半干性玻璃黏带绑扎或刷固化漆，使片与片黏合在一起，铁轭用槽钢本身的钢性及旁轭螺栓同时夹紧，加强了器身夹压紧结构。绕组也作了改进，容量为 500kV·A 及以下者，高低压绕组均用圆筒式，层间轴向油道采用瓦楞纸。低压绕组采用双层或四层圆筒式，层间无轴向油道。容量为 630kV·A 及以上者，高压绕组为连续式或半连续式，低压绕组为双半螺旋、双螺旋和四半螺旋式。油箱采用长圆形油箱，管式或片式散热器。

4.2.2　变压器的主要技术参数

变压器的主要技术参数如下所述。

(1) 额定电压

一次侧的额定电压为 U_{1N}，二次侧的额定电压为 U_{2N}。对于三相变压器，U_{1N} 和 U_{2N} 都是线电压值，一般单位采用 kV 表示，低压也可用 V 表示。

(2) 额定电流

变压器的额定电流指变压器在容许温升下一二次绕组长期工作所容许通过的最大电流，分别用 I_{1N} 和 I_{2N} 表示。对于三相变压器，I_{1N} 和 I_{2N} 都表示线电流，单位是 A。

(3) 额定容量

变压器的额定容量是指在规定的环境条件下，室外安装时，在规定的使用年限（一般以 20 年记）内能连续输出的最大视在功率。通常用 kV·A 为单位。按规定，电力变压器的正常使用的环境温度条件：最高气温为 +40℃，最高日平均气温为 +30℃，最高年平均气温为 +20℃；最低气温，户内变压器为 -5℃，户外变压器为 -30℃。油浸式变压器顶层油温的温升，规定不得超过周围气温 55℃，按规定的工作环境最高温度为 +40℃计，则变压器顶层油温不得超过 +95℃。

4.2.3 电力变压器的过负荷能力

电力变压器的过负荷能力是指电力变压器在一个较短时间内输出的功率,其值可能大于额定容量。由于变压器并不是长期在额定负荷下运行,一般变压器的负荷每昼夜都有周期性变化,每年四季也有季节性变化,在很多时间内,变压器的实际负荷小于其额定容量,温升较低,绝缘老化的速度比正常规定的速度慢。因此,在不缩短变压器绝缘的正常使用期限的前提下,变压器具有一定的短期过负荷能力。变压器的过负荷能力分为正常过负荷能力和事故过负荷能力两种。

(1) 电力变压器的正常过负荷能力

变压器正常运行时可连续工作 20 年,由于昼夜负荷变化和季节性负荷差异而允许的变压器过负荷,称为正常过负荷。这种过负荷系数的总数,室外变压器不超过 30%,室内变压器不超过 20%。变压器的正常过负荷时间是指在不影响寿命、不损坏变压器的情况下,允许过负荷持续的时间。允许变压器正常过负荷的倍数及过负荷的持续时间如表 4-1 所示。

表 4-1 自然冷却或吹风冷却油浸式电力变压器的过负荷允许时间

(单位:h:min)

过负荷倍数	过负荷前上层油温升/℃					
	18	24	30	36	42	48
1.05	05:60	05:25	04:50	04:00	03:00	01:30
1.10	03:50	03:25	02:50	02:10	01:25	00:10
1.15	02:50	02:25	01:50	01:20	00:35	
1.20	02:05	01:40	01:15	00:45		
1.25	01:35	01:15	00:50	00:25		
1.30	01:10	00:50	00:30			
1.35	00:55	00:35	00:15			
1.40	00:40	00:25				
1.45	00:25	00:10				
1.50	00:15					

(2) 电力变压器的事故过负荷能力

当电力系统或工厂变电所发生事故时,为了保证对重要设备连续供电,故允许变压器短时间过负荷,这种过负荷即事故过负荷。变压器事故过负荷倍数及允许时间,如表 4-2所示。若过负荷的倍数和时间超过允许值时,则应按规定减少变压器的负荷。

表 4-2 变压器允许的事故过负荷倍数及时间

过负荷倍数	1.3	1.45	1.6	1.75	2.0	2.4	3.0
允许持续时间/min	120	80	30	15	7.5	3.5	1.5

4.3　变压器的选择

4.3.1　车间变电所变压器台数的选择原则

1）应满足用电负荷对供电可靠性的要求。对供有大量一、二级负荷的变电所，应采用两台或两台以上变压器。对只有二级负荷而无一级负荷的变电所，也可以只采用一台变压器，但必须在低压侧敷设与其他变电所相连的联络线作为备用电源。

2）对季节性负荷或昼夜负荷变动较大而宜于采用经济运行方式的变电所，也可考虑采用两台主变压器，以便在高峰负荷期间两台运行，低谷负荷期间一台运行，以减少变压器损耗。

3）除上述情况外，一般三级负荷变电所可采用一台变压器。但是负荷集中而容量相当大的变电所，虽为三级负荷，也可采用两台或两台以上变压器。

4）在确定变电所主变压器台数时，应适当考虑负荷的发展，留有一定的容量。

5）降压变电所与系统相连的主变压器选择原则一般不超过两台。

6）当只有一个电源，或变电所可从系统低压侧网络取得备用电源时，可装设一台主变压器。

4.3.2　车间变电所变压器容量的选择

工厂变配电所主变压器容量的选择如下所述。

（1）只装一台主变压器时

主变压器的额定容量为 $S_{N,T}$，应满足全部用电设备总的计算负荷 S_{30} 的需要为

$$S_{N,T} \geqslant S_{30} \tag{4-1}$$

（2）装有两台变压器时

每台主变压器的额定容量为 $S_{N,T}$，应同时满足以下两个条件为

$$S_{N,T} \geqslant 0.7 S_{30} \tag{4-2}$$

$$S_{N,T} \geqslant S_{(I+II)} \tag{4-3}$$

式中，$S_{(I+II)}$——计算负荷中的全部一、二级负荷。

（3）单台主变压器的容量上限

工厂变电所单台主变压器容量，一般不宜大于 1250kV·A，在负荷比较集中、容量较大时，也可选用 1600～2500kV·A 的配电变压器，这时变压器低压侧的断路器必须配套选用。

单台变压器的车间变电所的主变容量一般不能大于 1000kV·A。

对装于楼上的电力变压器，单台容量不宜大于 630kV·A。

对居住小区变电所，单台油浸式变压器容量不宜大于 630kV·A。

（4）应适当考虑负荷的发展

一般应考虑今后 5～10 年电力负荷的增长，留有一定的余地，同时要考虑变压器的正常过负荷能力。

变电所主变压器台数和容量的最终确定，应结合变电所主接线方案的选择，通过对几个较合理的方案进行技术经济比较后择优确定。

【例 4-1】 某 10/0.4kV 车间变电所，总计算负荷为 1400kV·A，其中一、二级负荷为 750kV·A，试初步确定主变压器台数和单台容量。

解 由于变电所所有一、二级负荷，所以变电所应选用两台变压器。

根据公式得

$$S_{NT} \geq 0.7S_{30} = 0.7 \times 1400kV·A = 980kV·A$$

$$S_{NT} \geq S_{(I+II)} = 750kV·A$$

因此单台变压器容量选为 1000kV·A。

4.3.3 总降压变电所主变压器台数的选择原则

总降压变电所主变压器台数的选择应根据地区供电条件、工厂负荷性质、用电容量和运行方式综合考虑确定。

1）为保证供电可靠，在变电所中一般应装设两台主变压器，如只有一个电源进线，或变电所可由低压侧电力网取得备用电源时，可装设一台主变压器。

2）当工厂绝大部分负荷属于三级负荷并且其少量一、二级负荷可由邻近低压电力网（如 6～10kV）取得备用电源时，可装设一台主变压器。

4.3.4 总降压变电所主变压器容量的选择

选择变压器容量时，应满足变压器在计算负荷通过时不致过热损坏，具体选择条件如下所述。

（1）只安装一台主变压器

变压器的额定容量 S_{NT} 应满足全厂（或全车间）用电设备总计算负荷 S_{30} 的需要，即

$$S_{NT} \geq S_{30} \tag{4-4}$$

（2）安装两台及以上变压器

当断开任一台变压器时，其余变压器的容量应能保证用户的 I 级和 II 级负荷运行，但此时应计入变压器的过负荷能力，即

$$S'_{\Sigma(n-1)NT} \geq S_{30(I+II)} \tag{4-5}$$

式中，n——变电所安装变压器台数；

$S'_{\Sigma(n-1)NT}$——计入过负荷能力后，$(n-1)$ 台变压器的总容量（kV·A）；

$S_{30(I+II)}$——用户 I 级和 II 级负荷的总计算负荷（kV·A）。

对于装两台变压器的变电所，任一台变压器额定容量一般可按用户计算负荷的

70%选择，即

$$S_{NT} \approx 0.7 S_{30} \tag{4-6}$$

式中，S_{NT}——一台变压器额定容量（kV·A）；

S_{30}——用户计算负荷（kV·A）。

按式（4-6）选择的两台变压器同时运行时，每台变压器在最大负荷时的负荷系数 $\alpha = \dfrac{0.5}{0.7} \approx 0.7$，运行效率较高。当一台变压器因事故停运时，另一台变压器日负荷系数应为 $\alpha \approx 0.7$。

在选择变压器容量时，尚应考虑低压电器的短路工作条件。所以单台变压器的容量不宜大于 1000kV·A。若负荷较大而且集中，低压电器设备条件允许并且运行合理时，也可选用大容量变压器。

4.4　变压器运行中的检查与维护

教 学 目 标

通过本节介绍，掌握变压器运行中的外部检查和负荷检查，并及时进行维护；学会分析变压器的故障现象并进行处理。

4.4.1　变压器的维护内容

电力变压器的运行维护工作是一项重要工作，通过对其缺陷和异常情况的监视，及时发现运行中出现的异常情况和故障，及时采取相应的措施防止事故的发生和扩大，从而保证安全可靠变电。

1）通过仪表监视电压、电流，判断负荷是否在正常范围之内。变压器一次电压变化范围应在额定电压的 5%以内，避免过负荷情况，三相电流应基本平衡。

2）监视温度计及温控装置，看油温及温升是否正常。上层油温一般不宜超过 85℃，最高不应超过 95℃。

3）变压器各冷却器手感温度是否相近，冷却装置（风扇、油泵、水泵）是否运行正常，吸湿器是否完好，防爆管和防爆膜是否完好无损。

4）变压器的声响是否正常。正常的声响为均匀的嗡嗡声，若声响较平常沉重，说明变压器过负荷，如果声响尖锐，说明电源电压过高。

5）变压器套管外部是否清洁，有无破损裂纹、严重油污及放电痕迹。

6）油枕、充油套管、外壳是否有渗油、漏油现象，有载调压开关、气体继电器的油位、油色是否正常。油面过高，可能是冷却器运行不正常或内部故障，油面过低可能有渗油、漏油现象。通常为淡黄色，长期运行后呈深黄色。如果油颜色变深变暗，说明油质变坏，如果颜色发黑，表明碳化严重，不能使用。

7）变压器的接地引线、电缆、母线有无过热现象。

8）外壳接地是否良好。

9）冷却装置控制箱内的电气设备、信号灯的运行是否正常；操作开关、联动开关的位置是否正常；二次线端子箱是否严密，有无受潮及进水现象。

10）变压器室、门、窗、照明应完好，房屋不漏水，通风良好，周围无影响其安全运行的异物。

11）当系统发生短路故障或天气突变时，值班人员应对变压器及其附属设备进行特殊巡视，巡视检查的重点如下。

①当系统发生短路故障时，应立即检查变压器有无爆裂、断脱、移位、变形、焦味、烧损、闪烁、烟火和喷油等现象。

②下雪天气，应检查变压器引线接头有无落雪立即融化或蒸发冒气现象，导电部分有无积雪、冰柱。

③大风天气，应检查引线摆动情况以及是否挂搭杂物。

④雷雨天气，应检查瓷套管有无放电闪络情况，以及避雷器放电记录的动作情况。

⑤气温骤变时，应检查变压器的油位和油温是否正常。

⑥大修及安装的变压器运行几个小时后，应检查散热器排管的散热情况。

4.4.2 变压器的常见故障分析及处理方法

1. 变压器故障的分析方法

（1）直观法

变压器的控制屏上一般都装有监测仪表，容量在 560kV·A 以上的都装有保护装置，如气体继电器、差动保护继电器、过电流保护装置等。通过仪表和保护装置可以准确地反映变压器的工作状态，及时发现故障。

（2）试验法

许多故障不能完全靠外部直观法判断。例如，匝间短路、内部绕组放电或击穿、绕组与绕组之间的绝缘被击穿等，其外表的特征不明显，所以必须结合直观法进行试验测量以正确判断故障的性质和部位。

2. 变压器的常见故障

变压器常见故障的现象、原因和处理方法见表 4-3。

表 4-3　变压器的常见故障及其原因和处理方法

故障现象	产生原因	处理方法
铁心片局部短路或熔毁	1. 铁心片间绝缘严重损坏	测片间绝缘电阻，找出故障点并进行修理
	2. 铁心或铁轭螺栓绝缘损坏	调换损坏的绝缘胶纸管
	3. 接地方法不当	改正接地错误

续表

故障现象	产生原因	处理方法
运行中有异常声响	1. 铁心片间绝缘严重损坏	吊出铁心检查片间绝缘，并进行涂漆处理
	2. 铁心的紧固件松动	紧固松动的螺栓
	3. 外加电压过高	调整外加电压
	4. 过载运行	减轻负载
高低压绕组间对地击穿	1. 变压器受大气过电压的作用	调换绕组
	2. 绝缘漆受潮	干燥处理绝缘漆
	3. 主绝缘因老化而有破裂、折断等缺陷	用绝缘电阻表测试绝缘电阻，必要时更换
绕组匝间短路、层间短路或相间短路	1. 绕组绝缘损坏	吊出铁心，修理或调换线圈
	2. 长期过载运行或发生短路故障	减小负载或排除短路故障后修理绕组
	3. 铁心有毛刺使绕组绝缘受损	修理铁心，修复绕组绝缘
	4. 引线间或套管间短路	用绝缘电阻表测试并排除故障
变压器漏油	1. 变压器油箱的焊接有裂纹	吊出铁心，将油放掉，进行补焊
	2. 密封垫老化或损坏	调换密封垫
	3. 密封垫不正、压力不均	放正垫圈，重新紧固
	4. 密封垫填料处理不好、硬化或断裂	更换填料
油温突然升高	1. 过负载运行	减小负载
	2. 接头螺钉松动	停止运行，检查各接头，加以紧固
	3. 线圈短路	停止运行，吊出铁心，检修绕组
	4. 缺油或油质不好	加油或更换全部油
油色变黑油面过低	1. 长期过载，油温过高	减小负载
	2. 有水漏入或有潮气侵入	找出漏水处或检查吸潮剂是否生效
	3. 油箱漏油	找出漏油处，加入新油
气体继电器动作	1. 信号指示未跳闸	内部进入空气，造成误动作，查出原因并排除
	2. 信号指示开关未跳闸	变压器内部发生故障，查出并排除
变压器着火	1. 高、低压绕组层间短路	吊出铁心，局部处理或重绕线圈
	2. 严重过载	减小负载
	3. 铁心绝缘损坏或穿心螺栓绝缘损坏	吊出铁心，重新涂漆或调换穿心螺栓
	4. 套管破裂、油流出，引起盖顶起火	调换套管
分接开关触头灼伤	1. 弹簧压力不够，接触不可靠	测量直流电阻，吊出器身检查处理
	2. 动静触头不对位，接触不严	
	3. 短路使触点过热	

本 章 小 结

　　本章主要介绍变压器的基本分类、型号表示的含义和基本构成；说明了额定电流、电压、容量等主要技术参数的含义；介绍了常用的 SL7 和 S9 系列三相油浸式电力变压器的特点、变压器的过负荷能力、变压器的调压。讲解了总降压变电所主变压器容量和台数的选择、车间变电所变压器容量和台数的选择，变压器的允许运行方式，变压器的外部检查，变压器的负荷检查，变压器的异常现象，变压器的维护。

思考题与习题

　　4-1　变压器是根据什么原理工作的？它有哪些主要用途？

　　4-2　变压器的主要组成部分是什么？各部分的作用是什么？

　　4-3　什么是电力变压器的额定容量？其负荷能力与哪些因素有关？

　　4-4　我国 6～10kV 变配电所采用的电力变压器按绕组绝缘和冷却方式划分，有哪些类型？各适用于什么场合？

　　4-5　变压器的正常过负荷能力有何规定？

　　4-6　工厂变电所主变压器台数和容量如何确定？

　　4-7　电力变压器并联运行必须满足哪些条件？

　　4-8　变压器的铁心为什么要用硅钢片叠成？为什么要交错装叠？

　　4-9　变压器故障的分析方法有哪几种？

　　4-10　变压器常见故障的部位有哪些？

第 5 章

供配电系统主要电气设备

知识点 ☞

1. 一二次回路及一二次设备的概念。

2. 电弧产生的原因，条件及熄灭电弧的方法。

3. 各种高低压设备的分类、结构及其工作原理。

4. 电压互感器、电流互感器的作用、分类及接线方式、使用范围。

5. 电气设备选择遵循的条件，选择时注意的事项。

6. 新型电气设备的介绍，电气设备运行与维护常识等。

5.1 概述

教学目标

通过本节的介绍，使读者知道一二次设备的概念，了解一次设备按功能划分的几个类别。

变配电所中担负输送和分配电力这一任务的电路，称为一次电路或一次回路，也称为"主电路"。一次电路中的所有电气设备，称为一次设备或一次元件。凡是用来控制、指示、监测和保护一次电路及其中设备运行的电路，称为二次电路，通称为二次回路。二次回路一般是接在互感器的二次侧。二次回路中的所有电气设备，称为二次设备。

一次设备按其功能可分为以下几类。

（1）交换设备

交换设备的功能是按电力系统运行的要求来改变电压或电流，例如，电力变压器、各类互感器等。

（2）控制设备

控制设备的功能是按电力系统运行的要求来控制一次电路的通与断，例如，各种高低压开关电器。

（3）保护设备

保护设备的功能是用来对电力系统进行短路、过电流和过电压等的保护，例如，断路器和避雷器等。

（4）无功补偿设备

无功补偿设备的功能是用来降低电力系统的无功功率，以提高系统的功率因数，例如，并联电容器。

（5）成套设备

成套设备是按一次电路接线方案的要求，将有关一、二次设备组合为一体的电气装置，例如，高压开关柜、低压配电屏、动力和照明配电箱等。

5.2 电气设备中的电弧问题

教学目标

通过本节的介绍，使读者对电弧产生的原因和条件有一初步的了解。通过学习，使读者知道熄灭电弧的原理以及熄灭电弧的各种方法。

开关触头间电弧的产生和熄灭问题

高低压开关电器用于高压电路的通、断。作为开关电器，其触头间电弧的产生和熄灭问题值得关注，因为开关的灭弧结构直接影响到开关的通断性能。

1. 电弧的产生

产生电弧的游离方式有以下几种方式。

（1）热电发射

当触头开断瞬间，触头之间距离很近，所以电场强度很大，在此强电场作用下，电子从阴极表面被拉出而奔向阳极，这种现象称为强电发射。

（2）高电场发射

在触头开断瞬间，由于触头间的压力很小，使其接触电阻及发热迅速增大，在阴极上出现强烈的炽热点，同时正离子撞击到阴极时，其能量被电极吸收，动能变成热能，使电极表面发热，由于电子的热运动加剧，使弧道中电子增加，游离作用更为激烈，这种现象称为热电发射。

（3）碰撞游离

奔向阳极的自由电子具有极大的动能，在运动过程中，如果它碰撞到中性原子，则一部分动能就传给原子。能量足够大时，将中性原子的外层电子撞出成为自由电子，新的自由电子和原来的电子一起继续受电场作用而运动，又获得新的动能，第二次碰撞出新的自由电子，如此连锁反应，使两级间自由电子和离子浓度不断增加，成为游离状态。这种游离过程称为碰撞游离。

（4）热游离

这是维持电弧燃烧的主要原因，在弧光放电及触头拉开距离增大后，弧道的电场强度减小，碰撞游离越来越弱。这时由于弧光放电产生的高温，弧心有大量的电子移动，弧心的气体温度可达到 10 000℃ 以上，落到弧心高温区内的气体分子，进一步发生游离，分裂成为自由电子和正离子。触头越分开，电弧越大，热游离也越显著，这种现象就叫热游离。电弧的长时间维持，主要依靠热游离。

综上所述，对于上述的电弧的形成，实际上是一个连续过程，自由电了在运动过程中产生碰撞，使弧道中气体游离而产生电弧，由于游离现象的存在和电弧的产生又使热游离继续进行，电弧维持不断的燃烧。

2. 电弧的熄灭

要使电弧熄灭，必须使触头间电弧中的去游离率（速率）大于游离率（速率），熄灭电弧的去游离方式有以下几种。

（1）正负带电质点的"复合"

主要是负离子和正离子相遇，交换多余的电荷，而成为中性分子的过程称为复合，影响复合的主要因素有以下几个方面。

1）电场强度越小，离子运动速度越慢，复合的机会越多。

2）电弧温度越低，离子运动速度越慢，复合的机会亦越多。

3）电弧截面积越小，复合的作用越强。

4）电弧与固体介子表面接触，也能加强复合。

复合的速率与带电质点的浓度成比例，因而与电弧直径的平方成反比。

（2）正负带电质点的"扩散"

带电质点从电弧内部逸出而进入周围介质中去的现象称为带电质点的扩散，电弧间隙的扩散现象有下列两种原因。

1）燃弧区域与周围介质中带电质点的浓度不同。

2）由于温度差引起气体质点的热运动，扩散出去的带电质点在周围介质中进行复合，则电弧间隙中带电质子数目减少了。

扩散的速率取决于电弧表面上带电质点的数目，因此与电弧直径成反比。这样随着电弧截面的减小，复合和扩散都增强了。在交流电弧中当电流接近零值时电弧截面减小很多，去游离过程就很强烈。

3. 开关电器中常用的灭弧方法

（1）迅速增大电弧长度灭弧

电弧长度的增大可使电场强度减小，即碰撞游离作用减小，由于电弧长度的增大，使电弧表面积增大，从而增加了离子的扩散和电弧的冷却，于是增加了去游离作用。增大电弧长度的具体措施如下所述。

1）用机械方法（如特制的弹簧）增大开断触头的速度，迅速拉长电弧，减少单位长度的电弧电压，使减少的电弧电压不足以维持电弧的燃烧而很快熄灭。

2）利用电动力拉长电弧。当动触头向上运动并与静触头分离时，在左右两个弧隙中产生彼此串联的电弧，它们一方面被拉长，另一方面受导电回路磁场产生的电动力的作用，向左右两侧方向运动，使电弧受到拉长并冷却。

3）用气吹法拉长电弧，如图5-1所示。利用气流使电弧拉长，带走电弧热量，从而使离子运动速度减慢，又使离子的复合速度加快，使电弧熄灭。

4）磁吹法拉长电弧，其原理如图5-2所示。在触头电路中串入磁吹线圈，该线圈产生的磁通经过导磁夹板引向触头周围，磁通方向如图5-2中"×"所示。当触头分断后，电弧电流产生的磁通如图5-2所示。由图5-2可见，在弧柱下方两个磁通是相加的，在弧柱上方是彼此相减，其结果使电弧在下强上弱的磁场作用下，被拉长并吹入灭弧罩中，图5-2中引弧角与静触头相连接，其作用是引导电弧向上运动，将电弧热量传递给弧罩壁，使电弧冷却熄灭。

（2）栅片灭弧

图5-3所示为栅片灭弧示意。灭弧栅是由多片镀铜薄钢片（又称多栅片）组成的，栅片安装在电器触头上方的灭弧栅内，彼此间相互绝缘。当电器触头分断时，在其触头间产生电弧，电弧电流产生磁场，由于钢片磁阻比空气磁阻小很多，因此电弧上方的磁通非常弱，而下方的磁通却很强，这种上弱下强的磁场将电弧拉入灭弧罩内，并将其分成若干段串联的短弧，而相邻两片灭弧栅片却是这些短弧的一对电极，每对电极间都有

150～250V 的绝缘电压，使整个灭弧栅片的绝缘电压大大增强，而每个栅片间的电压不足以达到电弧的燃烧电压而熄灭。栅片的作用还在于导出和吸收热量，使电弧迅速冷却，因此，电弧进入灭弧栅后很快熄灭。栅片灭弧方式多用于交流灭弧。

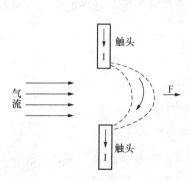

图 5-1　气吹法拉长电弧示意图

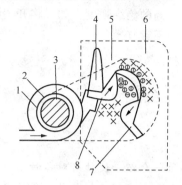

图 5-2　磁吹法拉长电弧示意图

1—磁吹线圈；2—绝缘套；3—铁心；4—引弧角；

5—导磁夹板；6—灭弧罩；7—动触头；8—静触头

（3）窄缝灭弧

这种灭弧方法是利用灭弧罩的窄缝来实现的，灭弧罩内只有一个上窄下宽的纵缝，如图 5-4 所示。当触头开断时，电弧在电动力的作用下进入缝中，窄缝将电弧弧柱直径压缩，使电弧同缝壁紧密接触，从而加强冷却和去游离作用，使电弧熄灭加速，灭弧罩通常用耐高温的陶土、石棉、水泥等材料制成。

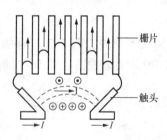

图 5-3　栅片灭弧示意图

图 5-4　窄缝灭弧示意图

（4）综合方式灭弧

灭弧的方式很多，不同的电器采用不同的灭弧措施，有些电器很巧妙地将多种方式综合起来应用以达到有效灭弧的目的，例如，如图 5-5 所示的石英砂熔断器，其熔片采用纯银片冲压成变截面的形状，放置在密封的管内，并将管内充满石英砂。当出现短路电流时熔片窄颈处熔断，气化形成几个串联的短弧，熔片气化后，体积受石英砂限制，不能膨胀，而产

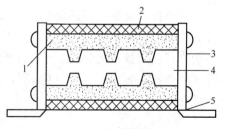

图 5-5　综合方式灭弧示意图

1—石英；2—熔管；3—端盖；

4—熔片；5—接线板

生很高的压力，该压力推动弧隙中游离气体迅速向石英砂中扩散，在石英砂的冷却作用下游离气体去游离，从而使石英砂熔断器具有较强的灭弧能力。

（5）真空灭弧法

真空具有较高的绝缘强度，如果将开关触头装在真空容器内，则在电流过零时就能立即熄灭电弧而不致复燃。

5.3　高压一次设备

5.3.1　高压熔断器

熔断器是一种应用极广的过电流保护电器，其主要功能是对电路及电路设备进行短路保护，但有的也具有过负荷保护的功能。

在工厂供电系统中，室内广泛采用 RN1、RN2 等型高压管式熔断器，室外广泛采用 RW4、RW10（F）等型跌开式熔断器。

1. RN1 和 RN2 型户内高压熔断器

RN1 型与 RN2 型的结构基本相同，都是瓷质熔管内充石英砂填料的密闭管式熔断器。RN1 型主要用作高压电路和设备的短路保护，也能起过负荷保护的作用，其熔体在正常情况下要通过主电路的负荷电流，因此其结构尺寸较大。RN2 型只用作电压互感器一次侧的短路保护，其熔体额定电流一般为 0.5A，因此其结构尺寸较小。

2. RW4 和 RW10（F）型户外高压跌开式熔断器

跌开式熔断器又称跌落式熔断器，广泛用于环境正常的室外场所，其功能是既可作 6～10kV 电路和设备的短路保护，又可在一定条件下，直接用高压绝缘棒来操作熔管的分合。一般的跌开式熔断器，如 RW4-10（G）型等，只能无负荷下操作，或通断小容量的空载变压器和空载电路等，其操作要求与后面讲的高压隔离开关相同。而负荷型跌开式熔断器，如 RW10-10（F）型，则能带负荷操作，其操作要求与后面讲的高压负荷开关相同。

5.3.2　高压隔离开关

高压隔离开关的主要用途是：用于高压配电装置中供在有电压无负荷时开断电路之用，以保证高压电气装置在检修时人身和设备的安全。因为隔离开关在断开时，构成明显可见的在空气介质中的绝缘间隔距离，这个距离保证隔离开关与其他电器载流部分在规定的情况下，不致于发生击穿现象。所以在安装布置隔离开关时，要特别注意在断开位置时，隔离开关触头与其他载流部分的电气距离，这是保证人身安全所必需的。

由于隔离开关没有专门的灭弧装置，不能用它来接通和切断负荷电流和短路电流，所以隔离开关必须与断路器串联使用，只有在断路器断开之后，才可以进行隔离开关的切换操作，即断开或闭合电路。但是在某些情况下也可以进行切换操作，如开合电压互感器，避雷器回路等。

1. 隔离开关型号表示

隔离开关型号表示，如图 5-6 所示。

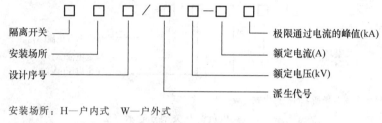

安装场所：H—户内式　W—户外式
派生代号：G—改进型　K—快分式　T—统一设计　D—带接地刀闸

图 5-6　隔离开关型号表示方法

2. 隔离开关结构原理

GN-10/600 型隔离开关的结构如图 5-7 所示。隔离开关为闭合状态，当向下搬动操作机构中的手柄 150°时，在连杆作用下，拐臂顺时针方向转动 60°，刀开关与触头分断。

3. 隔离开关倒闸操作原理

（1）合闸操作

无论用手动操作或用绝缘操作杆操作，均必须迅速而果断，在合闸终了时用力不可过猛，以免损坏设备，操作完毕后应检查是否合上，应使隔离开关完全进入固定触头，并检查接触的严密性。隔离开关与断路器配合使用控制电路时，断路器和隔离开关必须按照一定顺序操作，合闸时，先合隔离开关，后合断路器。

（2）拉闸操作

拉闸开始时应慢拉而谨慎，当刀片

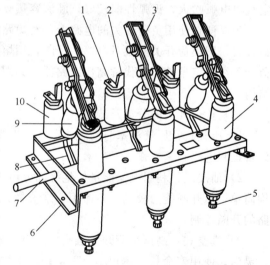

图 5-7　GN-10/600 型隔离开关的结构
1—上接线端子；2—静触头；3—闸刀；4—套管绝缘子；
5—下接线端子；6—框架；7—转轴；8—拐臂；
9—升降绝缘子；10—支柱绝缘子

刚要离开固定触头时应迅速。特别是切断变压器的空载电流、架空电路和电缆的负荷电流时，拉开隔离开关时应迅速果断，以便能迅速消弧。拉开隔离开关后，应核查隔离开关每相确实已在断开位置，并应使刀片尽量拉到头。分闸时先分断路器，后分隔离开关。

5.3.3　高压负荷开关

高压负荷开关主要用于高压配电装置中的控制，用来通断正常的负荷电流和过负荷电流，隔离高压电源。高压负荷开关通常与高压熔断器配合使用，利用熔断器来切断短路电流。

（1）高压负荷开关型号表示法

高压负荷开关型号表示方法，如图 5-8 所示。

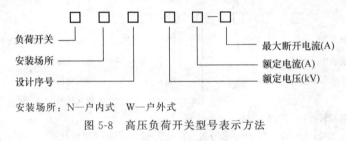

图 5-8　高压负荷开关型号表示方法

（2）结构原理

高压负荷开关具有简单灭弧装置，且有明显可见的断点，就像隔离开关一样，因此它有"功率隔离开关"之称。由于高压负荷开关灭弧装置比较简单，因此它不能用来切断短路电流。户内压气式负荷开关采用了传动机构带动的气压装置，分闸时喷射出压缩空气将电弧吹灭，灭弧性能较好，断流容量较大，但仍不能切断短路电流。

为保证在使用负荷开关的电路上，对短路故障也有保护作用，可采用带熔断器的负荷开关，用负荷开关实现对电路的开断，用熔断器来切断短路故障电流。这种结构的负荷开关在一定条件下可代替高压断路器。如图 5-9 所示为 FN3-10RT 型高压负荷开关的结构。

（3）负荷开关的分类及特点

1）压气式：压气活塞与动触头联动，开断能力强，但断口电压较低，适宜供配电设备控制电路频繁操作。

2）油浸式：利用电弧能量使绝缘油分解和气化产生气体吹弧，油浸式负荷开关结构简单，但开断能力较低，寿命短，维护量大，有火灾危险，因此常用于户外供配电电路的开断控制。

3）真空式：高压负荷开关触头置于有一定真空度的容器中，因此灭弧效果好，操作灵活，使用寿命长，体积小、重量轻、维护量小，但断流过载能力差，常用于地下或其他特殊供电场所。

4）SF6式：利用单压式或螺旋式原理灭弧，断口电压很高，开断性能好，使用寿命长，维护量小，但结构较复杂，常用于户外高压电力电路和供电设备的开断控制。

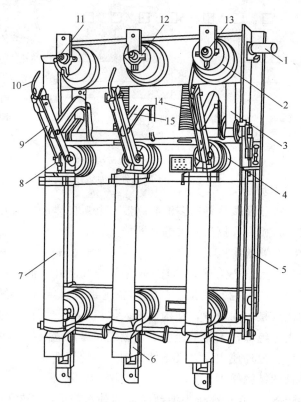

图 5-9　FN3-10RT 型高压负荷开关的结构

1—主轴；2—上绝缘子兼气缸；3—连杆；4—下绝缘子；5—框架；6—热脱扣器；

7—RN1 型高压熔断器；8—下触座；9—闸刀；10—弧动触头；11—绝缘喷嘴；

12—主静触头；13—上触座；14—断路弹簧；15—绝缘拉杆

5.3.4　高压断路器

高压断路器的功能是，不仅能通断正常负荷电流，而且能通断一定的短路电流，并能在保护装置作用下自动跳闸，切除短路故障。

高压断路器有相当完善的灭弧结构。按其采用的灭弧介质可分为：有油断路器、六氟化硫（SF_6）断路器、真空断路器以及压缩空气断路器、磁吹断路器等。油断路器按其油量多少和油的功能，又分为多油断路器和少油断路器两类。企业变配电所中的高压断路器多为少油断路器，六氟化硫断路器和真空断路器的应用也日益广泛。

高压断路器型号表示如图 5-10 所示。

1. SN10-10 型高压少油断路器

在电力系统中的断路器要切断几十万伏、数万安培的电流，所产生的电弧是不可能自然熄灭的。因此要可靠地切断或闭合电路，就必须采取各种方法使电弧尽快地熄灭。采用变压器油做灭弧介质的断路器称为油断路器。油断路器又可分为多油断路器和少油断路器。多油断路器就是采用特殊的灭弧装置利用油在电弧高温下分解的气体吹熄电弧。

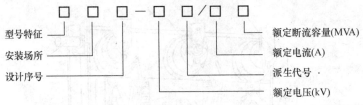

型号特征 ┐
安装场所 ┐
设计序号 ┐

额定断流容量(MVA)
额定电流(A)
派生代号 ·
额定电压(kV)

型号特征：S—少油断路器　D—多油断路器　Z—真空断路器　L—六氟化硫断路器　K—空气断路器

安装场所：N—户内式　W—户外式

派生代号：C—带手车式　G改进型　D—带电磁操作机构

图 5-10　高压断路器型号表示

当然，也有没有特殊灭弧装置的多油断路器，电弧自然地在油内熄灭。前者利用各种不同的灭弧腔加速灭弧，并提高开关的开断能力。

（1）高压少油断路器的特点

少油断路器的特点是：开关触头在绝缘油中闭合和断开，油只作为灭弧介质，不做为绝缘。开关载流部分的绝缘是借助空气和陶瓷绝缘材料或有机绝缘材料来构成。因此，少油断路器的优点是：油量少，结构简单，体积小，重量轻。另外，少油断路器的外壳带电，必须与大地绝缘，人体不能触及，燃烧和爆炸危险小。少油断路器的主要缺点是：检修周期短，在户外使用受大气条件影响大，配套性差。

（2）少油断路器的结构原理

图 5-11 所示是 SN10-10 型高压少油断路器的外形，该断路器由框架、传动机构和油箱等三个主要部分组成。电流流经回路为：上接线端子→静触头→导电杆（动触头）→中间滚动触头→下接线端子。

分闸时，在分断弹簧作用下，主轴转动，通过绝缘拉杆使断路器的转轴逆时针方向转动，于是导电杆向下运动分断电路，动静触头间产生的电弧在灭弧室中熄灭。在灭弧过程中产生的气体经灭弧室上部油气分离器冷却后排出。在导电杆向下运动快到终了位置时，装在底部的油缓冲器活塞插入导电杆下部的油缸中，能起分闸缓冲的效果。

合闸操作与分闸操作相反，在导电杆接近合闸终了位置时，装在框架上的弹簧缓冲器起到合闸缓冲的作用。在合闸过程中，分断弹簧被拉长储有能量，供分闸时使用。

（3）SN10-10 型高压少油断路器在结构设计上的一些特点

1）油桶用环氧树脂玻璃钢制成，简化了绝缘结构、重量轻、体积小、使用寿命长。

2）灭弧室由三聚氰胺及玻璃丝混合压制而成，耐弧性能及机械强度较好，其灭弧室由隔弧板做成有三个横吹弧道和两个纵吹弧道，采

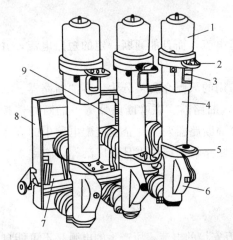

图 5-11　SN-10 型高压少油断路器的外形

1—铝帽；2—上接线座；3—油标；4—绝缘箱；

5—下接线座；6—基座；7—主轴；

8—框架；9—分闸弹簧

用纵横吹和机械油吹联合作用来灭弧。

3）动、静触头上镶有耐电弧的钨铜合金片，能减弱电弧对触头的燃损，同时改善灭弧性能。触头可以保证连续开断短路电流 3～5 次无需检修。

4）采用滚轮触头，去掉了机械上的薄弱环节，减小了分、合闸时的摩擦。

5）分闸时动触头是向下的，可以起到压油的作用，使开关下部的油经附加油流通道以高速横向冲向电弧，不仅有利于改善开断小电流的灭弧特性，还能使导电杆端头弧根不断与新鲜的冷油接触，加速弧根冷却，使气体、油气、铜末、铜离子等与导电杆反向运动，迅速向上排出弧道，有利于介质强度的恢复。

2. 高压真空断路器

高压真空断路器是利用真空灭弧的一种新型断路器，我国已成批生产 ZN 系列真空断路器，其外形如图 5-12 所示。真空断路器的结构特点如下所述。

1）采用无介质的真空灭弧室。在真空中有极高的介质恢复速度，因而当触头分开后，电流第一次过零（001s）时即被切断。

2）在真空中有极高的绝缘强度，是空气的 14～15 倍，因而真空断路器的触头行程可以是很小的，灭弧室可做得较小，使整个断路器体积小、重量轻、安装调试简单方便。

3）真空断路器的固有分、合闸时间短、动作迅速，灭弧能力强、燃弧时间短。

4）在额定条件下，允许连续开断的次数多，适用于频繁操作，具有多次重合闸的功能。

5）真空断路器的结构简单，检修维护方便，无爆炸危险，不受外界气候条件的影响。

目前真空断路器向高电压、大断流容量发展，开断、短路电流已达 50kA，其有多次重合闸的功能，可取代部分油断路器，能够满足高压配电网的要求。

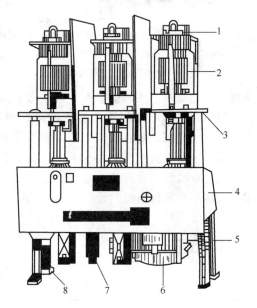

图 5-12　ZN3-10 型高压真空断路器的外形
1—上接线端；2—真空灭弧室；3—下接线端；4—操作机构箱；5—合闸电磁铁；6—分闸电磁铁；7—分闸弹簧；8—底座

3. 高压六氟化硫断路器

六氟化硫（SF_6）是一种新的灭弧介质，在常温下它是一种无色、无臭、无味、不燃烧的惰性气体，化学性能稳定，具有极优异的灭弧性能和绝缘性能。高压六氟化硫断路器是采用 SF_6 作为断路器的绝缘介质和灭弧介质的一种断路器，如图 5-13 所示。SF_6 作为灭弧介质的特点就是在电弧中能捕捉电子而形成大量的 SF_6 和 SF_5 的负离子，负离子行动迟缓，有利于再结合的进行，而使介质迅速的去游离。同时弧隙电导迅速下降而达到熄弧的目的，它的绝缘能力约高出普通空气的 2.5～3 倍，其熄弧能力约为空气的 100 倍。

利用 SF_6 作绝缘介质和灭弧介质的六氟化硫全封闭组合电器，不仅提高了开断能力，而且大大缩小了绝缘距离。这样，可使变电所占用空间的大大地缩小，SF_6 的传热比空气好 2.5 倍，这对封闭电器的散热很有好处，此外封闭电器由于与空气隔绝，故导电部分不存在氧化问题。被封闭在薄钢桶内的电器，在运行时不受风、雨、雷电等自然条件的影响。

SF_6 断路器具有引人注目的优点：体积小、重量轻、占地面积少、开断能力强、断流容量大、动作速度快，可适应大容量频繁操作的供配电系统。此外，SF_6 断路器的结构特点为：开关触头在 SF_6 气体中闭合和断开；SF_6 气体具有灭弧和绝缘功能；灭弧能力强，属于高速断

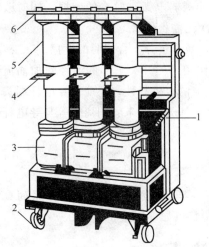

图 5-13　LN2-10 型 SF_6 断路器的外形图

1—分闸弹簧；2—小车；3—操作机构；4—下接线端；5—绝缘筒；6—上接线端

路器，结构简单，无燃烧、爆炸危险等；SF_6 气体本身无毒，但在电弧的高温作用下，会产生氟化氢等有强烈腐蚀性的剧毒物质，检修时应注意防毒。电弧在 SF_6 燃烧时，电弧电压特别低，燃弧时间也短，触头烧损很轻微，检修周期长。由于以上这些优点，SF_6 断路器发展速度很快，电压等级也在不断提高。

SF_6 断路器的缺点是：电气性能受电场均匀程度及水分等杂质影响特别大，故对 SF_6 断路器的密封结构、元件结构及 SF_6 气体本身质量的要求相当严格。

5.4　低压一次设备

教学目标

通过本节的介绍，使读者知道常用的低压一次设备有哪些类型，每一种低压设备的结构如何，有哪些特点等。

低压熔断器

低压熔断器的功能主要是实现低压配电系统的短路保护，有的也能实现过负荷保护。低压熔断器的类型很多，如插入式、螺旋式、无填料密封管式、有填料密封管式以及引进技术生产的有填料管式的 gF、aM 系列、高分断能力的 NT 型等。

1. RM10 型低压密封管式熔断器

RM10 型熔断器由纤维熔管、变截面锌熔片和触头底座等部分组成，如图 5-14 所

示。安装在熔管内的熔体是变截面锌熔片，短路时，短路电流首先使熔片窄部（阻值较大）加热熔断，使熔管内形成几段串联短弧，而且由于各段熔片跌落，迅速拉长电弧，使短路电弧加速熄灭。在过负荷电流通过时，由于电流加热时间较长，窄部位散热较好，因此往往不在窄部熔断，而在宽窄交接处熔断。由熔片熔断的部位，可以大致判断故障电流的性质。

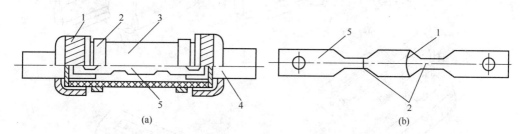

图 5-14　RM10 型低压熔断器

(a) 熔管；(b) 熔片

(a)：1—铜帽；2—管夹；3—纤维熔管；4—触刀；5—变截面锌熔片
(b)：1—过负荷熔断部位；2—短路熔断部位；5—变截面锌熔片

当其熔片熔断时，纤维管的内壁将有极少部分纤维物质因电弧烧灼而分解，产生高压气体，压迫电弧，加强离子的复合，从而改善了灭弧性能。但是其灭弧断流能力仍较差，不能在短路电流达到冲击值之前完全熄弧，所以这类熔断器属于非限流熔断器。

这类熔断器结构简单、价格低廉、更换方便，因此现在仍较普遍地应用在低压配电装置中。

2. RT0 型低压有填料管式熔断器

RT0 型熔断器主要由瓷熔管、栅状铜熔体和触头底座等部分组成，如图 5-15 所示。其栅状铜熔体具有引燃栅，由于引燃栅的等电位作用，可使熔体在短路电流通过时形成很多并联电弧。同时熔体又具有变截面小孔，可使熔体在短路电流通过时又将长弧分割为多段短弧。而且所有电弧都在石英砂中燃烧，可使电弧中的正负离子强烈复合。因此，这种有填料管式熔断器的灭弧断流能力很强，具有"限流"作用。此外，其熔体中段还具有"锡桥"，可利用其"冶金效应"来实现较小短路电流和过负荷电流的保护。熔体熔断指示器从一端弹出，便于人员检视。

RT0 型熔断器由于它的保护性能和断流能力大，因此广泛应用在低压配电装置中，但它的熔体多为不可拆式，熔断器熔断即报废，不经济，妨碍了它的发展。

3. RZ1 型低压自复式熔断器

一般熔断器包括上述 RM 型和 RT 型熔断后，都有一个共同的缺点，就是熔体一旦熔断后，必须更换熔体才能恢复供电，从而使中断供电的时间延长，给供电系统和用电负荷造成一定的停电损失。下面介绍的自复式熔断器就弥补了这一缺点，它既能切断短路电流，又能在短路故障消除后自动恢复供电，无需更换熔体。

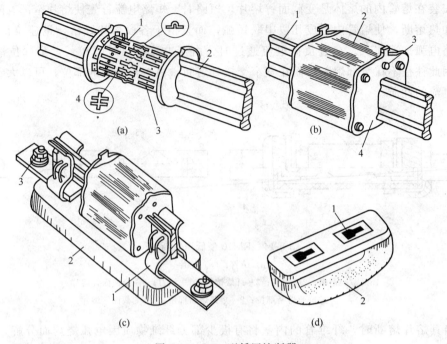

图 5-15　RT0 型低压熔断器

（a）熔体；（b）熔管；（c）熔断器；（d）绝缘操作手柄

（a）：1—栅状铜熔体；2—触刀；3—变截面小孔；4—引燃栅

（b）：1—触刀；2—瓷熔管；3—熔断指示器；4—盖板

（c）：1—弹性触座；2—瓷质底座；3—接线端子

（d）：1—扣眼；2—绝缘拉手手柄

　　我国设计生产的 RZ1 型自复式熔断器它采用金属钠做熔体，如图 5-16。在常温下，钠的电阻率很小，可以顺畅地通过正常负荷电流。但在短路时，钠受热迅速气化，其电阻率变得很大，从而可限制短路电流。在金属钠气化限流的过程更中，装在熔断器一端的活塞将压缩氩气而迅速后退，降低了由于钠气化产生的压力，以免熔管因承受不了过大气压而爆破。在限流动作结束后，钠蒸气冷却，又恢复为固态钠。此时活塞在被压缩的氩气作用下，将金属钠推回原位，使之恢复正常工作状态。这就是自复式熔断器既能自动限流又自动复原的基本原理。

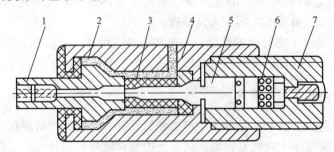

图 5-16　RZ1 型自复式熔断器

1—接线端子；2—云母玻璃；3—氧化铍瓷管；4—不锈钢外壳；5—钢熔体；6—氩气；7—接线端子

4．低压刀开关和负荷开关

（1）低压刀开关

低压刀开关按操作方式分为单投和双投两种。按极数分为单极、双极和三极三种。按灭弧结构分为不带灭弧罩和带灭弧罩两种。

不带灭弧罩的刀开关一般只能在无负荷下操作。由于刀开关断开后有明显可见的断开间隙，因此可作隔离开关使用。

带灭弧罩的刀开关能通断一定的负荷电流，能使负荷电流产生的电弧有效地熄灭，如图 5-17 所示。

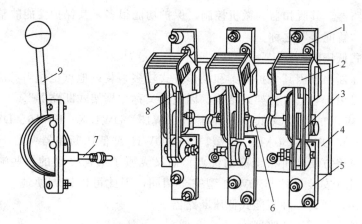

图 5-17　HD13 型刀开关

1—上接线端子；2—灭弧罩；3—闸刀；4—底座；5—下接线端子；

6—主轴；7—连杆；8—静触头；9—操作手柄

（2）低压刀熔开关

低压刀熔开关又称"熔断器式刀开关"是一种由低压刀开关与低压熔断器相组合的开关电器。常见的 HR3 型刀熔开关，就是将 HD 型开关的闸刀换以 RT0 型熔断器的具有刀形触头的熔断管。

刀熔开关具有刀开关和熔断器的双重功能。采用这种组合型开关电器，可以简化低压配电装置的结构，经济实用，因此广泛应用在低压配电装置上。

（3）低压负荷开关

低压负荷开关由低压刀开关与低压熔断器串联组合而成，外装封闭式铁壳或开启式胶盖。装铁壳的俗称为"铁壳开关"；装胶盖的俗称为"胶壳开关"。低压负荷开关具有带灭弧罩的刀开关和熔断器的双重功能，既可带负荷操作，又能进行短路保护，但熔断后，要更换熔体后才能恢复供电。

5．低压断路器

低压断路器又称"低压自动开关"。低压断路器既能带负荷通断电路，又能在短路、过负荷和低电压（或失压）时自动跳闸，其功能与高压断路器类似。

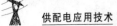

低压断路器按其灭弧介质分为空气断路器和真空断路器等；按其用途分为配电用断路器、电动机保护用断路器、照明用断路器和漏电保护断路器等；按保护性能分为非选择型断路器、选择型断路器和智能型断路器；按结构形式分为万能式断路器和塑料外壳式断路器。

非选择型断路器一般为瞬间动作，只作短路保护用；也有的为长延时动作，供限流用。

选择型断路器，又分为两段保护和三段保护，两段保护指具有瞬时或短延时动作和长延时动作；三段保护指具有瞬时、短延时和长延时或者瞬时、长延时和接地短路等三种动作特性。

智能型断路器，其脱扣器为微机控制，保护功能很多，其保护性能的整定非常方便灵活，因此有"智能型"之称。

（1）万能式低压断路器

万能式低压断路器因其保护方案和操作方式较多，装设地点也相当灵活，故有"万能式"之名，又由于它具有框架式结构，因此它又称"框架式断路器"。

目前推广应用的万能式低压断路器有 DW15、DW15X、DW16、DW17（ME）、DW48（CB11）和 DW914（AH）等型。其中 DW16 型低压断路器保留了 DW10 型结构简单，使用维修方便和价格低廉的优点，而又克服了 DW10 型的一些缺点，技术性能显著改善，且其安装尺寸与 DW10 型完全相同，因此可以极方便地取代 DW10 型，将成为新的应用广泛的一种万能式低压断路器。

（2）塑料外壳式低压断路器

塑料外壳式低压断路器因其全部机构和导电部分均装设在一个塑料外壳内，仅在壳盖中央露出操作手柄，故有"塑料外壳式"之名，又由于它通常装设在低压配电装置之中，因此它又称"装置式断路器"。

低压断路器的操作机构一般采用四连杆机构，可自由脱扣。其操作方式又分为手动和电动两种。

低压断路器的操作手柄有三个位置：①合闸位置；②自由脱扣位置；③分闸和再扣位置。

目前推广应用的塑料外壳式低压断路器有 DZ15、DZ20 和 DZX10 等型及引进技术生产的 H、C45N、3VE 等型，此外还有智能型低压断路器，如 DZ40 等型。

5.5 互感器

教 学 目 标

通过本节的介绍，使读者对互感器的作用、类别、型号、接线方式及使用范围、注意事项有一个初步的认识和了解。

1. 概述

电流互感器又称仪用变流器，电压互感器又称仪用变压器，它们合称为互感器。从基本结构和工作原理上看，互感器就是一种特殊的变压器。

互感器的作用主要有以下两个方面。

（1）用来使仪表、继电器等二次设备与主电路绝缘

这样既可避免主电路高电压直接与仪表、继电器相连，又可防止仪表、继电器的故障影响主电路，从而提高整个一、二次电路运行的安全性和可靠性，并有利于保障操作人员的人身安全。

（2）用来扩大仪表、继电器等二次设备应用范围

例如，100V 的电压表，通过不同变压比的电压互感器就可测量任意高的主电路电压。而且，使用互感器，可使仪表、继电器等二次设备的规格统一，有利于这些设备的批量生产。

2. 电流互感器

（1）电流互感器的结构原理和接线方案

电流互感器的结构原理如图 5-18 所示，它的结构特点是：一次绕组匝数很少，有的形式电流互感器还没有一次绕组，而是利用穿过其铁心的一次电路导线作为一次绕组，一次绕组导体相当粗，而二次绕组匝数很多，导体较细。工作时，一次绕组串联在一次电路中，而二次绕组则与仪表、继电器等电流线圈串联，形成一个闭合回路，由于这些电流线圈的阻抗很小，因此电流互感器工作时二次回路接近于短路状态。二次绕组的额定电流一般为 5A，电流互感器的一次电流 I_1 与其二次电流 I_2 之间有下列关系：

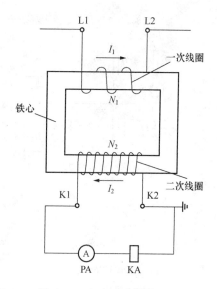

图 5-18　电流互感器原理图

$$I_1 \approx \frac{N_2}{N_1}I_2 \approx K_i I_2 \tag{5-1}$$

电流互感器在三相电路中有如图 5-19 所示的四种常见的结线方案。

1）一相式接线，见图 5-19（a），通常用于负荷平衡的三相电路，在如低压动力电路中，供测量电流和连接过负荷保护装置之用。

2）两相 V 形接线，见图 5-19（b），这种接线也称为两相不完全星形接线，在继电保护装置中这种接线称为两相两继电器接线或两相的相电流接线。在中性点不接地的三相三线制电路中（例如，6～10kV 高压电路中），广泛用于测量三相电流、电能及作过电流继电保护之用。

3）两相电流差接线，见图 5-19（c），这种接线也称为两相交叉接线。这种接线适

用于中性点不接地的三相三线制电路中（例如，6～10kV 高压电路中）供作过电流继电保护之用，也称作两相一继电器接线。

4）三相星形接线，见图 5-19（d），这种接线中的三个电流线圈，正好反映各相的电流，广泛用在符合一般不平衡的三相四线制系统，如 TN 系统中，也用在负荷可能不平衡的三相三线制系统中，作三相电流、电能测量及过电流继电保护之用。

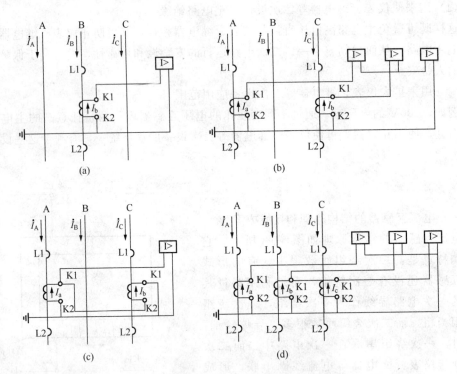

图 5-19　电流互感器四种常用接线方案

（a）一相式接线；（b）两相 V 形接线；（c）两相电流差接线；（d）三相星形接线

（2）电流互感器的类型和型号

电流互感器的类型很多。按一次绕组、匝数的不同可分为单匝式（包括母线式、心柱式、套管式等）和多匝式（包括线圈式、线环式、串级式等）；按一次电压的不同可分为高压和低压两大类；按用途的不同可分为测量用和保护用两大类；按准确等级的不同可分为 0.1，0.2，0.5，1，3，5 等级；按绝缘和冷却方式的不同可分为油浸式和干式两大类。油浸式主要用于户外电流互感器，而现在应用最广泛的是环氧树脂浇注绝缘的干式电流互感器，特别是在户内配电装置中，油浸式电流互感器已基本上被淘汰不用了。

图 5-20 所示为户内低压 LMZJ-0.5 型电流互感器的外形。它不含一次绕组，穿过其铁心的母线就是其一次绕组（相当于 1 匝），用于 500V 及以下的低压配电装置中。

图 5-21 所示为户内高压 LQJ-10 型电流互感器的外形。它有两个铁心和两个二次绕组，准确级有 0.5 级和 3 级，0.5 级用于测量，3 级用于继电保护。

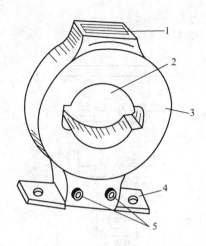

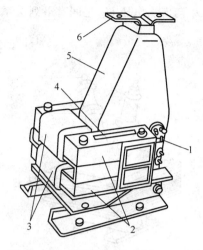

图 5-20　户内低压 LMZJ-0.5 型电流互感器的外形

1—铭牌；2—一次母线穿孔；3—铁心；

4—安装板；5—二次接线端子

图 5-21　户内高压 LQJ-10 型电流互感器

1—二次接线端子；2—铁心；3—二次绕组；4—警

告牌；5—一次绕组；6—一次接线端子

（3）电流互感器的使用注意事项

1）电流互感器在工作时二次侧不得开路。在运行中，对于正在工作的电流互感器的二次侧电路是不能断开的；若断开，二次侧会出现危险的高电压，危及设备及人身安全。如果需要将正在工作的电流互感器二次侧的测量仪表断开时，必须预先将互感器的二次侧线圈或需要断开的测量仪表短接。

2）电流互感器的二次侧必须有一端接地

当电力网上发生短路时，通过该电路电流互感器的一次侧电流就是短路电流，这个电流比互感器的额定电流值大好多倍。若二次侧不接地，二次绕组间绝缘击穿时，一次侧的高压串入二次侧，危及人身和测量仪表、继电器等二次设备的安全。电流互感器在运行中，二次绕组应与铁心同时接地运行。

3）电流互感器连接时必须注意其端子极性。

3. 电压互感器

（1）电压互感器的类型和形式

电压互感器按相数分为单相和三相两大类。按绝缘和冷却方式分为油浸式和干式（含环氧树脂浇注）两大类，如图 5-22 所示是应用广泛的 JDZJ-10 型电压互感器，它为单相三绕组，环氧树脂浇注绝缘，其额定电压为 $10\ 000\text{V}/\sqrt{3}：100\text{V}/\sqrt{3}：100\text{V}/3$，三个 JDZJ-10 型电压互感器接成如图 5-24（d）所示 $Y_0/Y_0/\triangle$ 形的接线形式，供小电流接地的电力系统中作电压、电能测量及绝缘监视之用。

（2）电压互感器的结构原理和接线方案

电压互感器结构原理图如 5-23 所示。其他的结构特点是：一次绕组匝数很多，二次绕组匝数很少，相当于降压变压器。由于这些电压线圈的阻抗很大，所以电压互感器工作时二次侧接近于空载状态。二次绕组的额定电压一般为 100V。电压互感器的一次

电压 U_1 与二次电压 U_2 之间有下列关系：

$$U_1 \approx \frac{N_1}{N_2}U_2 \approx K_U U_2 \qquad (5-2)$$

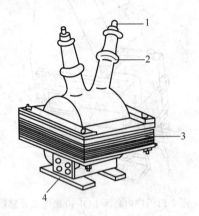

图 5-22　JDZJ-10 型电压互感器外形结构

1—一次接线端子；2—高压绝缘套管；

3—铁心；4—二次接线端子

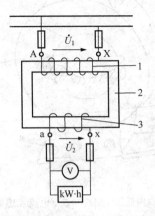

图 5-23　电压互感器原理接线原理图

1——一次绕组；2—铁心；3—二次绕组

电压互感器在三相电路中有如图 5-24 所示的四种常见的接线方案。

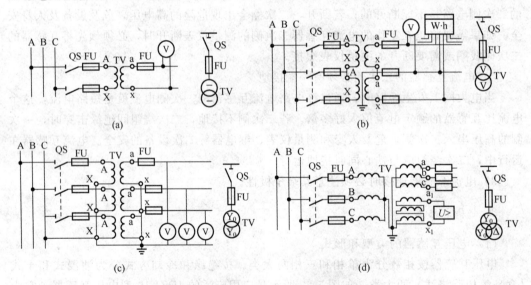

图 5-24　电压互感器四种常用接线方案

（a）一个单相电压互感器的接线；（b）两个单相电压互感器接成 V/V 形；

（c）三个单相电压互感器接成 Y_0/Y_0 形；（d）三个单相三绕组电压

互感器或一个三相五心柱式电压互感器接成 $Y_0/Y_0\triangle$ 形

1）一个单相电压互感器接线，见图 5-24（a），供仪表、继电器接于三相电路的一个线电压。

2）两个单项电压互感器接成 V/V 形，见图 5-24（b），供仪表、继电器接于三相三线制电路的各个线电压，广泛应用在企业变配电所 6～10kV 高压配电装置中。

3）三个单相电压互感器结成 Y_0/Y_0 形，见图 5-24（c），供电给要求线电压的仪表、继电器，并供电给接相电压的绝缘监视电压表，因此绝缘监视电压表不能接入按相电压选择的电压表，而要按线电压选择其量程，否则在一次系统发生单相接地时，电压表可能被烧坏。

4）三个单相三绕组电压互感器或一个三相五心柱三绕组电压互感器接成 $Y_0/Y_0/\triangle$（开口三角）形，见图 5-24（d），其接成 Y_0 的二次绕组，供电给需线电压的仪表、继电器及接相电压的绝缘监视用电压表。其接成 $\triangle$（开口三角）形的辅助二次绕组，接电压继电器。当某一相接地时，则开口三角形两端将出现近 100V 的电压（零序电压），使电压继电器动作，发出接地故障信号。

（3）电压互感器的使用时注意事项

1）电压互感器在工作时二次侧不得短路，这是因为互感器一、二次绕组都是在并联状态下工作的，如二次侧发生短路将产生很大的短路电流，有可能烧毁电压互感器，甚至危及一次系统的安全运行。所以电压互感器的一、二次侧都必须装设熔断器进行短路保护。

2）电压互感器的二次侧必须有一端接地，以防止电压互感器一、二次绕组绝缘击穿时，一次侧的高压串入二次侧，危及人身和设备安全。

3）电压互感器在连接时也必须注意其极性，防止因接错线而引起事故，单相电压互感器分别标有 A、X 和 a、x。三相电压互感器分别标有 A、B、C、N 和 a、b、c、n。

5.6　电气设备的选择

教 学 目 标

通过本节的介绍，使读者能够了解各种电气设备在实际运用中，如何进行正确选择，选择中需要考虑哪些相关因素，才能使该设备的功能正常发挥。

5.6.1　电气设备选择的一般条件

各种电气设备的选择条件虽不完全相同，但有很多共同之处，差不多所有电气设备都要按额定参数，如额定电压、额定电流来选择，按短路条件来校验动稳定和热稳定。

1. 按正常的工作条件选择额定电压和额定电流

（1）根据额定电压选择
电气设备的额定电压应符合电气装设地点的电网额定电压。

（2）根据额定电流选择
电器设备的额定电流应大于或等于正常工作时的最大负荷电流。

我国目前生产的电气设备，设计时取周围空气温度 40℃ 作为计算值，若装设地点日最高气温高于 40℃，则高压电气设备每降低 1℃，允许电流可比额定值增加 0.5%，但增加总量不得超过 20%，其允许电流应进行校正为

$$I_{al} = I_N \sqrt{\frac{\theta_{al} - \theta'_0}{\theta_{al} - 40}} \tag{5-3}$$

式中，θ_{al}——电器的长期允许温度，规定为 70℃；

θ'_0——周围空气实际温度（℃）；

I_{al}——在 θ'_0 时电器设备长期允许的工作电流（A）。

2. **按短路电流的热效应和电动力效应校验电器设备的热稳定和动稳定**

1）断路器、隔离开关及电抗器等的动稳定按下式校验为

$$I_{max} \geqslant I_{sh}^{(3)} \text{ 或 } i_{max} \geqslant i_{sh}^{(3)} \tag{5-4}$$

式中，I_{max}、i_{max}——产品样本提供的高压电气设备通过极限电流的有效值和峰值；

$I_{sh}^{(3)}$，$i_{sh}^{(3)}$——按三相短路计算所得的短路冲击电流的有效值和瞬时值。

2）断路器，隔离开关及电抗器的热稳定性按下式校验为

$$I_t^2 t \geqslant I_\infty^2 t_{ima} \text{ 或 } I_t \geqslant I_\infty \sqrt{\frac{t_{ima}}{t}} \tag{5-5}$$

式中，I_t——电器设备在给定的时间 t 内的热稳定电流（kA），通常为 t 为 1s、2s、4s、5s、10s；

I_∞——短路稳定电流（kA）；

t——电器给定的热稳定计算时间（s）；

t_{ima}——短路电流假想时间（s）。

假想时间是指在此时间内短路稳态电流所产生的热量等于短路变化电流在实际短路时间内所产生的热量，也等于继电保护装置动作时间加断路器动作时间。

对高压电气设备进行短路校验时，应根据最严重的情况选择短路点，并考虑系统今后的发展，但不考虑仅在操作切换时才进行并列运行的电源和短路。校验动稳定时，以三相短路作为计算类型；校验热稳定时，应选择三相短路中最严重的一种作为计算的依据。

短路电流作用的计算时间，取离短路点最近的继电保护装置的主保护动作时间与断路器动作时间之和。如主保护装置有未被保护的死区，则须根据短路故障的后备保护装置的动作时间校验热稳定。

3. **按装设地点的三相短路容量校验开关电器的断流能力**

断路器、熔断器、负荷开关等电器必须具备在最严重的短路状态下切断故障电流的能力。生产厂家一般在产品样本中提供额定电压下允许的开断电流和允许速断容量。所以在选择这类电器时，必须使开断电流和允许速断容量大于开关电器必须切断的最大短路电流或短路容量。

根据高压电器的一般选择原则，高压断路器选择的具体方法可归纳如下。

1）根据高压断路器的装设地点的电网电压和电流，确定所选断路器的额定电压，

额定电流。

2）根据高压断路器装设供电系统的短路电流进行动稳定、热稳定校验。

3）按高压断路器装设地点发生三相短路的容量校验断路器的开断能力。断路器的开断电流和切断容量应满足下式，即

$$I_{dk} > I_k^3 \tag{5-6}$$

或

$$S_{dk} > S_k^3 \tag{5-7}$$

式中，I_{dk}——断路器的额定切断电流（kA）；

I_k^3——断路器装设点发生三相短路时周期分量的有效值（kA）；

S_{dk}——断路器的额定断流容量（MVA）；

S_k^3——断路器装设点发生三相短路时的短路容量（MV·A）。

4. 按安装地点和工作环境选择电器设备的形式

由于户外安装的高压电器受温度、湿度、粉尘、辐射等影响很大，因此应选户外型，为了适应不同的工作环境，生产厂家制造的各种电器又有普遍型、范围型、高原型、防污型、封闭型之分，可供选择。

5.6.2　隔离开关、负荷开关及高压熔断器的选择

1. 隔离开关的选择

隔离开关的主要用途是保证高压装置中检修工作时的安全。隔离开关无灭弧装置，因此不允许切断负荷电流和短路电流，但允许隔离开关接通和断开电压互感器，避雷器以及在 10kV 以下且容量在 320kVA 以下空载运行的变压器。

通常隔离开关的选择，应根据其额定电压、额定电流、工作环境等确定，并进行短路时动、热稳定的校验。

2. 负荷开关的选择

根据负荷开关的使用情况，选择时应根据其额定电压、额定电流及短路电流时动稳定、热稳定校验的数值确定负荷开关的型号。隔离开关和负荷开关因不能切断短路电流，所以在选择时不需要校验切断电流或切断容量。

3. 高压熔断器的选择

已知熔断器是用来防止电器设备长期通过过载电流和短路电流的保护元件，选择熔断器应按额定电压、发热情况、切断能力和保护选择性四项条件进行。

校验熔断器切断能力的方法与高压断路器相仿，即熔断器的极限断开电流应大于所要切断的最大短路电流，但由于其切断性与断路器不同，故选择时采用的计算短路电流值也不相同。在选择一般没有限流作用的高压熔断器时，采用三相短路次暂态电流有效值。

根据保护动作选择性的要求来校验熔体的额定电流，以保证装设回路中前后保护动

作的时间配合，供电网络中靠近电源处应比远离电源处的熔断器迟熔断，可以起后备保护作用。保护电压互感器的高压熔断器只需按工作电压和开断能力两项进行选择。

4. 互感器的选择

互感器的选择分为电流互感器和电压互感器两种。在高压供电系统中，互感器的作用在前面已讲述，这里不再重复。互感器的准确度级别分为 0.2、0.5、1、3 级，准确度级的选择可按互感器的应用来确定，通常 0.2 级的互感器主要用于实验室精密测量；0.5 级用于计算电费测量；1 级用来供发电厂、变电站配电盘上的仪表；一般提示仪表和继电保护则采用 3 级。

（1）电流互感器的选择原则

电流互感器应按装置地点的条件及额定电压、一次电流、二次电流、准确度等条件进行选择，并校验其短路时的动稳定和热稳定。

电流互感器的准确度与二次负荷容量有关。互感器二次负荷不大于准确度所对应的额定二次负荷，二次负荷由二次回路的阻抗决定。如果电流互感器不满足准确度的要求，则应改选较大变流比或者较大阻抗或二次容量的互感器，或者加大二次接线的截面，按规定，电流互感器二次接线的铜芯线截面不得小于 $1.5\,\text{mm}^2$，铝芯线截面不得小于 $2.5\,\text{mm}^2$。

关于电流互感器短路稳定度的校验，由于电流互感器的动稳定度是以动稳定倍数 K_{es} 来表示的，因此，其动稳定度校验条件为

$$K_{es} \sqrt{2} I_{1N} \geqslant i_{sh} \tag{5-8}$$

同样，由于电流互感器的热稳定度是以热稳定倍数 K_t 来表示的，因此，其热稳定度校验条件为

$$(K_t I_{1N})^2 t \geqslant I_\infty^{(3)2} t_{ima}$$

或

$$K_t I_{1N} \geqslant I_\infty^{(3)} \sqrt{t_{ima}/t} \tag{5-9}$$

多数电流互感器的热稳定实验时间取 1s，这样上式可改写为

$$K_t I_{1N} \geqslant I_\infty^{(3)} \sqrt{t_{ima}} \tag{5-10}$$

（2）电压互感器的选择

电压互感器应按装设地点的条件及一次电压、二次电压和准确度等条件进行选择，由于有熔断器保护电压互感器，不需要校验短路电流的稳定度。

5.7 新设备简介

教 学 目 标

通过本节的介绍，使读者对一些比较先进的电气设备有一个初步认识，以便于以后工作中，能快速适应新设备打基础。

随着科技的发展，各种新的电气设备也不断被开发出来，并在企业得到推广。下面简单介绍几种新型的电气设备。

5.7.1　新型熔断器

随着电子技术的迅猛发展，半导体元器件已开始被广泛应用于电气控制和电力拖动装置中。然而，由于各种半导体元器件的过载能力很差，通常只能在极短的时间内承受过载电流，时间稍长就会将其烧坏，因此，一般熔断器已不能满足要求，应采用动作迅速的快速熔断器进行保护。

快速熔断器又称为半导体器件保护用熔断器，是指在规定的条件下，极快速地切断故障电流，主要用于保护半导体器件过载及短路的有填料熔断器。

常用的快速熔断器主要有 RS 系列有填料快速熔断器、RLS 系列螺旋式快速熔断器和 NGT 系列半导体器件保护用熔断器三种。

5.7.2　新型断路器

近年来国外断路器发展较快，一些著名公司不断推出框架式断路器和塑壳式断路器新产品，覆盖的电流范围从几十安培直至 6300A。产品的开发思路是根据整个系统的需要来考虑，不是单纯追求高指标，要同时考虑经济适用、缩小体积、尽可能减少壳架规格、便于进行标准化设计等。新开发的断路器均带有通信接口，可用于总线系统，使系统达到最佳的配合。

框架式断路器具有体积小，分断能力强等显著特点，例如，施耐德公司的 Masterpact NWL1 产品，额定电流高达 2000A，分断能力可达 150kA（有效值）/400V。塑壳式断路器向电子脱扣器方向发展，随着电子技术的进一步发展和电子元器件成本的降低，在塑壳式断路器中，电子脱扣器全面取代传统的热磁脱扣器已成为必然的发展趋势。另外，新型双断点分断的技术越来越受到重视。它不仅可通过增加断点提高电弧电压，而且通过采用气压管理提高吹弧能力，使分断能力大大提高，也可使断开速度大大提高。

5.7.3　智能型断路器

智能型断路器是把微电子技术、传感技术、控制通信技术、电力电子技术等新技术引入断路器的高新技术产品，它一方面可以在同一台断路器上实现多种功能，使单一的动作特性有可能做到一种保护功能有多种动作特性，另一方面可使断路器实现中央控制计算机双向通信构成智能化的控制、保护、信息网络系统，使断路器从基本保护功能发展到智能化的保护功能。

智能型断路器的核心技术是采用智能脱扣器，而微处理器系统又是智能脱扣器的核心部分。微处理器引入断路器，使断路器的保护功能大大增强，它的三段保护特性中的短延时可设置成 I^2t 特性，以便于后一级保护更好匹配，并可实现接地故障保护。带微处理器的智能脱扣器的保护特性可以进行调节，还可设置预警特性。智能型断路器可反映负载电流的有效值，消除输入信号中的高次谐波，以避免高次谐波造成的误动作。

智能型断路器具有自身诊断和监视功能，可监视检测电压、电流和保护特性，并可用液晶显示。当断路器的内部温度超过允许值，或触头磨损量超过限定值时，能发出报警。智能型断路器能保护各种起动条件的电动机，并具有很高的动作准确性，整定调节范围较宽，可以保护电动机的过载、断相、三相不平衡、接地等故障。

智能型断路器通过与控制计算机组成网络还可以自动记录断路器运行情况和实现遥控、遥测、遥信、遥调功能。

断路器智能化是传统低压断路器改造、提高和发展的方向。近年来，我国的断路器生产厂家已开发生产了各种类型的智能化控制的低压断路器，具有代表性的有 DW45、CW1、CM1、MA40、SDW1 等系列；国外产品有 MMT、F、AE、3WN6 等系列。

5.7.4 成套配电装置

成套配电装置是按一定的电路方案将有关一、二次设备组装为成套设备的产品，供配电系统进行控制，监测和保护之用。其中安装有开关电器、监测仪表、保护和自动装置以及母线、绝缘子等。

成套配电装置分高压配电装置和低压配电装置两大类。

（1）高压开关柜

高压开关柜按其结构形式可分为固定式和手车式（移开式）两种类型。在一般中小企业中，普遍采用较为经济的固定式高压开关柜，我国现在大量生产和广泛应用的固定式高压开关柜主要为 GG-1A（F）型。这种防护型开关柜装设了防止电器误操作和保障人身安全的闭锁装置，实现了"五防"：①防止误跳，误合断路器；②防止带负荷拉、合隔离开关；③防止带电挂接地线；④防止带接地线误合隔离开关；⑤防止人员误入带电间隔。

目前国内已有十多种环网开关柜产品。环网柜一般由三个间隔组成，即两个电缆进出线间隔和一个变压器回路间隔，其主要电器元件包括负荷开关、熔断器、隔离开关、接地开关、电流互感器、电压互感器和避雷器等。环网柜具有可靠的防止误操作设施，能达到前面所述的"五防"要求。环网柜在我国城市电网改造和小型变配电所中得到了广泛的应用。

（2）低压配电屏

低压配电屏按其结构形式可分为固定式和抽屉式等类型。

我国应用最广的低压配电屏为 PGL1 和 PGL2 型，该产品取代了 BDL、BSL 等型低压配电屏。为了提高 PGL 系列配电屏的性能指标，有关单位又联合设计出 PGL3 型配电屏，低压断路器使用 ME、DWX15、DZ20 等型，可使用在变压器容量为 $2000kV \cdot A$ 及以下，额定电流为 3200A 及以下、分断能力为 50kA 的低压配电系统中。

（3）动力和照明配电箱

动力配电箱主要用于对动力设备配电，但也可兼向照明设备配电，照明配电箱主要用于照明配电，但也可配电给一些小容量的动力设备和家用电器。

动力和照明配电箱的类型很多，按安装方式的不同可分为靠墙式、悬挂式和嵌入式等，靠墙式是靠墙安装，悬挂式是挂墙明装，嵌入式是嵌墙安装。

5.8　电气设备的运行与维护

电气设备应定期进行巡视检查，以便及时发现运行中出现的设备缺陷和故障。

在有人值班的变电所内，配电装置应每班或每天进行一次外部检查。在无人值班的变电所内，电气设备应至少每月检查一次。如遇短路引起开关跳闸或其他特殊情况（如雷击），应对设备进行特别检查。下面就几种主要电气设备的维护作一简单介绍。

5.8.1　断路器的正常巡视检查

由于断路器在电网安全运行中占有很重要的地位，为使断路器能始终处于完好状态，巡视检查工作非常重要，特别是对容易造成事故的部分（如操动机构、瓷套、油位、压力表等）的巡回检查，大部分缺陷是可以及时被发现和处理的，所以运行中的巡视、检查、监视和维护等工作是十分重要的。

1. 目测项目

（1）油位检查

油断路器中油位应正常，油应在油位表上、下限油位监视线中。

（2）油色的检查

油断路器的油色检查虽不能直接准确地判明断路器中油质是否合格，但可简便粗略地判别油质变化的优劣程度。经验表明，根据运行中油的颜色、透明度、气味能初步确定油质的优劣。

（3）检查是否有渗漏油

为保证油断路器安全可靠的运行，运行中的油断路器应无渗漏油。一方面，渗漏油会使设备和环境油污，影响美观；另一方面，渗油严重时，使断路器油位降低，油量不足，将影响开断容量。因此，凡发现有渗漏油现象，尤其渗漏严重时，应及时汇报并处理。

（4）表计检查

液压机构上都装有压力表，额定工作压力应符合制造厂的规定，检查活塞杆行程及微动开关位置应正常。对于六氟化硫断路器应每班定时记录六氟化硫气体压力和温度，对照"压力温度"曲线进行比较，其表计指示数值折算到当时的环境温度下的数值应在标准范围内。如压力降低，在同一温度下两次表压力读数差值超过规定值，则说明有漏气现象，应及时检查并汇报工段（区）处理。如进入六氟化硫开关室，应开起通风机一般不少于15min。当六氟化硫密度继电器报警时，不得进入该开关室，如果需要工作人员进入，须戴防毒面具、手套和穿防护衣。

（5）瓷套检查

检查断路器的瓷套是否清洁、无裂纹、无破损和放电痕迹。

（6）真空断路器的检查

真空断路器应检查真空灭弧室是否无异常，玻璃泡是否清晰，屏蔽罩内颜色是否无变化，在分闸时弧光呈蓝色为正常。

（7）断路器导电回路和机构部分

检查导电回路是否良好。软铜片连接部分应无断片、断股现象。与断路器连接的接头是否接触良好，无过热现象。机构部分检查紧固部件是否紧固，开口销应完整、开口。转动、传动部分是否有润滑油，断路器分、合位置指示器是否正确，是否与实际运行工况相符。

（8）操动机构的检查

操动机构的作用是用来使断路器进行分闸、合闸，并保持断路器在合闸状态。由于操动机构的性能在很大程度上决定了断路器的性能及质量优劣，因此，对于断路器来说，操动机构是非常重要的。由于断路器动作是靠操动机构来实现的，操动机构又容易发生故障，因此巡视检查中，必须引起重视。

2. 耳听判断检查项目

1）判断瓷套是否有污损产生的放电声。

2）判断断路器引线是否有接触不良引起的放电声。

3）判断油断路器内部是否有"吱吱"放电声或油的翻滚声。

4）判断六氟化硫断路器及管道是否有气体泄漏声和振动声，管道夹头是否正常，若有异常应及时汇报并处理。

3. 鼻嗅判断项目

1）检查分、合闸线圈，接触器，电动机是否有焦臭味，或因放电而产生的臭氧味，如嗅到上述味道，则必须进行全部详细检查，消除隐患。

2）检查六氟化硫断路器各部件与管道连接处是否有漏气异味，若有异味应及时汇报并处理。

5.8.2 隔离开关在运行中的监视及检查

隔离开关的一般检查项目如下。

1）对隔离开关绝缘子检查时，要注意绝缘子应清洁无裂纹、无砸伤和无放电现象。

2）转轴、齿轮、框架连杆、拐臂、十字头及销子，位置应正确，无歪斜、松动、脱落等不正常现象。

3）检查锁住机构及连锁、闭锁装置是否良好，在隔离开关拉开后，应检查电磁闭锁或机械闭锁的销子是否已锁牢，操动机构的连动切换触点位置是否正确。

4）检查刀片和刀嘴的消弧角是否无烧伤、不变形、不锈蚀、不倾斜，如有这些现象会使触头接触不良。在触头接触不良的情况下，会有较大的电流通过消弧角，引起两个消弧角发热、发红。当夜间巡视检查时，在远处就可以看到一个小红火球，严重时会焊接在一起，使隔离开关无法拉开。

5）接地开关接地应牢固可靠，并注意检查其接地体可见部分是否完好，特别是易损坏的可烧部分。

6）检查拉开的隔离开关，其断口的空气距离是否符合厂家要求，三相触头是否平衡及平行。

7）检查操动机构各部件是否变形锈蚀和机械损伤，部件之间是否连接牢固和无松动脱落现象。

8）检查基础是否良好，是否有下沉、倾斜和损坏。

9）检查隔离开关的触头是否接触良好，是否有脏污、烧伤痕迹；弹簧片及铜辫子应无断股、折断现象，不偏斜、不振动、不发热及不锈蚀。这是因为隔离开关在运行中，刀片和刀嘴的弹簧片会锈蚀或过热，使弹力减低；隔离开关在断开后，刀片及刀嘴暴露在空气中，容易发生氧化和脏污；隔离开关在操作过程中，电弧会烧伤动、静触头的接触面，而各个连动机件会发生磨损或变形，影响接触面的接触；在操作过程中若用力不当，还会使接触位置不正，触头压力不足及产生机械磨损。上述这些情况均会导致隔离开关动、静触头的接触不良，因而值班人员应加强检查和维护，及时消除设备缺陷，以保证隔离开关的安全运行。

5.8.3　熔断器的巡视检查

熔断器本体的巡视检查项目与隔离开关相同。另外还要注意以下几点。

1）熔断器在每次熔体熔断后，应检查熔体管，如果烧坏，应更换新的。

2）熔体管装入后应严密，不得过紧或过松，以免不易跳开或自动脱落。

3）熔体管的各接触部分应无音响及火花放电现象。

4）按规定定期更换熔体和熔体管。

5）更换熔体时不应任意采用自制熔体，不可利用低压熔体代替高压熔体，以免引起非选择性动作等故障，破坏正常供电。

本 章 小 结

本章主要介绍一次回路、一次设备的概念；电弧的产生与熄灭。常用高、低压电器的结构、形式、型号、技术参数、用途、动作原理、灭弧原理以及适用场合等。电流、电压互感器的概念，工作原理和主要功能；电流、电压互感器的分类、型号、接线方案和使用注意事项。电气设备选择的原则，选择和校验项目；按正常工作条件选择，按短路条件校验；假想时间的概念。新型变压器、新型开关设备简单介绍。高压电气设备的运行与维护等。

通过本章的学习，可以使同学们对配电系统中使用的各种开关、保护电器有一个深刻的认识，基本知道电气设备的操作知识，知道各种电器的选择必须具备的条件等。了解新型电气设备的发展趋势。为以后的工作打下初步的基础。

思考题与习题

5-1 电弧是一种什么现象？其基本特征是什么？它对电气设备的安全运行有哪些影响？

5-2 开关触头间产生电弧的原因是什么？发生电弧有哪些游离方式？

5-3 使电弧熄灭的条件是什么？电弧熄灭的去游离方式有哪些？开关电器中有哪些常用的灭弧方法？其中最常用、最基本的灭弧方法是哪一种？

5-4 熔断器的主要功能是什么？什么叫"限流"熔断器？什么叫"冶金效应"？

5-5 高压隔离开关有哪些功能？它为何不能带负荷操作？它为什么能作为隔离电器来保证安全检修？

5-6 高压负荷开关有哪些功能？在采用高压负荷开关的电路中，采用什么措施保护短路？

5-7 高压断路器有哪些功能？少油断路器和多油断路器中的油各起什么作用？

5-8 高压少油断路器、六氟化硫断路器和真空断路器，各自的灭弧介质是什么？灭弧性能如何？适用于什么场合？

5-9 低压断路器有哪些功能？按结构形式可分为哪两大类型？

5-10 高压熔断器、高压隔离开关、高压负荷开关、高压断路器及低压刀开关在选择时，哪些需要校验断流能力？哪些需校验短路动、热稳定度？

5-11 电流互感器和电压互感器有哪些功能？电流互感器工作时二次侧开路有何后果？

短路电流及其计算

知识点 ☞

1. 短路的原因、危害和形式。
2. 无限大容量供电系统三相短路电流的变化规律和相关的物理量。
3. 短路电流的计算。
4. 短路电流的效应和动热稳定校验等。

6.1 短路的基本知识

教学目标

通过本节的介绍，使读者了解供电系统短路的原因和危害，掌握供电系统中短路的几种形式。

6.1.1 短路的原因

供电系统中最常见的故障就是短路。短路就是指不同电位的导电部分之间的低阻性短接。

造成短路的主要原因有如下几种。

1）电气设备载流部分的绝缘损坏。这种损坏可能是由于设备长期运行，绝缘自然老化或由于设备本身不合格、绝缘强度不够而被正常电压击穿，或绝缘正常而被过电压（包括雷电过电压）击穿，或设备绝缘受到外力损伤。

2）工作人员由于未遵守安全操作规程而发生误操作，或者误将低电压的设备接入较高电压的电路中。

3）鸟兽跨越在裸露的相线之间或相线与接地物体之间，或者咬坏设备导线电缆的绝缘。

6.1.2 短路的危害

短路电流比正常电流大得多，在大电力系统中，短路电流可达几万安甚至几十万安。如此大的短路电流可对供电系统产生极大的危害。

1）短路时要产生很大的电动力和很高的温度，而使故障元器件和短路电路中的其他元器件损坏。

2）短路时电压要骤降，严重影响电气设备的正常运行。

3）短路可造成停电，而且越靠近电源，停电范围越大。

4）严重的短路要影响电力系统运行的稳定性，可使并列运行的发电机组失去同步，造成系统解列。

5）单相短路电流将产生较强的不平衡交变磁场，对附近的通信电路、电子设备等产生干扰。

由此可见，短路的后果是十分严重的，因此必须设法消除可能引起短路的一切因素；同时需要进行短路电流计算，以便正确地选择电气设备，使设备具有足够的动稳定性和热稳定性，以保证在发生可能有的最大短路电流时不致损坏。为了选择切除短路故障的开关电器、整定短路保护的继电保护装置和选择限制短路电流的元器件（如电抗器）等，也必须计算短路电流。

6.1.3　短路的形式

在三相系统中，可能发生三相短路、两相短路、单相短路和两相接地短路。

三相短路，用文字符号 $k^{(3)}$ 表示，如图 6-1（a）所示；两相短路，用 $k^{(2)}$ 表示，如图 6-1（b）所示；单相短路，用 $k^{(1)}$ 表示，如图 6-1（c）和图 6-1（d）所示。

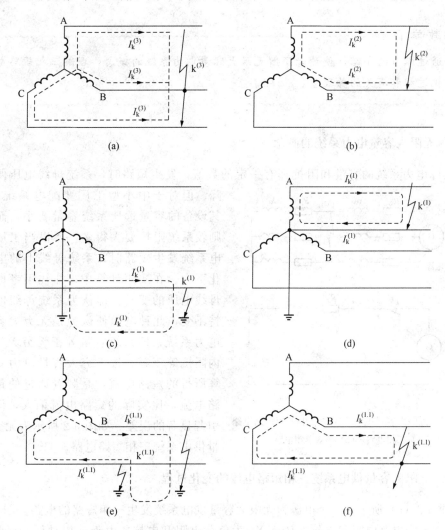

图 6-1　短路的类型（虚线表示短路电流的路径）

两相接地短路，是指中性点不接地系统中两不同相均发生单相接地而形成的两相短路，如图 6-1（e）所示；也指两相短路后又接地的情况，如图 6-1（f）所示，都用 $k^{(1,1)}$ 表示。它实质上就是两相短路，因此也可用 $k^{(2)}$ 表示。

上述的三相短路，属对称性短路；其他形式的短路，属非对称短路。

电力系统中，发生单相短路的可能性最大，而发生三相短路的可能性最小。但一般三相短路的短路电流最大，造成的危害也最严重。为了使电力系统中的电气设备在最严

供配电应用技术

重的短路状态下也能可靠地工作，因此作为选择检验电气设备用的短路计算中，以三相短路计算为主。

6.2 无限大容量电力系统的三相短路

教 学 目 标

通过本节的介绍，使读者了解无限大容量电力系统的概念，理解三相短路电流的变化过程和有关的物理量。

6.2.1 无限大容量电力系统的概念

实际电力系统的容量和阻抗都有一定的数值，发生短路时，系统母线电压便要下

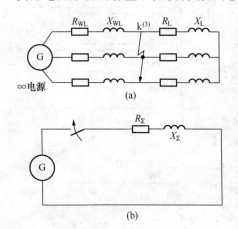

图 6-2 无限大容量电力系统中发生三相短路电路
（a）三相电路；（b）等效单相电路

降。但对于中小型工厂变配电系统来说，其设备的容量远比系统容量要小，而阻抗则较系统阻抗要大得多，所以当工厂变配电系统发生短路时，系统母线上的电压变化不大。在实用计算中，往往不考虑系统母线电压的变动，即认为系统母线电压维持不变，此种电源便认为是无穷大容量的电力系统，即系统容量等于无穷大，而其内阻抗等于零。按无穷大容量电力系统计算所得的短路电流，是装置通过的最大短路电流，比实际的短路电流偏大，但不会引起显著的误差。如图 6-2 所示为无穷大容量供电系统三相短路电路。

6.2.2 无限大容量供电系统三相短路电流的变化过程

图 6-2（a）所示是一个电源为无限大容量供电系统发生三相短路的电路。图 6-2 中 R_{WL}、X_{WL} 为电路电阻和电抗，R_L、X_L 为负荷电阻和电抗。由于三相对称，因此可用图 6-2（b）的等效单相电路来分析，图 6-2 中 R_Σ、X_Σ 为短路电路的总电阻和总电抗。

设电源相电压 $u_\varphi = U_{\varphi m} \sin \omega t$，正常负荷电流 $i = I_m \sin (\omega t - \varphi)$。

现 $t = 0$ 时短路（等效为开关突然闭合），则如图 6-2（b）所示等效电路的短路电流为

$$i_k = I_{k,m} \sin(\omega t - \varphi_k) + (I_{k,m} \sin \varphi_k - I_m \sin \varphi) e^{-\frac{t}{\tau}} = i_p + i_{np} \tag{6-1}$$

式中，i_k 为短路电流瞬时值；$I_{k,m} = U_{\varphi m}/|Z_\Sigma|$，为短路电流周期分量幅值，其中，$|Z_\Sigma| = \sqrt{R_\Sigma^2 + X_\Sigma^2}$，为短路电路的总阻抗［模］；$\varphi_k = \arctan (X_\Sigma/R_\Sigma)$ 为短路电路

102

的阻抗角；$\tau = L_{\Sigma}/R_{\Sigma}$，为短路电路的时间常数；$i_p$ 为短路电流周期分量；i_{np} 为短路电流非周期分量。

由上式可以看出：当 $t \to \infty$ 时（实际只经 10 个周期左右时间），$i_{np} \to 0$，这时有

$$i_k = i_{k(\infty)} = \sqrt{2}\,I_{\infty}\sin(\omega t - \varphi) \tag{6-2}$$

式中，I_{∞} 为短路稳态电流。

图 6-3 所示为无限大容量系统发生三相短路前后电流、电压的变化曲线。由图 6-3 可以看出，短路电流在到达稳定值之前，要经过一个暂态过程（或称短路瞬变过程）。这一暂态过程是短路非周期分量电流存在的那段时间。从物理概念上讲，短路电流周期分量是因短路后电路阻抗突然减小很多倍，而按欧姆定律应突然增大很多倍的电流；短路电流非周期分量则是因短路电路含有感抗，电路电流不可能突变，而按楞次定律感生的用以维持短路初瞬间（$t=0$ 时）电流不致突变的一个反向衰减性电流。此电流衰减完毕后（一般经 $t \approx 0.2\text{s}$），短路电流达到稳定状态。

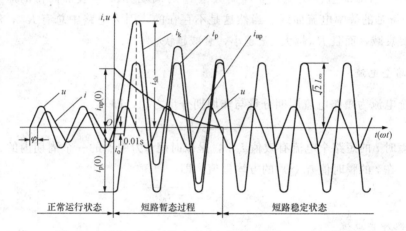

图 6-3　无限大容量系统发生三相短路时的电压、电流曲线

6.2.3　有关短路的物理量

1. 短路电流周期分量

假设在电压 $u_{\varphi} = 0$ 时发生三相短路，如图 6-3 所示，由式（6-1）可知，短路电流周期分量为

$$i_p = I_{k,m}\sin(\omega t - \varphi_k) \tag{6-3}$$

由于短路电路的电抗一般远大于电阻，即 $X_{\Sigma} \gg R_{\Sigma}$，$\varphi_k = \arctan(X_{\Sigma}/R_{\Sigma}) \approx 90°$，因此短路初瞬间（$t=0$ 时）的短路电流周期分量为

$$i_p(0) = -i_{k,m} = -\sqrt{2}\,I'' \tag{6-4}$$

式中，I''——短路次暂态电流有效值，它是短路后第一个周期的短路电流周期分量 i_p 的有效值。

在无限大容景系统中，由于系统母线电压维持不变，所以其短路电流周期分量有效

值（习惯上用 i_k 表示）在短路的全过程中也维持不变，即 $I'' = I_\infty = I_k$。

2. 短路电流非周期分量

短路电流非周期分量是由于短路电路存在着电感，用以维持短路初瞬间的电流不致突变而由电感上引起的自感电动势所产生的一个反向电流，如图 6-3 所示。由式（6-1）可知，短路电流非周期分量为

$$i_{np} = (I_{k,m}\sin\varphi_k - I_m\sin\varphi)e^{-\frac{t}{\tau}}$$

由于 $\varphi_k \approx 90°$，而 $I_m\sin\varphi \ll I_{k,m}$，故有

$$i_{np} \approx I_{k,m}e^{-\frac{t}{\tau}} = \sqrt{2}I''e^{-\frac{t}{\tau}} \tag{6-5}$$

式中，τ——短路电路的时间常数。

由于 $\tau = L_\Sigma/R_\Sigma = X_\Sigma/314R_\Sigma$，因此当短路电路 $R_\Sigma = 0$ 时，则短路电流非周期分量 i_{np} 将为一不衰减的直流电流。非周期分量 i_{np} 与周期分量 i_p 叠加而得的短路全电流 i_k，将为一偏轴的等幅电流曲线。当然这是不存在的，因为电路中总有 R_Σ，所以非周期分量总要衰减，而且 R_Σ 越大，τ 越小，衰减越快。

3. 短路全电流

短路全电流为短路电流周期分量与非周期分量之和，即

$$i_k = i_p + i_{np} \tag{6-6}$$

某一瞬时 t 的短路全电流有效值 $I_{k(t)}$，是以时间 t 为中点的一个周期内的 i_p 有效值 $I_p(t)$ 与 i_{np} 在 t 的瞬时值 $i_{np}(t)$ 的方均根值，即

$$I_{k(t)} = \sqrt{I_{p(t)}^2 + i_{np(t)}^2} \tag{6-7}$$

4. 短路冲击电流

短路冲击电流为短路全电流中的最大瞬时值。由图 3-3 所示短路全电流 ik 的曲线可以看出，短路后经半个周期（即 0.01s），i_k 达到最大值，此时的电流即短路冲击电流。

短路冲击电流按下式计算

$$i_{sh} = i_p(0.01) + i_{np}(0.01) \approx \sqrt{2}I''(1 + e^{-\frac{0.01}{\tau}}) \tag{6-8}$$

或

$$i_{sh} \approx K_{sh}\sqrt{2}I'' \tag{6-9}$$

式中，K_{sh}——短路电流冲击系数。

由式（6-8）和式（6-9）可知

$$K_{sh} = l + e^{-\frac{0.01}{\tau}} = 1 + e^{-\frac{0.01R_\Sigma}{L_\Sigma}} \tag{6-10}$$

当只 $R_\Sigma \to 0$，则 $K_{sh} \to 2$；当上 $L_\Sigma \to 0$，则 $K_{sh} \to 1$；因此 $1 < K_{sh} < 2$。

短路全电流 i_k 的最大有效值是短路后第一个周期的短路电流有效值，用 I_{sh} 表示，也可称为短路冲击电流有效值，用下式计算为

$$I_{sh} = \sqrt{I_{P(0.01)}^2 + I_{nP(0.01)}^2} \approx \sqrt{I''^2 + \left(\sqrt{2}\,I''\mathrm{e}^{-\frac{0.01}{\tau}}\right)^2}$$

或

$$I_{sh} = \sqrt{1 + 2(K_{sh} - 1)^2}\,I'' \tag{6-11}$$

在高压电路发生三相短路时，一般可取 $K_{sh} = 1.8$，因此有

$$i_{sh} = 2.55I'' \tag{6-12}$$

$$I_{sh} = 1.51I'' \tag{6-13}$$

在 1000kV·A 及以下的电力变压器二次侧及低压电路中发生三相短路时，一般可取 $K_{sh} = 1.3$，因此有

$$i_{sh} = 1.84I'' \tag{6-14}$$

$$I_{sh} = 1.09I'' \tag{6-15}$$

5. 短路稳态电流

短路稳态电流是短路电流非周期分量衰减完毕以后的短路全电流，其有效值用 I_∞ 表示。

为了表明短路的种类，凡是三相短路电流，可在相应的电流符号右上角加注 (3)，例如，三相短路稳态电流写作 $I_\infty^{(3)}$。同样地，两相和单相短路电流，则在相应的电流符号右上角分别加注 (2) 或 (1)，而两相接地短路电流，则加注 (1,1)。在不致引起混淆时，三相短路电流各量可不加注 (3)。

6.3 短路电流的计算

教 学 目 标

通过本节的介绍，使读者了解电力系统各元件阻抗和阻抗标幺值的计算，掌握三相短路电流的计算方法，了解两相和单相短路电流的计算。

6.3.1 概述

进行短路电流计算，首先要绘出计算电路图，将短路计算所需考虑的各元器件的额定参数都表示出来。然后确定短路计算点，短路计算点要选择得使需要进行短路校验的电气元器件有最大可能的短路电流通过。接着，按所选择的短路计算点绘出等效电路图，并计算电路中各主要元器件的阻抗。在等效电路图上，只需将被计算的短路电流所流经的主要元器件表示出来，并标明其序号和阻抗值，一般是分子标序号，分母标阻抗值。然后将等效电路化简。对于工厂供电系统来说，一般只需采用阻抗串、并联的方法即可将电路化简，求出其等效总阻抗。最后计算短路电流和短路容量。

短路电流计算的方法，常用的有有名值和标幺值法（又称相对单位制法）。

对于低压回路中的短路，由于电压等级较低，一般用有名值计算短路电流。对于高

压回路中的短路，由于电压等级较多采用有名值计算时，需要多次折算，非常复杂。为了计算方便，通常采用标幺值计算短路电流。

6.3.2 采用有名值进行短路计算

有名值，因其短路计算中的阻抗都采用有名单位"欧姆"而得名。

在无限大容量系统中发生三相短路时，其三相短路电流周期分量有效值可按下式计算为

$$I_k^{(3)} = \frac{U_c}{\sqrt{3}\,|Z_\Sigma|} = \frac{U_c}{\sqrt{3}\sqrt{R_\Sigma^2 + X_\Sigma^2}} \qquad (6\text{-}16)$$

式中，U_c——短路点的短路计算电压（或称为平均额定电压）。由于电路首端短路时其短路最为严重，因此按电路首端电压考虑，即短路计算电压取比电路额定电压 U_N 高 5%，按我国电压标准，U_c 有 0.4、0.69、3.15、6.3、10.5、37kV 等；

$|Z_\Sigma|$、R_Σ、X_Σ——短路电路的总阻抗［模］、总电阻和总电抗值。

在高压电路的短路计算中，通常总电抗远比总电阻大得多，所以一般可只计电抗，不计电阻。

在计算低压侧短路时，也只有当短路电路的 $R_\Sigma > X_\Sigma/3$ 时才需计及电阻。

如果不计电阻，则三相短路电流的周期分量有效值为

$$I_k^{(3)} = U_c/\sqrt{3}\,X_\Sigma \qquad (6\text{-}17)$$

三相短路容量为

$$S_k^{(3)} = \sqrt{3}\,U_c I_k^{(3)} \qquad (6\text{-}18)$$

下面讲述供电系统中各主要元器件，如电力系统、电力变压器和电力电路的阻抗计算。

1. 电力系统的电抗

电力系统的电抗，可由电力系统变电所高压馈电线出口断路器（图 6-4）的断流容量 S_{oc} 来估算，S_{oc} 被看作是电力系统的极限短路容量 S_k。因此电力系统的电抗为

$$X_s = U_c^2/S_{oc} \qquad (6\text{-}19)$$

式中，U_c——短路点的短路计算电压；

S_{oc}——系统出口断路器的断流容量，可查有关手册或产品样本（附表 7）；如只有开断电流 I_{oc} 数据，则其断流容量为

$$S_{oc} = \sqrt{3}\,I_{oc}U_N$$

式中，U_N——其额定电压（V）。

2. 电力变压器的阻抗

（1）变压器的电阻 R_T

可由变压器的短路损耗，ΔP_k 近似地计算。

因为

$$\Delta P_{\mathrm{k}} \approx 3I_{\mathrm{N}}^2 R_{\mathrm{T}} \approx 3(S_{\mathrm{N}}/\sqrt{3}U_{\mathrm{c}})^2 R_{\mathrm{T}} = (S_{\mathrm{N}}/U_{\mathrm{c}})^2 R_{\mathrm{T}}$$

故有

$$R_{\mathrm{T}} \approx \Delta P_{\mathrm{k}} \left(\frac{U_{\mathrm{c}}}{S_{\mathrm{N}}}\right)^2 \tag{6-20}$$

式中，U_{c}——短路点的短路计算电压；

$\quad\quad S_{\mathrm{N}}$——变压器的额定容量；

$\quad\quad \Delta P_{\mathrm{k}}$——变压器的短路损耗（也称负载损耗），可查有关手册或产品样本（附表5.6）。

（2）变压器的电抗 X_{T}

可由变压器的短路电压（即阻抗电压）$U_{\mathrm{k}}\%$ 近似地计算。

因为

$$U_{\mathrm{k}}\% \approx (\sqrt{3}\,I_{\mathrm{N}}X_{\mathrm{T}}/U_{\mathrm{c}}) \times 100 \approx (S_{\mathrm{N}}X_{\mathrm{T}}/U_{\mathrm{c}}^2) \times 100$$

故有

$$X_{\mathrm{T}} \approx \frac{U_{\mathrm{k}}\%}{100} \frac{U_{\mathrm{c}}^2}{S_{\mathrm{N}}} \tag{6-21}$$

式中，$U_{\mathrm{k}}\%$——变压器的短路电压（阻抗电压 $U_{\mathrm{z}}\%$）百分比值，可查有关手册或产品样本或见附表5.6。

3. 电力电路的阻抗

（1）电路的电阻 R_{wL}

可由导线电缆的单位长度电阻 R_{o} 值求得，即

$$R_{\mathrm{wL}} = R_{\mathrm{o}} l \tag{6-22}$$

式中，R_{o}——导线电缆单位长度的电阻，可查有关手册或产品样本（附表17）；

$\quad\quad l$——电路长度。

（2）电路的电抗 $X_{\mathrm{w}}L$

可由导线电缆的单位长度电抗 X_{o} 值求得，即

$$X_{\mathrm{w}}L = X_{\mathrm{o}} l \tag{6-23}$$

式中，X_{o}——导线电缆单位长度的电抗，可查有关手册或产品样本（附表17）；

$\quad\quad l$——电路长度。

如果电路的结构数据不详时，X_{o} 可按表6-1取其电抗平均值，因为同一电压的同类电路的电抗值变动幅度一般不大。

表 6-1　电力电路每相的单位长度电抗平均值　　　　（单位：Ω/km）

电路结构	电 路 电 压	
	6～10kV	220/380V
架空电路	0.38	0.32
电缆电路	0.06	0.066

求出短路电路中各元件的阻抗后，就化简短路电路，求出其总阻抗，然后按

式（6-16）或式（6-17）计算短路电流周期分量 $I_k^{(3)}$。

必须注意：在计算短路电路的阻抗时，假如电路内含有电力变压器，则电路内各元件的阻抗都应统一换算到短路点的短路计算电压去。阻抗等效换算的条件是元器件的功率损耗不变。

由 $\Delta P = U_2/R$ 和 $\Delta Q = U_2/X$ 可知，元器件的阻抗值与电压平方成正比，因此阻抗换算的公式为

$$R' = R\left(\frac{U'_c}{U_c}\right)^2 \qquad (6-24)$$

$$X' = X\left(\frac{U'_c}{U_c}\right)^2 \qquad (6-25)$$

式中，R、X 和 U_c——换算前元件的电阻、电抗和元件所在处的短路计算电压；

R'、X' 和 U'_c——换算后元件的电阻、电抗和短路点的短路计算电压。

就短路计算中考虑的几个主要元件的阻抗来说，只有电力电路的阻抗有时需要换算，例如，计算低压侧的短路电流时，高压侧的电路阻抗就需要换算到低压侧。而电力系统和电力变压器的阻抗，由于它们的计算公式中均含有 U_c^2，因此计算阻抗时，公式中 U_c 直接代以短路点的计算电压，就相当于阻抗已经换算到短路点一侧了。

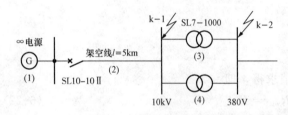

图 6-4 例 6-1 的短路计算电路

【例 6-1】 某供电系统如图 6-4 所示。已知电力系统出口断路器为 SN10-10 Ⅱ 型。试求工厂变电所高压 10kV 母线上 k-1 点短路和低压 380V 母线上 k-2 点短路的三相短路电流和短路容量。

解 1. 求 k-1 点的三相短路电流和短路容量（$U_{c1} = 10.5\text{kV}$）

（1）计算短路电路中各元件的电抗及总电抗

1）电力系统的电抗：由附表 7 可知 SN10-10Ⅱ型断路器的断流容量 $S_{oc} = 500\text{MV·A}$，因此有

$$X_1 = \frac{U_{c1}^2}{S_{oc}} = \frac{10.5^2}{500}\Omega = 0.22\ \Omega$$

2）架空电路的电抗：由表 6-1 得 $X_o = 0.38\Omega/\text{km}$，因此

$$X_2 = X_o l = 0.38 \times 5\Omega = 1.9\Omega$$

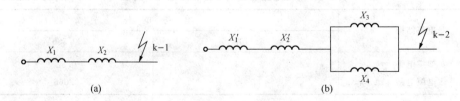

图 6-5 例 6-1 的短路等效电路图（有名值）

3）绘 k－1 点短路的等效电路如图 6-5（a）所示，并计算其总电抗为

$$X_{\Sigma(\mathrm{k-1})} = X_1 + X_2 = (0.22 + 1.9)\Omega = 2.12\Omega$$

（2）计算三相短路电流和短路容量

1）三相短路电流周期分量有效值为

$$I_{\mathrm{k-1}}^{(3)} = \frac{U_{\mathrm{c1}}}{\sqrt{3}\,X_{\Sigma(\mathrm{k-1})}} = \frac{10.5}{\sqrt{3} \times 2.12}\mathrm{kA} = 2.86\mathrm{kA}$$

2）三相短路次暂态电流和稳态电流为

$$I''^{(3)} = I_{\infty}^{(3)} = I_{\mathrm{k-1}}^{(3)} = 2.86\mathrm{kA}$$

3）三相短路冲击电流及第一个周期短路全电流有效值

$$i'^{(3)}_{\mathrm{sh}} = 2.55 I''^{(3)} = 2.55 \times 2.86\mathrm{kA} = 7.29\mathrm{kA}$$

$$I^{(3)}_{\mathrm{sh}} = 1.51 I''^{(3)} = 1.51 \times 2.86\mathrm{kA} = 4.32\mathrm{kA}$$

4）三相短路容量为

$$S_{\mathrm{k-1}}^{(3)} = \sqrt{3}\,U_{\mathrm{c1}} I_{\mathrm{k-1}}^{(3)} = \sqrt{3} \times 10.5 \times 2.86\mathrm{MV \cdot A} = 52.0\mathrm{MV \cdot A}$$

2. 求 k－2 点的短路电流和短路容量（$U_{\mathrm{c2}} = 0.4\mathrm{kV}$）

（1）计算短路电路中各元件的电抗及总电抗

1）电力系统的电抗为

$$X_1' = \frac{U_{\mathrm{c2}}^2}{S_{\mathrm{oc}}} = \frac{0.4^2}{500} = (3.2 \times 10^{-4})\Omega$$

2）架空电路的电抗

$$X_2' = X_{\mathrm{o}} l \left(\frac{U_{\mathrm{c2}}}{U_{\mathrm{c1}}}\right)^2 = 0.38 \times 5 \times \left(\frac{0.4}{10.5}\right)^2 = (2.76 \times 10^{-3})\ \Omega$$

3）电力变压器的电抗：由附表 5 得 $U_{\mathrm{k}}\% = 4.5$，因此有

$$X_3 = X_4 \approx \frac{U_{\mathrm{k}}\%}{100} \frac{U_{\mathrm{c}}^2}{S_{\mathrm{N}}} = \frac{4.5}{100} \times \frac{0.4^2}{1000} = 7.2 \times 10^{-6}\mathrm{k\Omega} = (7.2 \times 10^{-3})\Omega$$

4）绘 k－2 点短路的等效电路如图 6-5（b）所示，求其总电抗为

$$\begin{aligned}
X_{\Sigma(\mathrm{k-2})} &= X_1' + X_2' + X_3 \mathbin{/\!/} X_4 \\
&= X_1' + X_2' + \frac{X_3 X_4}{X_3 + X_4} \\
&= \left(3.2 \times 10^{-4} + 2.76 \times 10^{-3} + \frac{7.2 \times 10^{-3}}{2}\right)\Omega \\
&= 6.68 \times 10^{-3}\Omega
\end{aligned}$$

（2）计算三相短路电流和短路容量

1）三相短路电流周期分量有效值为

$$I_{\mathrm{k-2}}^{(3)} = \frac{U_{\mathrm{c2}}}{\sqrt{3}\,X_{\Sigma(\mathrm{k-2})}} = \frac{0.4}{\sqrt{3} \times 6.68 \times 10^{-3}}\mathrm{kA} = 34.57\mathrm{kA}$$

2）三相短路次暂态电流和稳态电流为

$$I''^{(3)} = I_{\infty}^{(3)} = I_{\mathrm{k-2}}^{(3)} = 34.57\mathrm{kA}$$

3）三相短路冲击电流及第一个短路全电流有效值为

$$i'^{(3)}_{\mathrm{sh}} = 1.84 I''^{(3)} = 1.84 \times 34.57\mathrm{kA} = 63.6\mathrm{kA}$$

$$I_{sh}^{(3)} = 1.09 I''^{(3)} = 1.09 \times 34.57 \text{kA} = 37.7 \text{kA}$$

4）三相短路容量为

$$S_{k-2}^{(3)} = \sqrt{3} U_{c2} I_{k-2}^{(3)}$$
$$= \sqrt{3} \times 0.4 \times 34.57 \text{MV} \cdot \text{A} = 23.95 \text{MV} \cdot \text{A}$$

在工程设计说明书中，往往只列短路计算表，如表 6-2 所示。

表 6-2 ［例 6-1］的短路计算结果

短路计算点	三相短路电流/kA					三相短路容量/MV·A
	$I_k^{(3)}$	$I''^{(3)}$	$I_\infty^{(3)}$	$i_{sh}^{(3)}$	$I_{sh}^{(3)}$	$S_k^{(3)}$
k−1 点	2.86	2.86	2.86	7.29	4.32	52.0
k−2 点	34.57	34.57	34.57	63.6	37.7	23.95

6.3.3 采用标幺值法进行短路计算

标幺值法，即相对单位制法，因其短路计算中的有关物理量是采用标幺值（相对单位）因而得名。

任一物理量的标幺值 A_d^*，为该物理量的实际值 A 与所选定的基准值 A_d 的比值，即

$$A_d^* = \frac{A}{A_d} \tag{6-26}$$

式中，基准值 A_d 应与实际值 A 同单位，标幺值是一个无单位的比数。按标幺值法进行短路计算时，一般是先选定基准容量 S_d 和基准电压 U_d。

工程计算中基准容量通常取 $S_d = 100 \text{MV} \cdot \text{A}$。

基准电压通常取元器件所在处的短路计算电压，即取 $U_d = U_c$。

选定了基准容量 S_d 和基准电压 U_d 以后，基准电流 I_d 按下式计算为

$$I_d = \frac{S_d}{\sqrt{3} U_d} = \frac{S_d}{\sqrt{3} U_c} \tag{6-27}$$

基准电抗 X_d 则按下式计算为

$$X_d = \frac{U_d}{\sqrt{3} I_d} = \frac{U_c^2}{S_d} \tag{6-28}$$

下面分别讲述供电系统中各主要元器件的电抗标幺值的计算（取 $S_d = 100 \text{MV} \cdot \text{A}$，$U_d = U_c$）。

1）电力系统的电抗标幺值为

$$X_S^* = \frac{X_S}{X_d} = \frac{\dfrac{U_c^2}{S_{oc}}}{\dfrac{U_c^2}{S_d}} = \frac{S_d}{S_{oc}} \tag{6-29}$$

2）电力变压器的电抗标幺值为

$$X_{\mathrm{T}}^* = \frac{X_{\mathrm{T}}}{X_{\mathrm{d}}} = \frac{U_{\mathrm{k}}\%}{100} \frac{\dfrac{U_{\mathrm{c}}^2}{S_{\mathrm{N}}}}{\dfrac{U_{\mathrm{c}}^2}{S_{\mathrm{d}}}} = \frac{U_{\mathrm{k}}\% S_{\mathrm{d}}}{100 S_{\mathrm{N}}} \tag{6-30}$$

3）电力电路的电抗标幺值为

$$X_{\mathrm{WL}}^* = \frac{X_{\mathrm{WL}}}{X_{\mathrm{d}}} = \frac{X_{\mathrm{o}} l}{\dfrac{U_{\mathrm{c}}^2}{S_{\mathrm{d}}}} = X_{\mathrm{o}} l \frac{S_{\mathrm{d}}}{U_{\mathrm{c}}^2} \tag{6-31}$$

短路电路中各主要元器件的电抗标幺值求出以后，即可利用其等效电路图（参看图 6-6）进行电路化简，计算其总电抗标幺值 X_{Σ}^*。由于各元器件电抗均采用相对值，与短路计算点的电压无关，因此无需进行电压换算，这也是标幺值法较之有名值法的优越之处。

无限大容量系统三相短路周期分量有效值的标幺值按下式计算为

$$I_{\mathrm{k}}^{(3)*} = \frac{I_{\mathrm{k}}^{(3)}}{I_{\mathrm{d}}} = \frac{\dfrac{U_{\mathrm{c}}}{\sqrt{3} X_{\Sigma}}}{\dfrac{S_{\mathrm{d}}}{\sqrt{3} U_{\mathrm{c}}}} = \frac{U_{\mathrm{c}}^2}{S_{\mathrm{d}} X_{\Sigma}} = \frac{1}{X_{\Sigma}^*} \tag{6-32}$$

由此可求得三相短路电流周期分量有效值为

$$I_{\mathrm{k}}^{(3)} = I_{\mathrm{k}}^{(3)*} I_{\mathrm{d}} = \frac{I_{\mathrm{d}}}{X_{\Sigma}^*} \tag{6-33}$$

求得 $I_{\mathrm{k}}^{(3)}$ 后，即可利用前面的公式求出 $I_{\mathrm{k}}''^{(3)}$、$I_{\infty}^{(3)}$、$i_{\mathrm{sh}}^{(3)}$ 和 $i_{\mathrm{sh}}^{(3)}$ 等。

三相短路容量的计算公式为

$$S_{\mathrm{k}}^{(3)} = \sqrt{3} U_{\mathrm{c}} I_{\mathrm{k}}^{(3)} = \sqrt{3} U_{\mathrm{c}} \frac{I_{\mathrm{d}}}{X_{\Sigma}^*} = \frac{S_{\mathrm{d}}}{X_{\Sigma}^*} \tag{6-34}$$

【例 6-2】 试用标幺值法计算例 6-1 中供电系统中 k－1 点和 k－2 点的三相短路电流和短路容量。

解 **1. 确定基准值**

取

$$S_{\mathrm{d}} = 100 \mathrm{MV \cdot A}, \quad U_{\mathrm{c1}} = 10.5 \mathrm{kV}, \quad U_{\mathrm{c2}} = 0.4 \mathrm{kV}$$

而

$$I_{\mathrm{d1}} = \frac{S_{\mathrm{d}}}{\sqrt{3} U_{\mathrm{c1}}} = \frac{100}{\sqrt{3} \times 10.5} \mathrm{kA} = 5.50 \mathrm{kA}$$

$$I_{\mathrm{d2}} = \frac{S_{\mathrm{d}}}{\sqrt{3} U_{\mathrm{c2}}} = \frac{100}{\sqrt{3} \times 0.4} \mathrm{kA} = 144 \mathrm{kA}$$

2. 计算短路电路中各主要元器件的电抗标幺值

（1）电力系统（由附表 16 得 $S_{\mathrm{oc}} = 500 \mathrm{MV \cdot A}$）

$$X_1^* = 100/500 = 0.2$$

（2）架空电路（由表 6-1 得 $X_{\mathrm{o}} = 0.38 \Omega/\mathrm{km}$）

$$X_2^* = 0.38 \times 5 \times \frac{100}{10.5^2} = 1.72$$

（3）电力变压器（由附表 5 得 $U_k\% = 4.5$）

$$X_3^* = X_4^* = \frac{U_k\% S_d}{100 S_N} = \frac{4.5 \times 100 \times 10^3}{100 \times 1000} = 4.5$$

绘短路等效电路如图 6-6 所示，图上标出各元器件的序号和电抗标幺值，并标出短路计算点。

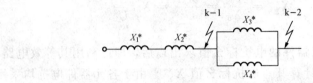

图 6-6 例 6-2 的短路等效电路图（标幺值法）

3. 求 k−1 点的短路电路总电抗标幺值及三相短路电流和短路容量

（1）总电抗标幺值为

$$X_{\Sigma(k-1)}^* = X_1^* + X_2^* = 0.2 + 1.72 = 1.92$$

（2）三相短路电流周期分量有效值为

$$I_{k-1}^{(3)} = \frac{I_{d1}}{X_{\Sigma(k-1)}^*} = 5.50 \div 1.92\text{kA} = 2.86\text{kA}$$

（3）其他三相短路电流为

$$I''^{(3)}_k = I_\infty^{(3)} = I_{k-1}^{(3)} = 2.86 \text{ kA}$$

$$i_{sh}^{(3)} = 2.55 \times 2.86\text{kA} = 7.29\text{kA}$$

$$i_{sh}^{(3)} = 1.51 \times 2.86\text{kA} = 4.32\text{kA}$$

（4）三相短路容量为

$$S_{k-1}^{(3)} = \frac{S_d}{X_{\Sigma(k-1)}^*} = 100 \div 1.92\text{MV} \cdot \text{A} = 52.1\text{MV} \cdot \text{A}$$

4. 求 k−2 点的短路电路总电抗标幺值及三相短路电流和短路容量

（1）总电抗标幺值为

$$X_{\Sigma(k-2)}^* = X_1^* + X_2^* + X_3^* \mathbin{/\!/} X_4^* = 0.2 + 1.72 + \frac{4.5}{2} = 4.17$$

（2）三相短路电流周期分量有效值为

$$I_{k-2}^{(3)} = \frac{I_{d2}}{X_{\Sigma(k-2)}^*} = 144 \div 4.17\text{kA} = 34.53\text{kA}$$

（3）其他三相短路电流为

$$I''^{(3)}_k = I_\infty^{(3)} = I_{k-2}^{(3)} = 34.53\text{kA}$$

$$i_{sh}^{(3)} = 1.84 \times 34.53\text{kA} = 63.5\text{kA}$$

$$i_{sh}^{(3)} = 1.09 \times 34.53\text{kA} = 37.6\text{kA}$$

（4）三相短路容量为

$$S_{k-2}^{(3)} = \frac{S_d}{X_{\Sigma(k-2)}^*} = 100 \div 4.7\text{MV} \cdot \text{A} = 21.28\text{MV} \cdot \text{A}$$

由此可见，采用标幺值法计算与例 6-1 采用有名值法计算的结果基本相同。

6.3.4 两相和单相短路电流的计算

1. 两相短路电流的计算

在无限大容量系统中发生两相短路时（图 6-7），其短路电流可由下式求得

$$I_k^{(2)} = \frac{U_c}{2|Z_\Sigma|} \tag{6-35}$$

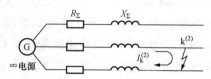

图 6-7　无限大容量系统中发生两相短路

式中，U_c——短路点计算电压（线电压，V）。

如果只计电抗，则短路电流为

$$I_k^{(2)} = \frac{U_c}{2X_\Sigma} \tag{6-36}$$

其他两相短路电流 $I''^{(2)}$、$I_\infty^{(2)}$、$i_{sh}^{(2)}$ 和 $I_{sh}^{(2)}$ 等，都可按前面三相短路的对应短路电流的公式计算。

关于两相短路电流与三相短路电流的关系，可由 $I_k^{(2)} = \dfrac{U_c}{2|Z_\Sigma|}$、$I_k^{(3)} = \dfrac{U_c}{\sqrt{3}|Z_\Sigma|}$ 求得，即

$$\frac{I_k^{(2)}}{I_k^{(3)}} = \frac{\sqrt{3}}{2} = 0.866$$

因此有

$$I_k^{(2)} = \frac{\sqrt{3}}{2}I_k^{(3)} = 0.866 I_k^{(3)} \tag{6-37}$$

上式说明，无限大容量系统中，同一地点的两相短路电流为三相短路电流的 0.866 倍。

因此，无限大容量系统中的两相短路电流，可在求出三相短路电流后利用式（6-37）直接求得。

2. 单相短路电流的计算

在大接地电流系统或三相四线制系统中发生单相短路时，见图 6-1（c）和图 6-1（d），根据对称分量法可求得其单相短路电流为

$$\dot{I}_k^{(1)} = \frac{3\dot{U}_\varphi}{Z_{1\Sigma} + Z_{2\Sigma} + Z_{0\Sigma}} \tag{6-38}$$

式中，$\dot{U}_\varphi$——电源相电压；

$Z_{1\Sigma}$、$Z_{2\Sigma}$、$Z_{0\Sigma}$——单相短路回路的正序、负序和零序阻抗。

在工程计算中，可利用下式计算单相短路电流，即

$$I_k^{(1)} = \frac{U_\varphi}{|Z_{\varphi-0}|} \tag{6-39}$$

式中，U_φ——电源相电压；

$\quad |Z_{\varphi-0}|$——单相短路回路的阻抗〔模〕，可查有关手册，或按下式计算为

$$|Z_{\varphi-0}| = \sqrt{(R_T + R_{\varphi-0})^2 + (X_T + X_{\varphi-0})^2} \tag{6-40}$$

式中，R_T、X_T——变压器单相的等效电阻和电抗；

$\quad R_{\varphi-0}$、$X_{\varphi-0}$——相线与 N 线或与 PE 或 PEN 线回路（短路回路）的电阻和电抗，包括回路中低压断路器过流线圈的阻抗、开关触头的接触电阻及电流互感器一次绕组的阻抗等，可查有关手册或产品样本。

在无限大容量系统中或远离发电机处短路时，两相短路电流和单相短路电流均较三相短路电流小，因此用于选择电气设备和导体的短路稳定度校验的短路电流，应采用三相短路电流。两相短路电流主要用于相间短路保护的灵敏度检验，单相短路电流主要用于单相短路保护的整定及单相短路热稳定度的校验。

6.4 短路电流的效应和稳定度校验

教 学 目 标

通过本节的介绍，使读者了解短路电流的电动效应和热效应，掌握电器的基本动、热稳校验条件。

6.4.1 概述

通过短路计算得知，供电系统发生短路时，巨大的短路电流通过电气设备和载流导体时，一方面要产生很大的电动力，即电动效应；另一方面要产生很高的温度，即热效应。这两类短路效应，对电气设备和导体的安全运行威胁极大。为了正确地选择和校验电气设备及载流导体，保证其可靠地工作，必须对它们所受的电动力和发热温升进行计算，并研究可以采取的限制短路电流的措施。

6.4.2 短路电流的电动效应和动稳定度

供电系统短路时，短路电流特别是短路冲击电流将使相邻导体之间产生很大的电动力，有可能使电气设备和载流导体遭受严重破坏。为此，要使电路元器件能承受短路时最大电动力，电路元器件必须具有足够的电动稳定度。

1. 短路时的最大电动力

由电工原理知，处在空气中的两平行导体分别通以电流 i_1、i_2（单位为 A）时，两导体间的电磁互作用力即电动力（单位为 N）为

$$F = \mu_0 i_1 i_2 \frac{l}{2\pi a} = 2 i_1 i_2 \frac{l}{a} \times 10^{-7} \tag{6-41}$$

式中，a——两导体的轴线间距离；

$\quad\quad l$——导体的两相邻支持点间距离，即档距；

$\quad\quad \mu_0$——真空和空气的磁导率，$\mu_0 = 4\pi \times 10^{-7} N/A_2$。

上式适用于圆截面的实芯和空芯导体，也适用于导体间的净空距离大于导体截面周长的矩形截面导体。因此对于每相只有一条矩形截面的导体的电路一般都是适用的。

如果三相电路中发生两相短路，则两相短路冲击电流通过两相导体时产生的电动力最大，其值为

$$F^{(2)} = 2 i_{sh}^{(2)2} \frac{l}{a} \times 10^{-7} \tag{6-42}$$

如果三相电路中发生三相短路，则三相短路冲击电流在中间相（水平放置或垂直放置，如图 6-8 所示）产生的电动力最大，其值为

$$F^{(3)} = \sqrt{3} i_{sh}^{(3)2} \frac{l}{a} \times 10^{-7} \tag{6-43}$$

由于三相短路冲击电流与两相短路冲击电流有下列关系为

$$\frac{I_k^{(3)}}{I_k^{(2)}} = \frac{2}{\sqrt{3}} = 1.15$$

因此，三相短路与两相短路产生的最大电动力之比为

$$\frac{F^{(3)}}{F^{(2)}} = \frac{2}{\sqrt{3}} = 1.15 \tag{6-44}$$

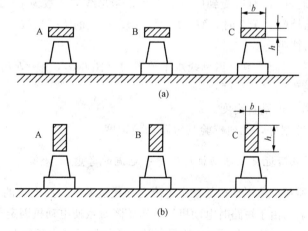

图 6-8　水平放置的母线

（a）平放；（b）竖放

由此可见，三相电路发生三相短路时中间相导体所受的电动力比两相短路时导体所受的电动力大，因此校验电气设备和载流导体的动稳定度，一般应采用三相短路冲击电流 $i_{sh}^{(3)}$ 或短路后第一个周期的三相短路全电流有效值 $i_{sh}^{(3)}$。

2. 短路动稳定度的校验条件

电气设备和载流导体的动稳定度校验，依校验对象的不同而采用不用的具体条件。

（1）一般电器的动稳定度校验条件

按下列公式校验为

$$i_{\max} \geqslant i_{\mathrm{sh}}^{(3)} \tag{6-45}$$

或有

$$I_{\max} \geqslant i_{\mathrm{sh}}^{(3)} \tag{6-46}$$

式中，$i_{\max}$——电器的极限通过电流（动稳定电流）峰值；

$I_{\max}$——电器的极限通过电流（动稳定电流）有效值。

以上 $i_{\max}$ 和 $I_{\max}$ 可由有关手册或产品样本查得。附表 16 列出部分常用高压断路器的主要技术数据，可供参考。

（2）硬母线的动稳定度校验条件

按下列公式校验为

$$\sigma_{\mathrm{al}} \geqslant \sigma_{\mathrm{c}} \tag{6-47}$$

式中，σ_{al}——母线材料的最大允许应力（Pa），硬铜母线（TMY），$\sigma_{\mathrm{al}}=140\mathrm{MPa}$，硬铝母线（LMY），$\sigma_{\mathrm{al}}=70\mathrm{MPa}$ 按《3～110kV 高压配电装置计算规范》（GB 50060—2008）的规定；

σ_{c}——母线通过 $i_{\max}$ 时所受到的最大计算应力。

上述最大计算应力按下式计算为

$$\sigma_{\mathrm{c}} = M/W \tag{6-48}$$

式中，M——母线通过 $i_{\mathrm{sh}}^{(3)}$ 时所受到的弯曲力矩；当母线的档数为 1～2 时，$M=F(3)l/8$；当档数大于 2 时，$M=F(3)l/10$；这里的 $F(3)$ 按式（6-43）计算；

l——母线的档距；

W——母线的截面系数；当母线水平放置时（图 6-8），$W=b^2h/6$；

b——母线截面的水平宽度；

h——母线截面的垂直高度。

电缆的机械强度很好，无须校验其短路动稳定度。

3. 对短路计算点附近交流电动机反馈冲击电流的考虑

当短路点附近所接交流电动机的额定电流之和超过系统短路电流的 1% 时，应计入电动机反馈电流的影响。由于短路时电动机端电压骤降，致使电动机因定子电动势反高于外施电压而向短路点反馈电流，如图 6-9 所示，从而使短路计算点的短路冲击电流增大。

当交流电动机进线端发生三相短路时，它反馈的最大短路电流瞬时值，即电动机反馈冲击电流，可按下式计算为

$$i_{\mathrm{sh,M}} = \sqrt{2}\,K_{\mathrm{sh,M}} I_{\mathrm{N,M}} \frac{E_{\mathrm{M}}''^{*}}{X_{\mathrm{M}}''^{*}}$$

$$= C K_{\mathrm{sh,M}} I_{\mathrm{N,M}} \tag{6-49}$$

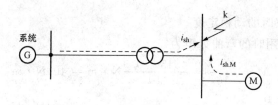

图 6-9　大容量电动机对短路点的反馈冲击电流

式中，E''_{M*} ——电动机次暂态电动势标幺值；

　　　X''_{M*} ——电动机次暂态电抗标幺值；

　　　C——电动机反馈冲击倍数，见表 6-3；

　　　$K_{sh,M}$ ——电动机短路电流冲击系数，对 3～10kV 电动机可取 1.4～1.7，对 380V 电动机可取 1；

　　　$I_{N,M}$ ——电动机额定电流。

表 6-3　电动机的 E''_M、X''_M 和 C

电动机类型	E''_M	X''_M	C	电动机类型	E''_M	X''_M	C
感应电动机	0.9	0.2	6.5	同步补偿机	1.2	0.16	10.6
同步电动机	1.1	0.2	7.8	综合性负荷	0.8	0.35	2.2

由于交流电动机在外电路短路后很快受到制动，所以它产生的反馈电流衰减极快。因此只在考虑短路冲击电流的影响时才需计入电动机反馈电流。

【例 6-3】　设例 6-1 所示工厂变电所 380V 侧母线上接有 380V，250kW 感应电动机，平均 $\cos\varphi=0.7$，效率 $\eta=0.75$。该母线采用 LMY-100×10 的硬铝母线，水平平放，档距为 900mm，档数大于 2，相邻两相母线的轴线距离为 160mm。试求该母线三相短路时所受的最大电动力，并校验其动稳定度。

解　1. 计算母线短路时所受的最大电动力

由例 6-1 知，380V 母线的短路电流 $I_k^{(3)}=34.57\text{kA}$，$i_{sh}^{(3)}=63.6\text{kA}$，而接于 380V 母线的感应电动机额定电流为

$$I_{N,M}=\frac{250}{\sqrt{3}\times380\times0.7\times0.75}\text{kA}=0.724\text{kA}$$

由于 $I_{N,M}>0.01\,I_k^{(3)}$，故需计入感应电动机反馈电流的影响。该电动机的反馈电流冲击值为

$$i_{sh,M}=6.5\times1\times0.724\text{kA}=4.7\text{kA}$$

因此母线在三相短路时所受的最大电动力为

$$F(3)=\sqrt{3}\,(i_{sh}+i_{sh,M})^2\times\frac{l}{a}\times10^{-7}$$

$$=\sqrt{3}\times(63.6\times10^3+4.7\times10^3)\times\frac{0.9}{0.16}\times10^{-7}\text{N}$$

$$= 4545\text{N}$$

2. 校验母线短路时的动稳定度

母线在 F(3) 作用时的弯曲力矩为

$$M = \frac{F^{(3)}l}{10} = \frac{4545 \times 0.9}{10}\text{N} \cdot \text{m} = 409\text{N} \cdot \text{m}$$

母线的截面系数为

$$W = \frac{b^2 h}{6} = \frac{0.1^2 \times 0.01}{6}\text{m}^3 = 1.667 \times 10^{-5}\text{m}^3$$

故母线在三相短路时所受到的计算应力为

$$\sigma_c = \frac{M}{W} = \frac{409}{1.667 \times 10^{-5}}\text{Pa} = 24.5 \times 10^6\text{Pa} = 24.5\text{MPa}$$

而硬铝母线（LMY）的允许应力为

$$\sigma_{al} = 70\text{MPa} > \sigma_c$$

由此可见该母线满足短路动稳定度的要求。

6.4.3 短路电流的热效应和热稳定度

1. 短路时导体的发热过程和发热计算

导体通过正常负荷电流时，由于导体具有电阻，因此要产生电能损耗。这种电能损耗转换为热能，一方面使导体温度升高，另一方面向周围介质散热。当导体内产生的热量与导体向周围介质散失的热量相等时，导体就维持在一定的温度值，这种状态称为热平衡，或热稳定。

在电路发生短路时，极大的短路电流将使导体温度迅速升高。由于短路后电路的保护装置很快动作，切除了短路故障，所以短路电流通过导体的时间不长，通常不会超过 $2 \sim 3$s。因此在短路过程中，可不考虑导体向周围介质的散热，即近似地认为导体在短路时间内是与周围介质绝热的，短路电流在导体中产生的热量，全部用来使导体的温度升高。

图 6-10 所示为短路前后导体的温度变化情况。导体在短路前正常负荷时的温度为 θ_L。设在 t_1 时发生短路，导体温度按指数规律迅速升高，而在 t_2 时电路的保护装置动作，切除了短路故障，这时导体的温度已达到 θ_k。短路被切除后，电路断电，导体不再产生热量，而只按指数规律向周围介质散热，直到导体温度等于周围介质温度 θ_0 为止。

按照导体的允许发热条件，导体在正常负荷和短路时的最高允许温度如附表 7 所示。如果导体和电器在短路时的发热温度不超过允许温度，则认为其短路热稳定度是满足要求的。

要确定导体短路后实际达到的最高温度 θ_k，按理应先求出短路期间实际的短路全电流 i_k 或 $I_{k(t)}$ 在导体中产生的热量 Q_k。但是 i_k 和 $i_{k(t)}$ 都是幅值变动的电流，要计算其 Q_k 是相当困难的，因此一般是采用一个恒定的短路稳态电流 I_∞ 来等效计算实际短路电流所产生的热量。由于通过导体的短路电流实际上不是 I_∞，因此假定一个时间，在此时间内，假定导体通过 I_∞ 所产生的热量，恰好与实际短路电流 i_k 或 $I_{k(t)}$ 在实际短路时间

t_k 内所产生的热量相等。这一假定的时间，称为短路发热的假想时间或热效时间，用 t_{ima} 表示，如图 6-11 所示。

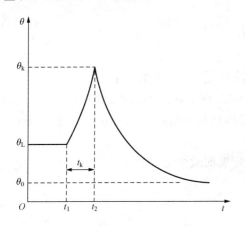

图 6-10 短路前后导体的温度变化   图 6-11 短路发热的假想时间

短路发热假想时间可用下式近似地计算：

$$t_{ima} = t_k + 0.05\left(\frac{I''}{I_\infty}\right)^2 \text{s} \tag{6-50}$$

在无限大容量系统中发生短路时，由于 $I'' = I_\infty$，因此

$$t_{ima} = t_k + 0.05\text{s} \tag{6-51}$$

当 $t_k > 1\text{s}$ 时，可认为 $t_{ima} = t_k$。

短路时间 t_k，为短路保护装置实际最长的动作时间 t_{op} 与断路器（开关）的断路时间 t_{oc} 之和，即

$$t_k = t_{op} + t_{oc} \tag{6-52}$$

式中，t_{oc}——断路器的固有分闸时间与其电弧延燃时间之和。

对于一般高压断路器（如油断路器），可取 $t_{oc} = 0.2\text{s}$；对于高速断路器（如真空断路器），可取 $t_{oc} = 0.1 \sim 0.15\text{s}$。

2. 短路热稳定度的校验条件

电器和导体的热稳定度的校验，也依校验对象的不同而采用不同的具体条件。

(1) 一般电器的热稳定度校验条件

$$I_t^2 t \geqslant I_\infty^{(3)2} t_{ima} \tag{6-53}$$

式中，I_t——电器的热稳定电流；

t——电器的热稳定时间。

以上的 I_t 和 t 可由有关手册或产品样本查得。常用高压断路器的 I_t 和 t 可查附表 16。

(2) 母线及绝缘导线和电缆等导体的热稳定度校验条件为

$$\theta_{k,\max} \geqslant \theta_k \tag{6-54}$$

式中，$\theta_{k,\max}$——导体在短路时的最高允许温度，如附表 18 所示。

如前所述，要确定 θ_k 比较麻烦，因此可根据短路热稳定度的要求来确定其最小允许截面。由式（6-53）可得最小允许截面（单位为 mm²）为

$$A_{\min} = I_\infty^{(3)} \sqrt{\frac{t_{ima}}{K_k - K_L}} = I_\infty^{(3)} \frac{\sqrt{t_{ima}}}{C} \tag{6-55}$$

式中，$I_\infty^{(3)}$——三相短路稳态电流（单位为 A）；

C——导体的热稳定系数（单位为 $A \cdot s^{\frac{1}{2}}/mm^2$），可查附表 18。

【例 6-4】 试校验例 6-3 所示工厂变电所 380V 侧 LMY 母线的短路热稳定度。已知此母线的短路保护实际动作时间为 0.6s，低压断路器的断路时间为 0.1s。该母线正常运行时最高温度为 55℃。

解 利用式（6-55）求母线满足短路热稳定度的最小允许截面。

查附表 7 得 $C = 87A \cdot s^{\frac{1}{2}}/mm^2$

故最小允许截面为

$$A_{\min} = I_\infty^{(3)} \frac{\sqrt{t_{ima}}}{C} = 34.57 \times 10^3 \times \frac{\sqrt{0.75}}{87} mm^2 = 344mm^2$$

由于母线实际截面 $A = 100 \times 10 mm^2 = 1000mm^2 > A_{\min}$，因此该母线满足短路热稳定度要求。

本 章 小 结

1. 短路问题概述

在供电系统中，造成短路的原因有很多种，其主要原因是电气设备载流部分的绝缘损坏。

在三相系统中，短路的主要类型有三相短路、两相短路、两相接地短路和单相短路。其中三相短路电流最大，造成的危害也最严重；而单相短路发生的概率最大。

2. 短路电流的计算

在供电系统中，需计算的短路参数有 I_K、I''、I_∞、i_{sh}、I_{sh} 和 S_K。常用的计算方法有欧姆法和标幺值法。

3. 短路电流的效应

当供电系统发生短路时，巨大的短路电流将发生强烈的电动效应和热效应，可能使电气设备遭受严重破坏。因此，必须对相关的电气设备和载流导体进行动稳定和热稳定的校验。

思考题与习题

6-1 什么叫短路？短路故障产生的原因有哪些？短路对电力系统有哪些危害？

6-2 短路有哪些形式？哪种形式的短路可能性最大？哪种形式的短路危害最为严重？

6-3 什么叫无限大容量电力系统？它有什么特点？在无限大系统中发生短路时，短路电流将如何变化？能否突然增大？为什么？

6-4 短路电流周期分量和非周期分量各是如何产生的？

6-5　什么是短路冲击电流 i_{sh} 和 I_{sh}？什么是短路次暂态电流 I'' 和短路稳态电流 I_∞？

6-6　什么叫短路计算的有名值？什么叫短路计算的标幺值法？各有什么特点？

6-7　什么叫短路计算电压？它与电路额定电压有什么关系？

6-8　有一地区变电所通过一条长 4km 的 10kV 电缆电路供电给某厂一个装有两台并列运行的 SL7-800 型主变压器的变电所。地区变电站出口断路器的断流容量为 300MV·A。试用有名值求该厂变电所 10kV 高压侧和 380V 低压侧的短路电流 $I_k^{(3)}$、$I''^{(3)}$、$I_\infty^{(3)}$、$i_{sh}^{(3)}$、$i_{sh}^{(3)}$ 及短路容量 $S_k^{(3)}$，并列出短路计算表。

6-9　试用标幺值法重做习题 6-8。

6-10　在无限大容量电力系统中，两相短路电流和单相短路电流各与三相短路电流有什么关系？

6-11　什么叫短路电流的电动效应？为什么要采用短路冲击电流来计算？

6-12　什么叫短路电流的热效应？为什么要采用短路稳态电流来计算？什么叫短路发热假想时间？如何计算？

6-13　对一般开关电器，其短路动稳定度和热稳定度校验的条件各是什么？

6-14　设习题 6-8 所述工厂变电所 380V 侧母线采用 $80 \times 10 mm^2$ 铝母线，水平布置，两相邻母线轴线间距离为 200mm，档距为 0.9m，档数大于 2。该母线上装有一台 500kW 的同步电动机，$\cos\varphi = 1$ 时，$\eta = 94$，试校验此母线的动稳定度。

6-15　设习题 6-14 所述 380V 母线的短路保护动作时间为 0.5s，低压断路器的断路时间为 0.05s。试校验此母线的热稳定度。

6-16　设例 6-1 所述工厂高压配电所母线引至车间两主变压器的两条电缆均采用铝芯截面为 $50 mm^2$ 的三芯聚氯乙烯绝缘电缆。已知电缆电路首端装有高压少油断路器，其继电保护的动作时间为 0.9s。试校验这两条电缆的热稳定度。

第
7
章

供配电系统的继电保护

知识点 ☞

1. 保护装置的作用。

2. 对保护装置的基本要求。

3. 常用继电器的结构、动作原理、动作特性、调节方法和应用。

4. 高压电力线路和电力变压器常用继电保护装置的构成、原理接线图、工作原理、整定计算以及灵敏度校验。

5. 低压熔断器保护和自动开关保护的配置，熔断器及熔体电流的选择，自动开关脱扣器动作电流整定等。

7.1　继电保护基本知识

教学目标

通过本节的介绍，使读者了解继电保护装置的作用，通过对继电保护的要求，使读者掌握选择性、快速性、可靠性和灵敏性的概念。同时树立选择性是首位、快速性重要、可靠性是必须、灵敏性要保证的思想。

7.1.1　保护装置的作用

在第 6 章中已经叙述了短路故障产生的危害。在企业供配电系统中，无论是系统还是设备有时会出现不正常的工作状态。

因此，在供配电系统中一旦发生短路故障，必须尽快地将故障元器件切离电源。还应及时发现和消除对系统或用电设备有危害的不正常工作状态，从而保证电气设备的可靠运行。

保护装置是能及时发现各种故障和不正常工作状态，并能根据故障性质准确切除故障和将不正常工作状态通过信号装置报警的一种自动装置，保护装置的作用如下所述。

1）当发生故障时，保护装置动作，并借助于断路器自动地、迅速地、有选择地将故障元件迅速地从供电系统中切除，避免事故的扩大，保证其他电气设备继续正常运行。

2）当出现不正常工作状态时，保护装置动作，及时发出报警信号，以便引起运行人员的注意并及时处理。

3）保护装置还可以与供电系统的其他自动装置，如备用电源自动投入装置（APD）、自动重合闸装置（ARD）等配合，大大缩短了短路事故的停电时间，及时恢复正常供电，从而提高了供电系统的运行可靠性。

7.1.2　对保护装置的要求

根据保护装置的作用，对保护装置应有以下四个要求。

（1）选择性

当供电系统发生故障时，只让离故障点最近的保护装置动作，切除故障元件，保证其他电气设备的正常运行。把这种有选择地切除故障元件的性能称为选择性。

（2）快速性

当供电系统发生故障时，快速切除故障可以减轻短路电流对电气设备的破坏程度，尽快恢复供电系统的正常运行。因此，保护装置应力求动作迅速。

（3）可靠性

保护装置必须经常处于准备状态，一旦在本保护区内发生短路或出现不正常工作状态时，它都不应该拒绝动作或误动作，而必须可靠地动作。

（4）灵敏性

保护装置对其本保护区内发生的故障或不正常运行状态，无论其位置如何，程度轻重，均应有足够的反应能力，保证动作，这种性能称为灵敏性。各种保护装置的灵敏性是用"灵敏度"来衡量的。

对过电流保护装置，其灵敏度的定义为

$$K_s = \frac{I_{k.min}}{I_{op.1}} \tag{7-1}$$

式中，$I_{k.min}$——系统在最小运行方式下，在保护区末端发生短路时的最小短路电流；

$I_{op.1}$——保护装置的一次侧（主电路）动作电流。

以上四项要求对于具体的保护装置来说，不一定是同等重要的，视情况的不同而有所侧重。

7.2 常用的保护继电器

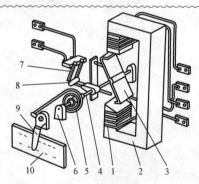

图 7-1 DL-10 系列电磁式电流
继电器内部结构图
1—线圈；2—电磁铁；3—钢舌片；4—轴；
5—反作用力弹簧；6—轴承；7—静触点；
8—动触点；9—起动电流调节转杆；
10—标度盘（铭盘）

7.2.1 电磁式电流继电器

电流继电器是在继电保护装置中是作为起动元件使用的。

1. 内部结构

最常用的电磁式电流继电器如图 7-1 所示。

2. 动作电流、返回电流及返回系数

当继电器线圈 1 通过电流时，电磁铁 2 中产生磁通，使 Z 形衔铁（钢舌片）3 向磁极偏转，而轴 4 上的反作用力弹簧 5 则阻止衔铁偏转。当继电器线圈中的电流增大到使衔铁所受转矩大于弹簧的反作用力矩时，衔铁被吸近磁极，使常开触点 7、8 闭合，此时称为继电器的动作。能使电流继电器动作的最小电流，称为电流继电器的动作电流，用 $I_{\text{op·KA}}$ 表示。

继电器动作后，若线圈中电流减小到一定数值时，衔铁由于电磁力矩小于弹簧的反作用力矩而返回起始位置，常开触点 7、8 打开，此时称为继电器返回。能使电流继电器由动作状态返回到起始位置的最大电流，称为电流继电器的返回电流，用 $I_{\text{re·KA}}$ 表示。

继电器的返回电流与动作电流之比，称为电流继电器的返回系数，用 K_{re} 表示，即

$$K_{\text{re}} = I_{\text{re·KA}} / I_{\text{op·KA}} \tag{7-2}$$

3. 动作电流的调节

继电器动作电流有两种调节方法：一种粗调，即改变两个线圈的连接方式（串联或并联），线圈并联时动作电流比串联增大一倍；二是细调，是转动调节转杆 9，改变弹簧 5 的反作用力矩。

电流继电器的图形符号和文字符号如图 7-2 所示。

常用的电磁式电流继电器的技术数据见附表 28，可供参考。

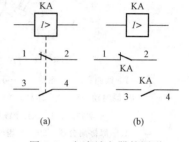

图 7-2　电流继电器的图形
符号和文字符号
（a）集中表示的图形；（b）分开表示的图形

7.2.2　电磁式时间继电器

电磁式时间继电器在继电保护和自动装置中作为时限元件，可以用来建立必须的动作时限。

1. 内部结构

常用的 DS-100、120 系列电磁式时间继电器的内部结构如图 7-3 所示，它是由一个电磁起动机构带动一钟表结构而组成的。

2. 动作原理

在继电器线圈 1 中加上动作电压后，可动铁心（衔铁）3 即被瞬时吸入电磁线圈中，扇形齿轮的压杆 9 被释放，在拉引弹簧 17 的作用下使扇形齿轮 12 按顺时针方向转动，并带动传动齿轮 13，经摩擦离合器 19，使同轴的主齿轮 20 转动，并转动钟表机构。因钟表机构中摆动卡板和平衡锤的作用，使主动触点 14 恒速运动，经过一定时间后与主静触点 15 相接触，完成了时间继电器的动作过程。当加在线圈上的电压消失后，在返回弹簧 4 的作用下，衔铁被顶回原来位置，同时扇形齿轮的压杆也立即被顶回原处，使扇形齿轮复原。因为返回时动触点轴是顺时针方向转动的，因此，摩擦离合器与主齿轮脱开，这时钟表机构不参加工作，所以返回过程是瞬时完成的。

为了缩小时间继电器的外形尺寸，它的线圈一般不按长期通过电流来设计，因此当需要长期（大于 30s）加电压时，必须在继电器线圈中串联一个附加电阻。在时间继电器线圈上没有加电压时，电阻被继电器下面的瞬动常闭触点短接。在动作电压加入继电

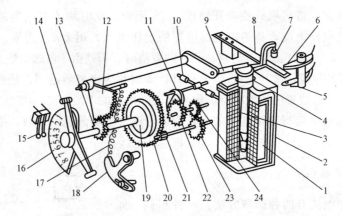

图 7-3　DS-100、120 系列时间继电器的内部结构

1—线圈；2—电磁铁；3—可动铁心；4—返回弹簧；5、6—瞬时静触点；7—绝缘件；
8—瞬时动触点；9—压杠；10—平衡锤；11—摆动卡板；12—扇形齿轮；13—传动齿轮；
14—主动触点；15—主静触点；16—标度盘；17—拉引弹簧；18—弹簧拉力调节器；
19—摩擦离合器；20—主齿轮；21—小齿轮；22—掣轮；23、24—钟表机构传动齿轮

器线圈的最初瞬间，全部电压加到时间继电器的线圈上，但一旦继电器动作后，其瞬动常闭触点断开将电阻串入继电器线圈，以限制其电流，提高继电器的热稳定性能。

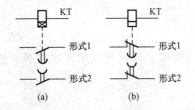

图 7-4　时间继电器的图形符号和文字符号

（a）时间继电器的缓吸线圈及延时闭合触点；
（b）时间继电器的缓放线圈及延时断开触点

3. 时限调节

通过改变静触点的位置，也就是改变动触点的行程，即可调整时间继电器的动作时间。

时间继电器的图形符号和文字符号如图 7-4 所示。

常用的电磁式时间继电器的技术数据见附表 30，可供参考。

7.2.3　电磁式中间继电器

电磁式中间继电器的作用，是在继电保护装置和自动装置中用以增加触点数量和触点容量。所以，这类继电器有触点数多、触点的容量较大特点，一般用于保护装置的出口处。

1. 内部结构

图 7-5 所示为 DZ 系列电磁式中间继电器的内部结构。

2. 动作原理

当电压加在线圈上时，衔铁被电磁铁吸向闭合位置，并带动触点转换，常开触点闭合，常闭触点断开。当断开电源时，衔铁被快速释放，触点全部返回到起始位置。

电磁式中间继电器的图形符号和文字符号如图 7-6 所示。常用的电磁式中间继电器的技术数据见附表 31，可供参考。

电磁式中间继电器的图形符号和文字符号如图 7-6 所示。

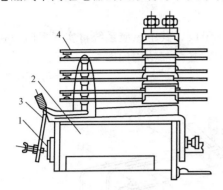

图 7-5　DZ 系列电磁式中间继电器内部结构

1—电磁铁；2—线圈；3—衔铁；4—触点

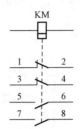

图 7-6　电磁式中间继电器的
图形符号和文字符号

7.2.4　电磁式信号继电器

电磁式信号继电器在继电保护和自动装置中用来作为信号指示。

1. 内部结构

常用的 DX-11 型电磁式信号继电器的内部结构如图 7-7 所示。

2. 动作原理

在正常情况下，继电器线圈 1 中没有电流通过，衔铁 4 被弹簧 3 拉住，信号牌 5 由衔铁的边缘支持着保持在水平位置。当线圈 1 中有电流流过时，电磁力吸引衔铁而释放信号牌。信号牌由于自重而下落，并且停留在垂直位置（机械自保持）。这时在继电器外壳上面的玻璃孔上可以看到带有颜色的信号标志。在信号牌落下时，固定信号牌的轴同时转动 90°，固定在这个轴上的动触点 8 与静触点 9 接通，使灯光或音响信号回路接通。复归时，用手转动复归旋钮 7，由它再次把信号牌抬到水平位置，让衔铁 4 支持住，并保持在这个位置准备下次动作。

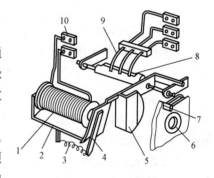

图 7-7　DX-11 型电磁式信号
继电器的内部结构

1—线圈；2—电磁铁；3—弹簧；4—衔铁；
5—信号牌；6—玻璃窗孔；7—复位旋钮；
8—动触点；9—静触点；10—接线端子

图 7-8 所示为电磁式信号继电器的图形符号和文字符号。常用的电磁式信号继电器的技术数据见附表 32，可供参考。

7.2.5　感应式电流继电器

在供配电系统反时限过电流保护中，常用的是 GL-10、20 系列感应式电流继电器。

图 7-8　电磁式信号继电器的
图形符号和文字符号

1. 内部结构

内部结构是由感应系统和电磁系统两部分组成，其中感应系统可实现反时限过电流保护；电磁系统可实现瞬时动作的过电流保护，其内部结构如图7-9所示。

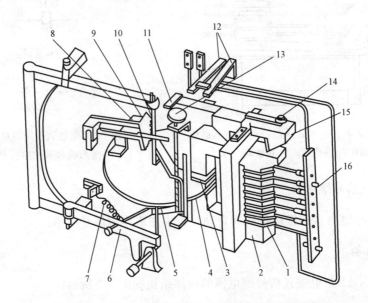

图 7-9　GL-10、20 系列感应式电流继电器内部结构

—线圈；2—电磁铁；3—短路环；4—铝盘；5—钢片；6—铝框架；7—调节弹簧；8—制动永久磁铁；
9—扇形齿轮；10—蜗杆；11—扁杆；12—继电器触点；13—时限调节螺杆；14—速断电流调节螺钉；
15—衔铁；16—动作电流调节插销

感应系统主要由带有短路环 3 的电磁铁 2 和圆形铝盘 4 组成。铝盘的另一侧装有制动永久磁铁 8，铝盘的转轴放在活动框架 6 的轴承内，活动铝框架 6 可绕轴转动一个小角度，正常未起动时铝框架 6 被调节弹簧 7 拉向止挡的位置。

电磁系统由装在电磁铁上侧的衔铁 15 等组成。衔铁左端有扁杆 11，由它可瞬时闭合触点。正常时衔铁左端重于右端而偏落于左边位置，常开触点不闭合。

2. 动作原理

（1）铝盘是如何转动的

当线圈 1 有电流 I_{KA} 通过时，电磁铁 2 在短路环 3 的作用下，产生相位一前一后的两个磁通 φ_1 和 φ_2，穿过铝盘 4。这时作用于铝盘上的转矩为

$$M_1 \propto \varphi_1 \varphi_2 \sin\varphi \qquad (7\text{-}3)$$

式中，φ——φ_1 与 φ_2 间的相位差。

由于 $\varphi_1 \propto I_{KA}$，$\varphi_2 \propto I_{KA}$，而 φ 为常数，因此

$$M_1 \propto I_{KA}^2 \qquad (7\text{-}4)$$

铝盘在转矩 M_1 作用下转动后，铝盘切割制动永久磁铁 8 的磁通而在自己内部感生涡流，这个涡流又制动永久磁铁的磁通相作用，产生一个与 M_1 反向的制动力矩 M_2，

它与铝盘转速 n 成正比，即

$$M_2 \propto n \qquad\qquad (7\text{-}5)$$

当铝盘转速 n 增大到某一定值时，$M_1 = M_2$，这时铝盘匀速转动。

（2）框架是如何摆出的

继电器的铝盘在上述 M_1 和 M_2 的共同作用下，受到一个向外的合力，有使铝框架 6 绕轴顺时针方向偏转的趋势，但它受到调节弹簧 7 的阻力，如图 7-10 所示。

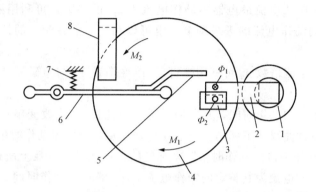

图 7-10　GL-10 系列继电器转矩示意图

1—线圈；2—电磁铁；3—短路环；4—铝盘；5—钢片；6—铝框架；

7—调节弹簧；8—制动永久磁铁

当流入继电器线圈电流增大到一定值时，铝盘受到的推力也增大到足以克服弹簧阻力的程度，从而使铝盘带动框架前摆出，使蜗杆 10 与扇形齿轮 9 啮合。

（3）什么是感应系统动作电流

把蜗杆 10 与扇形齿轮 9 啮合时叫做"继电器的感应系统动作"（此时常开触点并没闭合）。此时线圈中的电流叫感应系统的动作电流，用 $I_{\text{op·KA}}$ 表示。

（4）什么是感应系统动作（常开触点闭合）

由于铝盘继续转动，使扇形齿轮沿着蜗杆上升，经过一定时间后使触点 12 切换。同时使信号牌（在图 7-9 中未画出）掉下，从观察孔可以看到其红色或白色的信号牌指示，表示继电器感应系统已经动作。

（5）什么是感应系统的"反时限特性"

继电器线圈中的电流越大，铝盘转得越快，扇形齿轮沿蜗杆上升的速度也越快，因此动作时间也越短，这就是感应式电电流继电器的"反时限特性"，如图 7-10 所示曲线 abc 的 ab 段，这一动作特性是感应系统产生的。

（6）什么是电磁系统动作

当继电器线圈电流再增大到整定的速断电流 $I_{\text{qb·KA}}$ 时，电磁铁 2 瞬时将衔铁 15 吸下，使触点 12 切换，动作时间约为 $0.05\sim0.1\text{s}$，同时使信号牌掉下。

（7）什么是电磁系统的"速断特性"与"速断电流倍数"

显然电磁系统的作用又使感应式电流继电器具有"速断特性"，如图 7-11 所示 $bb'd$ 折线。将动作特性曲线上对应于开始速断时间的动作电流倍数，称为"速断电流倍

数"，即

$$n_{\mathrm{qb}} = I_{\mathrm{qb \cdot KA}} / I_{\mathrm{op \cdot KA}} \qquad (7-6)$$

3. 动作电流、动作时间的调节

GL-10 系列电流继电器的速断电流倍数 $n_{\mathrm{qb}} = 2 \sim 8$，它在调节速断电流螺钉 14 上标度。

GL-10 系列感应式电流继电器的动作电流 $I_{\mathrm{op \cdot KA}}$ 的整定，可利用插销 16 来改变线圈匝数，从而达到动作电流的进级调节，也可以利用调节弹簧 7 的拉力来进行平滑的细调。

继电器的速断电流倍数 n_{qb} 可利用螺钉 14 改变衔铁 15 与电磁铁 2 之间的气隙大小来调节。

继电器感应系统的动作时间，是利用时限调节螺杆 13 来改变扇形齿轮顶杆行程的起点，以使动作特性曲线上下移动。不过要特别注意，继电器动作时限调节螺杆的标度尺，是以 "10 倍动作电流的动作时限" 来标度的，也就是标度尺上所标示的动作时间，是继电器线圈通过的电流为其整定的动作电流的 10 倍时的动作时间。因此继电器实际的动作时间，与实际通过继电器线圈的电流大小有关，需从相应的动作特性曲线上去查得。

当继电器线圈中的电流减小到返回电流以下时，弹簧便拉回框架，这时扇形齿轮的位置与铝盘是否转动已无关了，扇形齿轮脱离蜗杆后，靠本身的重量下跌到原来起始位置，继电器的其他机构也都返回到原来位置。把扇形齿轮与蜗杆离开时线圈中的电流叫做继电器的返回电流。

感应式电流继电器的图形符号和文字符号如图 7-12 所示。

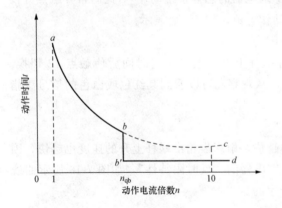

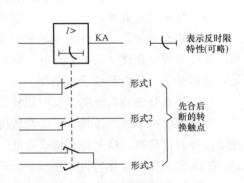

图 7-11 感应式电流继电器的动作特性曲线
abc—感应元件的反时限特性；*bbd*—电磁元件的速断特性

图 7-12 感应式电流继电器的
图形符号和文字符号

感应式电流继电器的技术数据及其动作特性曲线见附表 33 可供参考。

7.3 高压电力电路继电保护

教学目标

　　通过本节课的介绍，使读者理解定时限过电流保护的接线原理图和工作原理，掌握其动作电流和动作时间的整定方法以及灵敏度校验方法。理解反时限过电流保护的接线原理图和工作原理。理解电流速断保护的接线原理图和工作原理，理解"死区"的概念和弥补方法，掌握其动作电流的整定方法和灵敏度校验方法等。

　　此外，还要注意以上三种保护装置与实验与实训内容的联系。

　　供配电系统的电力电路其电压等级一般为 3～63kV。由于电路较短，容量也不是很大，因此所装设的继电保护通常也比较简单。

　　高压配电电路通常装设的保护装置有：定时限的过流保护、电流速断保护、过负荷保护、单相接地保护等。本节只叙述最常用的定时限的过流保护和电流速断保护。

7.3.1 过电流保护

1. 定时限过电流保护

　　定时限过电流保护是指保护装置的动作时间固定不变，与故障电流的大小无关的一种保护。

　　（1）接线原理图

　　电路的定时限过电流保护的接线原理如图 7-13 所示。它主要由检测元件的电流互感器、起动元件的电流继电器、时限元件的时间继电器、信号元件的信号继电器、出口元件的中间继电器等组成。

　　（2）工作原理

　　当一次电路发生相间短路时，短路电流流过电流互感器的一次侧，其二次电流成比例增大，此电流使电流继电器 KA1、KA2 至少有一个瞬时动作，常开触点闭合，起动时间继电器 KT。KT 经延时后，其延时触点闭合，接通信号继电器 KS 和中间继电器 KM。KM 动作后，其常开触点接通跳闸线圈 YR，使断路器 QF 跳闸，切除短路故障。与此同时，KS 动作，常开触点接通信号回路，发出声、光指示信号。断路器 QF 跳闸时，其辅助触头 1 和 2 随之断开跳闸回路，以减轻中间继电器触点和跳闸线圈的负担。在短路故障被切除后，KS 需要手动复归，而其他各继电器均自动返回初始状态。

　　（3）动作电流整定

　　图 7-14 (a) 所示，对于定时限过电流保护装置 1 而言，它所保护的电路 WL1，在什么情况下有最大负荷电流流过，而在此电流下，定时限过电流保护装置 1 又不应该动作呢？回答是，如果在电路 WL2 故障后被切除，母线电压回复，所有接到母线上的设

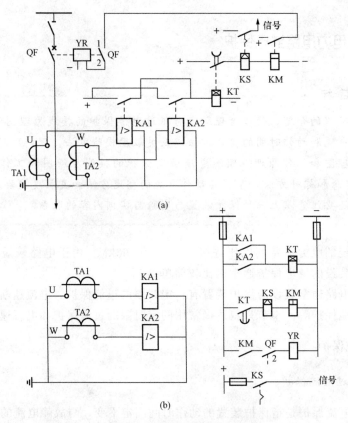

图 7-13 电路的定时限过电流保护原理接线

（a）集中表示（归总式）电路；（b）分开表示（展开式）电路

QF—断路器；KA—电流继电器；KS—信号继电器；KT—时间继电器；KM—中间继电器；

TA—电流互感器；YR—跳闸线圈；1、2—断路器辅助触头

备起动，必然在电路 WL1 上出现最大负荷电流，此时要求定时限过电流保护装置 1 绝对不应该动作。

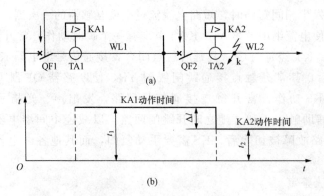

图 7-14 电路的定时限过电流保护动作电流整定原理图

（a）保护电路；（b）时限整定说明

如果电路 WL1 的最大负荷电流小于保护装的返回电流，保护装置 1 就不会动作。即

$$I_{re1} < I_{Lmax} \tag{7-7}$$

式中，I_{re1}——定时限保护装置的返回电流（一次侧电流）；

$\quad I_{Lmax}$——被保护电路 WL1 的最大负荷电流。

如果将上式写成等式，有

$$I_{re1} = K_{rel} \cdot I_{Lmax}$$

按返回系数的定义，有

$$K_{re} = I_{re1} / I_{op1}$$

所以保护装置一次动作电流为

$$I_{op1} = I_{re1} / K_{re} = \frac{K_{rel}}{K_{re}} \cdot I_{Lmax} \tag{7-8}$$

而继电器的动作电流与一次动作电流之间的关系为

$$I_{op \cdot KA} = \frac{K_w}{K_i} \cdot I_{op1}$$

所以继电器的动作电流为

$$I_{op \cdot KA} = I_{op1} \cdot \frac{K_w}{K_i} = \frac{K_w \cdot K_{rel}}{K_{re} \cdot K_i} \cdot I_{Lmax} \tag{7-9}$$

式中，K_{rel}——可靠系数，对 DL 型继电器取 1.2；

$\quad K_w$——接线系数，对两相两或三相三继电器式接线为 1，对两相差式接线为 $\sqrt{3}$；

$\quad K_{re}$——返回系数，对 DL 型继电器取 0.85；

$\quad K_i$——电流互感器变比；

$\quad I_{Lmax}$——被保护电路的最大负荷电流，当无法确定时，取 $(1.5 \sim 3) I_{30}$。

（4）动作时限整定

图 7-14（b）所示，当电路 WL2 上 k 点发生短路故障时，由于短路电流流经保护装置 1、2，均能使各保护装置的继电器起动。按照选择性要求，只应保护装置 2 动作，将 QF2 跳闸。故障切除后，保护装置 1 应返回，为了达到这一目的，各保护装置的动作时限应满足 $t_1 > t_2$。因此可以看出，离电源近的上一级保护的动作时限比离电源远的下一级保护的动作时限要长，即

$$t_n = t_{n+1} + \Delta t \tag{7-10}$$

式中，Δt——时限阶段，取定时限保护为 0.5s。

（5）灵敏度校验

定时限过电流灵敏度校验原则是，应以系统在最小运行方式下，被保护电路末端发生二相短路的短路电流进行校验，即

$$K_p = \frac{I_{kmin}^{(2)}}{I_{op1}} \geqslant 1.25 \sim 1.5 \tag{7-11}$$

式中，K_p——灵敏度，作为主保护时要求 $K_p \geqslant 1.5$，作为后备保护时要求 $K_p \geqslant 1.25$；

$\quad I_{kmin}^{(2)}$——系统在最小运行方式下，被保护区末端发生二相短路的短路电流；

$\quad I_{op1}$——保护装置的一次动作电流。

2. 反时限过电流保护

反时限过电流保护装置的动作时限与故障电流的大小成反比。在同一条电路上，当靠近电源侧的始端发生短路时，短路电流大，其动作时限短；反之当末端发生短路时，短路电流小，其动作时限较长。

图 7-15 所示是一个交流操作的反时限过流保护装置，KA1、KA2 为 GL 型感应式电流继电器，由于继电器本身动作带有时限，并有动作指示掉牌信号，所以该保护装置不需要接时间继电器和信号继电器。

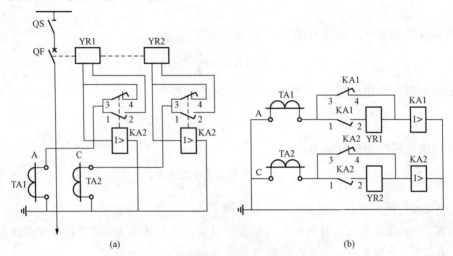

图 7-15　电路的反时限过电流保护接线原理图

（a）接线图；（b）展开图

QF—断路器；QS—隔离开关 TA1、TA2—电流互感器；

KA1、KA2—电流继电器（GL 型）；YR1、YR2—跳闸线圈

当电路发生短路故障时，KA1、KA2 动作，经过一定时限后，其常开触点闭合，常闭触点断开，这时断路器 QF 的交流操作跳闸线圈 YR1、YR2 通电动作，断路器 QF 跳闸，切除故障部分。在继电器去分流的同时，其信号牌自动掉下，指示保护装置已经动作。当故障被切除后，继电器 KA1、KA2 返回，但其信号牌却需手动复归。

关于反时限过电流保护的整定计算可参考其他书籍，这里就不赘述了。

7.3.2　电流速断保护

上述的带时限的过流保护，是靠牺牲时间来满足选择性的。而对单侧电源来说，越靠近电源，短路电流越大，动作时限也越长。当过流保护动作时限大于 0.7s 时，还应装设电流速断保护装置，作为快速动作的主保护。这种保护装置实际上是一种瞬时动作的过流保护。

1. 接线原理图

电路的定时限过电流保护和电流速断保护接线原理如图 7-16 所示。其中 KA1、

KA2、KT、KS1 和 KM 是定时限的过流保护元件。而 KA3、KA4、KS2 和 KM 是电流速断保护元件。

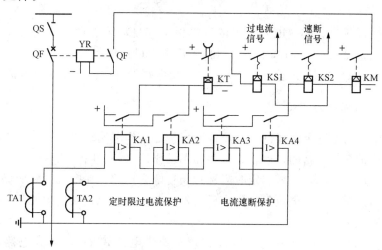

图 7-16　电路的定时限过电流保护和电流速断保护接线原理图

2. 工作原理

当一次电路在速断保护区发生相间短路时，反应到电流互感器的二次电流使电流继电器 KA3、KA4 至少有一个瞬时动作，常开触点闭合，直接接通信号继电器 KS2 和中间继电器 KM。KM 动作后，其常开触点接通跳闸线圈 YR，使断路器 QF 跳闸，切除短路故障。与此同时，KS2 动作，接通速断信号回路。

3. 动作电流整定及灵敏度校验

（1）动作电流整定

为了保证上下两级瞬动的电流速断保护的选择性，电流速断保护装置一次侧的动作电流应该躲过系统在最大运行方式下，它所保护电路的末端的三相短路电流，即

$$I_{qb1} = K_{rel} \cdot I_{kmax}^{(3)} \tag{7-12}$$

而继电器的动作电流与一次动作电流之间的关系为

$$I_{qb \cdot KA} = \frac{K_w}{K_i} \cdot I_{qb1}$$

所以继电器的动作电流为

$$I_{qb \cdot KA} = \frac{K_{rel} \cdot K_w}{K_i} \cdot I_{kmax}^{(3)} \tag{7-13}$$

式中，K_{rel}——可靠系数，对 DL 型继电器取 1.2～1.3，对于 GL 型继电器取 1.4～1.5；

$I_{qb \cdot KA}$——电流速断保护的继电器动作电流；

I_{qb1}——电流速断保护的一次侧动作电流；

$I_{kmax}^{(3)}$——系统在最大运行方式下，被保护电路的末端的三相短路电流。

（2）灵敏度校验

电流速断保护的灵敏度校验原则是，应以系统在最小运行方式下，被保护电路首端

（保护装置安装处）发生两相短路的短路电流进行校验，即

$$K_p = \frac{I_{kmin}^{(2)}}{I_{qb1}} \geqslant 1.5 \sim 2 \qquad (7-14)$$

式中，K_p——灵敏度，按《电力装置的继电保护和自动装置设计规范》（GB 50062—
1992），$K_p \geqslant 1.5$；按《机械工厂电力设计规范》（JBJ6—1996），$K_p \geqslant 2$；

$I_{kmax}^{(2)}$——系统在最小运行方式下，被保护电路的首端的两相短路电流。

4. 电流速断保护的"死区"及其弥补

应该指出，为了满足选择性，电流速断保护的动作电流整定值较大，因此电流速断保护是不能保护全部电路的，也就是说存在不动作区（一般叫"死区"）。

为了弥补这一缺陷，应该与定时限保护装置配合使用。在电流速断的保护区内，电流速断保护为主保护，过电流保护作为后备保护；而在电流速断保护的死区内，则过电流保护为基本保护。

【**例 7-1**】 如图 7-17 所示为无限大容量系统供电的 35kV 放射式电路，已知电路 WL1 的负荷为 150A，取最大负荷倍数为 1.8，电路 WL1 上的电流互感器 TA1 的变比选为 300/5，电路 WL2 上定时限过电流保护的动作时限为 2.0s，其他如表所示。如果在电路 WL1 上装设两相两式接线的定时限过电流保护装置和电流速断保护装置，试计算各保护装置的动作电流、动作时限并进行灵敏度校验。

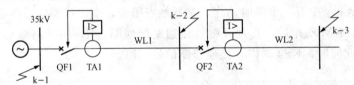

图 7-17 例 7-1 电力电路图

表 7-1 ［例 7-1］的表

短 路 点	k-1	k-2	k-3
最大运行方式下三相短路电流/A	3450	1330	610
最小运行方式下三相短路电流/A	3080	1210	580

解 （1）WL1 电路的定时限保护

保护装置的一次侧动作电流可按公式（7-8）求得

$$I_{op1} = \frac{K_{rel}}{K_{re}} \cdot I_{Lmax} = \frac{1.2}{0.85} \times 1.8 \times 150A = 381A$$

继电器的动作电流可按公式（7-9）求得

$$I_{op \cdot KA} = \frac{K_w}{K_i} \cdot I_{op1} = \frac{1}{300/5} \times 381A = 6.35A$$

可选取电流整定范围为 2.5～10A 的 DL 型电流继电器，并整定在 6.5A 上。

此时有

$$I_{op1} = \frac{300}{5} \times 6.5A = 390A$$

动作时限可按公式（7-10）计算为

$$t_1 = t_2 + \Delta t = (2.0 + 0.5)\text{s} = 2.5\text{s}$$

可选取时间整定范围为 $1.2 \sim 5\text{s}$ 的 DS 型时间继电器，并整定在 2.5s 上。

灵敏度校验如下所述。

1）作为 WL1 的主保护时，按公式（7-11）进行计算有

$$K_\text{p} = \frac{I_\text{kmin}^{(2)}}{I_\text{op1}} = \frac{\sqrt{3}}{2} \times \frac{1210}{390} = 2.69 \geqslant 1.5$$

2）作为 WL1 的后备保护装置时，也按公式（7-11）进行计算有

$$K_\text{p} = \frac{I_\text{kmin}^{(2)}}{I_\text{op1}} = \frac{\sqrt{3}}{2} \times \frac{580}{390} = 1.29 \geqslant 1.25$$

可见，均满足灵敏度要求。

（2）WL1 电路的电流速断保护

保护装置的一次侧动作电流可按公式（7-12）求得

$$I_\text{qb1} = K_\text{rel} \cdot I_\text{kmax}^{(3)} = 1.3 \times 1330\text{A} = 1729\text{A}$$

继电器的动作电流可按公式（7-13）求得

$$I_\text{qb·KA} = \frac{K_\text{rel} \cdot K_\text{w}}{K_i} \cdot I_\text{kmax}^{(3)} = \frac{1.3 \times 1}{300 \div 5} \times 1330\text{A} = 28.8\text{A}$$

可选取电流整定范围为 $12.5 \sim 50\text{A}$ 的 DL 型电流继电器，并整定在 28A 上。

灵敏度校验可按公式（7-14）进行计算有

$$K_\text{p} = \frac{I_\text{kmin}^{(2)}}{I_\text{qb1}} = \frac{\sqrt{3}}{2} \times \frac{3080}{1729} = 1.54 \geqslant 1.5 \sim 2$$

7.4 变压器继电保护

教 学 目 标

通过本节的介绍，使读者了解变压器的故障类型和不正常工作状态情况。掌握变压器各种保护的配置原则。掌握瓦斯继电器的结构、动作原理、安装位置，掌握保护的接线原理图和工作原理，了解瓦斯保护装置的优点和缺点。掌握变压器差动保护的单相接线原理图的工作原理，理解变压器差动的特点。掌握变压器的过电流、电流速断保护和过负荷保护的综合接线原理图，熟悉三种保护之间的关系。

此外，还要注意以上部分内容与实验与实训内容的联系。

电力变压器在供配电系统中应用得非常普遍，占有很重要的地位。因此，提高变压器工作的可靠性，对保证供电系统安全、稳定运行具有十分重要的意义。

7.4.1 变压器故障类型

变压器的故障可分为内部故障和外部故障两大类。内部故障主要有：相间短路、绕

组的匝间短路和单相接地短路。发生内部故障是很危险的，因为短路电流产生的电弧不仅会破坏绕组的绝缘，烧毁铁心，而且由于绝缘材料和变压器油受热分解而产生大量气体，还可能引起变压器油箱爆炸。变压器最常见的外部故障是引出线上绝缘套管的故障，这种故障可能导致引出线的相间短路和接地（对变压器外壳）短路。

变压器的不正常工作状态主要有：由于外部短路和过负荷引起过电流，油面极度降低和温度升高等。根据上述情况，变压器一般应装设下列继电保护装置。

7.4.2 变压器保护配置

为了保证电力系统安全可靠地运行，针对变压器的上述故障和不正常工作状态，电力变压器应装设以下保护，见表 7-2。

表 7-2 变压器保护装置的配置

保护名称	配 置 原 则
瓦斯保护	用以防御变压器油箱内部故障和油面降低的瓦斯保护，常用于保护容量在 800kV·A 及以上（车间内变压器容量在 400kV·A 及以上）的油浸式变压器
过电流保护	变压器的容量无论大小，都应该装设过电流保护。400kV·A 以下的变压器多采用高压熔断器保护，400kV·A 及以上的变压器高压侧装有高压断路器时，应装设带时限的过电流保护装置
差动保护	差动保护用以防御变压器绕组内部以及两侧绝缘套管和引出线上所出现的各种短路故障。变压器从一次进线到二次出线之间的各种相间短路，绕组匝间短路，中性点直接接地系统的电网侧绕组和引出线的接地短路等。差动保护属于瞬时动作的主保护。规程规定，单独运行的容量在 10 000kV·A 及以上（并联运行时，容量在 6300kV·A 及以上的变压器）。或者容量在 2000kV·A 以上装设电流速断保护灵敏度不合格的变压器，应装设差动保护
电流速断保护	对于车间变压器来说，过电流保护可作为主保护。如果过电流保护的时限超过 0.5s，而且容量不超过 8000kV·A，应装设电流速断作为主保护，而过电流保护则作为电流速断的后备保护
过负荷保护	用以防御变压器对称过负荷的保护，该保护多装在 400kV·A 及以上并联运行的变压器上，对单台运行易于发生过载的变压器也应装设过负荷保护。变压器的过负荷保护通常只动作于信号

7.4.3 瓦斯保护

这是一种非电量保护，它是以气体继电器（也叫瓦斯继电器）为核心元件的保护装置。

1. 瓦斯继电器的安装

当变压器油箱内部发生任何短路故障时，箱内绝缘材料和绝缘油在高温电弧的作用下分解出气体。如果故障轻微（如匝间短路），产生的气体上升较慢。若故障严重（如相间短路），迅速产生大量气体，同时产生很大的压力，使变压器油向油枕中急速冲击。根据这些特点，在油枕和变压器油箱之间的联通管上装设反应气体保护的瓦斯继电器，如图 7-18 所示。

2. 瓦斯继电器的结构和工作原理

图 7-19 所示是 FJ3-80 型瓦斯继电器保护的结构示意图。

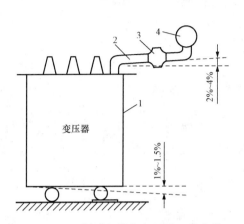

图 7-18 瓦斯继电器在变压器上的安装

1—变压器油箱；2—连通管；
3—瓦斯继电器；4—油枕

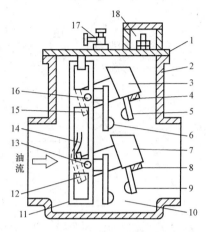

图 7-19 FJ3-80 型瓦斯继电器的结构

1—盖；2—容器；3、7—上、下油杯；4、8—永久磁铁；
5、9—上、下动触点；6、10—上、下静触点；11—支架；
14—挡板；15、12—上、下油杯平衡锤；16、13—上、下
油杯转轴；17—放气阀；18—接线盒

（1）变压器正常

在变压器正常运行时，油箱内由于没有气体产生，瓦斯继电器的上下油杯中都是充满油的，油杯因其平衡锤的作用使其上下触点都是断开的，故瓦斯保护装置不动作。

（2）轻瓦斯动作

当变压器内部发生轻微故障时（如匝间短路），局部高温作用在绝缘材料和变压器油上，使其在油箱内产生少量气体，迫使瓦斯继电器油面下降，上油杯因其中盛有剩余的油使其力矩大于平衡锤的力矩而下降，使瓦斯继电器的轻瓦斯触点（上触点）动作，发出轻瓦斯动作信号，这就是轻瓦斯动作，但不动作于断路器跳闸。

（3）重瓦斯动作

当变压器内部发生严重故障时（如相间短路），瞬间产生大量气体，在变压器油箱和油枕之间的联能管中出现强烈的油流，这大量的油气混合体经过瓦斯继电器时，使瓦斯继电器的重瓦斯触点动作，使断路器跳闸，同时发出重瓦斯动作信号。

如果变压器漏油，油面过度降低时也可使瓦斯继电器动作，发出预告信号或将断路器跳闸。

（4）原理接线图

图 7-20 所示是变压器瓦斯保护的接线原理图。当变压器内部发生轻瓦斯故障时，瓦斯继电器 KG 的上触点 KG1-2 闭合，作用于预告（轻瓦斯动作）信号；当变压器内部发生严重故障时，KG 的下触点 KG3-4 闭合，经中间继电器 KM 作用于断路器 QF 的跳闸机构 YR，使 QF 跳闸。同时通过信号继电器 KS 发出跳闸（重瓦斯动作）信号。

图 7-20 中的切换片 XB 是在瓦斯继电器非工作情况（如试验瓦斯继电器）切换到动作于信号的位置。

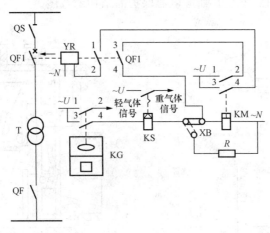

图 7-20　变压器瓦斯保护的接线原理图

应该指出，瓦斯保护装置的主要优点是结构简单、动作迅速、灵敏度高，能保护变压器油箱内各种短路故障，特别是对绕组的匝间短路反应最灵敏，是其他保护装置不能比拟的。所以说瓦斯保护装置是变压器内部的主保护装置。它的缺点是对变压器油箱外部任何故障不能反映。因而还需要和其他保护装置，如过电流、电流速断装置或差动保护装置配合使用。

7.4.4　差动保护

图 7-21 所示是变压器差动保护的单相接线原理图。

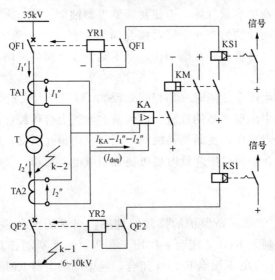

图 7-21　变压器差动保护的单相接线原理图

差动保护装置是反映被保护变压器两侧电流的差额而动作的保护装置，它的主要元件是差动继电器。变压器在正常工作或外部发生故障时，流入差动继电器的电流为不平衡电流 $\dot{I}_{KA} = \dot{I}_1 - \dot{I}_2 = I_{dsq}$，在适当选择好两侧电流互感器的变比和接线方式的条件下，该不平衡电流值很小，并小于差动保护的动作电流，故保护装置不动作。在保护范围外发生故障时（如 k−1 点短路），尽管 $\dot{I}_1''$ 和 $\dot{I}_2''$ 的数值增大，但二者之差仍近似为零，故保护装置仍不动作。当在保护范围内发生短路时（如 k−2 点短路），此时 $\dot{I}_2'' = 0$，故 $\dot{I}_{KA} = \dot{I}_1''$。流入差动继电器的电流大于差动保护的动作电流，差动保护瞬时动作，使断路器跳闸。

变压器的差动保护具有保护范围大（上、下两组电流互感器之间）、动作迅速、灵敏等特点，对于大容量变压器常用它取代电流速断保护装置。

7.4.5　过电流保护、电流速断保护和过负荷保护

图 7-22 所示是变压器的过电流、电流速断保护和过负荷保护装置的综合接线原理图。

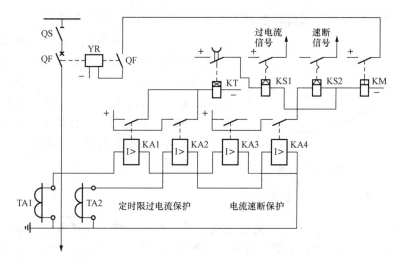

图 7-22　变压器的过电流、电流速断保护和过负荷保护装置的综合接线原理图

变压器的过电流保护的组成和原理与电路过电流保护完全相同。而变压器的速断保护的组成和原理与电路速断保护也完全相同。对于变压器的过负荷保护，它是反映变压器正常运行时的过载情况的，一般动作于信号。由于变压器的过负荷电流大多是三相对称增大的，因此过负荷保护只需在一相电流互感器二次接一个电流继电器。

关于变压器的定时限过电流保护、电流速断保护的整定计算方法与高压电路的定时限过电流保护、电流速断保护的整定计算方法基本相同，这里就不赘述了。至于过负荷保护的整定计算也相对简单，需要时可参看相关书籍。

应该指出，变压器的过电流保护装置是用于防御内、外部各种相间短路，并作为瓦斯和差动保护的后备保护（或电流速断保护）。

7.5 低压配电系统的保护

7.5.1 熔断器保护

1. 熔断器的保护特性曲线

决定熔体熔断时间和通过其电流的关系曲线 $t=f(I)$ 称为熔断器熔体的安秒特性

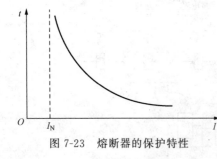

图 7-23 熔断器的保护特性

曲线。每一个熔体都有一个额定电流值，熔体允许长期通过额定电流而不致于熔断。当通过熔体的电流为额定电流的 1.3 倍时，熔体熔断时间约在 1h 以上；通过 1.6 倍电流时，应在 1h 以内；通过 2 倍额定电流时，熔体差不多瞬间熔断。由此可见，通过熔体的电流与熔断时间的关系具有反时限特性，如图 7-23 所示。

2. 熔断器的选择及其与导线的配合

图 7-24 所示是由变压器二次侧引出线的低压配电系统。如果采用熔断器保护，应在各配电电路的首端装设熔断器。熔断器只能装在各相相线上，中性线上是不允许装设熔断器的。

（1）熔断器熔体电流的选择

1）保护电力电路的熔体电流，应考虑以下条件。

①熔断器熔体额定电流 $I_{N.FE}$ 应不小于电路正常运行时的计算负荷电流 I_{30}，以使熔体在电路正常最大负荷下运行也不致熔断。

②熔断器熔体电流还应躲过电路的尖峰电流 I_{pk}，以使电路出现正常的尖峰电流而不致熔断。

③为使熔断器可靠地保护导线和电缆不致在电路短路或过负荷时损坏甚至起燃，熔断器的熔体电流必须和导线或电缆的允许电流相配合。

2）保护电力变压器的熔断器熔体电流的选择。对于保护电力变压器的熔断器，其熔体电流可按下式选定，即

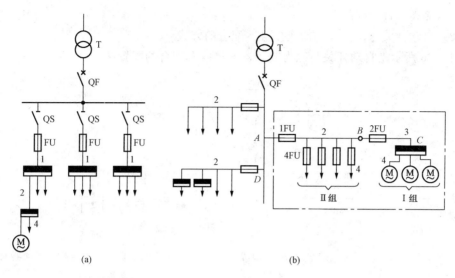

图 7-24　由熔断器保护的低压配电系统

（a）放射式；（b）变压器干线式

1—干线；2—分干线；3—支干线；4—支线；QF—低压断路器（自动空气开关）

$$I_{\mathrm{NFE}} = (1.5 \sim 2.0)I_{\mathrm{NT}} \tag{7-15}$$

式中，I_{NFE}——熔断器熔体额定电流；

$\quad\quad I_{\mathrm{NT}}$——变压器的额定电流。熔断器安装在哪一侧，就选用哪一侧的额定电流值。

（2）熔断器（熔管或熔体座）的选择

熔断器的选择应满足下列条件。

1）熔断器的额定电压应不低于被保护电路的额定电压。

2）熔断器的额定电流应不小于它所安装的熔体的额定电流。

3）熔断器的类型应符合安装条件及被保护设备的技术要求。

7.5.2　自动开关保护

自动开关，也称为低压断路器，是一种能自动切断故障的低压保护电器，被广泛地应用于各行各业的低压配电电路的电气装置中，它适用于正常情况下不频繁操作的电路中。自动开关与闸刀开关和熔断器组合比较，其优点是能重复动作，动作电流可按要求整定，选择性好，工作可靠，使用安全和断流能力大。

1. 自动开关在低压配电系统中的主要配置

（1）自动开关或带闸刀开关方式

图 7-25 所示是在低压配电电路中，接自动开关或带闸刀开关的配置图。

这种配置，对于变电所只装一台主变压器，而且低压侧与任何电源无联系时，按图 7-25（a）配置；若与其他电源有联系时，按图 7-25（b）配置，隔离来自母线的反绕电源以保证检修主变压器和自动开关的安全；对于低压配出线上装设的自动开关，为了保证检修配出线和自动开关的安全，在自动开关的母线侧应加装闸刀开关如图 7-25（c）

所示，以隔离来自母线的电源。

（2）自动开关与磁力起动器或接触器配合的方式

图 7-26 所示是自动开关与磁力起动器或接触器配合的配置图。

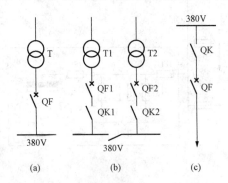

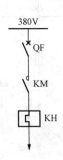

图 7-25　接自动开关或带闸刀开关的配置图　　图 7-26　自动开关与磁力起动器或
接触器配合的配置图

对于频繁操作的低压电路，宜采用如图 7-26 所示的配置方式。在这里自动开关主要用于电路的短路保护，磁力起动器或接触器用作电路频繁操作的控制，而热继电器是用作过载保护的。

（3）自动开关与熔断器配合的方式

如果自动开关的断流能力不足以断开该电路的短路电流时，可采用如图 7-27 所示的配置方式。这里的自动开关作为电路的通断控制及过载和失压保护，它只装热脱扣器和失压脱扣器，不装过流脱扣器，而利用熔断器或刀熔开关来实现短路保护。

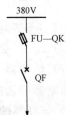

图 7-27　自动开关的
自复式保护配置图

2. 自动开关脱扣器动作电流整定

（1）长延时过流脱扣器（热脱扣器）动作电流的整定

这种脱扣器主要用于电路过负荷保护，因此其动作电流整定值应稍大于该电路的计算负荷电流。

（2）瞬时（或短延时）过流脱扣器动作电流的整定

瞬时过流脱扣器的动作电流，应按躲过电路的尖峰电流来整定。

常用低压断路器的主要技术数据见附表 14、附表 15，可供参考。

本 章 小 结

企业供电系统的继电保护装置的主要任务是借助于断路器，自动地、迅速地、有选择地将故障元件从供电系统中切除；能正确地反映电气设备的不正常运行状态，并根据要求发出信号。对继电保护的要求要具有选择性、快速性、可靠性和灵敏性。

企业常用典型继电器有电流继电器、时间继电器、信号继电器、中间继电器和瓦斯继电器。

企业高压电力电路的定时限过流和速断保护接线图、工作原理、动作电流和动作时间的整定、灵敏度校验。

变压器保护是根据变压器容量和重要程度确定。变压器的故障分为内部故障和外部故障两种。主要介绍变压器的故障类型、保护装置的配置原则、瓦斯差动保护、过电流保护、电流速断保护和过负荷保护等。

低压系统中的保护是熔断器保护和自动开关保护。熔断器的保护特性曲线是通过熔体的电流与熔断时间的关系具有反时限特性。自动开关也称为低压断路器，是一种能自动切断故障的低压保护电器，适用于正常情况下不频繁操作的电路中。

思考题与习题

7-1　继电保护装置的作用是什么？

7-2　对继电保护装置有哪些基本要求？

7-3　电磁式电流继电器由哪几个部分组成的？它是怎样动作？怎样返回的？

7-4　电磁式时间继电器由哪几个部分组成的？它的动作原理是什么？它内部的附加电阻是起什么作用的？

7-5　电磁式中间继电器由哪几个部分组成的？它的触点数量和触点容量与其他继电器有什么区别？

7-6　电磁式信号继电器由哪几个部分组成的？信号继电器接入电路的方式有几种？它一旦动作后，怎样进行复归？

7-7　感应式电流继电器由哪几个部分组成的？它是怎样动作？怎样返回的？它有哪几个动作特性？

7-8　什么是电磁式电流继电器的动作电流？什么是继电器的返回电流？什么是继电器的返回系数？

7-9　写出电磁式电流继电器、时间继电器、中间继电器、信号继电器以及感应式电流继电器的的文字符号，画出它们的图形符号。

7-10　电路的定时限过流保护的动作电流和动作时限是怎样进行整定的？灵敏度是怎样校验的？

7-11　电路的反时限过流保护是用什么电流继电器？反时限是指什么？

7-12　电路的电流速断保护的动作电流是怎样进行整定的？灵敏度是怎样校验的？

7-13　变压器的故障类型和不正常工作状态是什么？

7-14　变压器继电保护装设的原则是什么？

7-15　变压器瓦斯保护装设的原则是什么？在什么情况下"轻瓦斯"动作？什么情况下"重瓦斯"动作？

7-16　变压器差动保护的特点是什么？

7-17　变压器的定时限过电流和电流速断保护与电路的保护有什么相同点和不同点？

7-18　选择熔断器时应考虑哪些条件？什么是熔体的额定电流？什么是熔断器（熔管）的额定电流？

7-19　自动开关（低压断路器）在低压系统中主要有哪些配置方式？

7-20 中、小容量（可以认为 5600kV·A 以下）电力变压器通常装设哪些继电保护装置？20000kV·A 及以上容量的变压器通常装设哪些继电保护装置？

7-21 有一台 380V 电动机，$I_{NM}=20.2$A，$I_{stM}=141$A。该电动机端子处的三相短路电流 $I_k^{(3)}=16$kA，试选择保护该电动机的 RT0 型熔断器及其熔体的额定电流，并选择该电动机配电线（采用的 BLV 型导线穿塑料管）的导线截面及管径，环境温度按 +30℃ 考虑。

7-22 某 380V 架空电路，$I_{30}=280$A，最大工作电流为 600A，电路首端三相短路电流为 1.7kA；末端单相短路电流为 1.4kA，它小于末端两相短路电流。试选择首端装设 DW10 型自动开关，整定其动作电流，校验其灵敏度。

7-23 如图 7-28 所示为供电系统的 10kV 电路，已知电路 WL1 的负荷为 148A，取最大负荷电流为 243A，电路 WL1 上的电流互感器变比选为 300/5，电路 WL2 上定时限过电流保护的动作时限为 0.5s。其他如表 7-3 所示，如果在电路 WL1 上装设两相两式接线的定时限过电流保护和电流速断保护装置，试计算各保护装置的动作电流、动作时限并进行灵敏度校验。

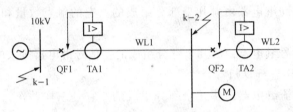

图 7-28 题 7-23 供电系统图

表 7-3 题 7-23 表

短 路 点	k－1	k－1
最大运行方式下三相短路电流/A	3200	2500
最小运行方式下三相短路电流/A	2800	2200

第 8 章

供电系统的二次回路和自动装置

知识点 ☞

1. 供电系统二次回路和自动装置概述。
2. 交直流操作电源的种类和工作原理。
3. 高压断路器的控制和信号回路。
4. 电力线路的自动重合闸装置。
5. 备用电源自动投入装置等。

8.1 概述

8.1.1 二次回路及其分类

工厂供电系统或变配电所的二次回路（即二次电路）是指用来控制、指示、监测和保护一次电路运行的电路，亦称二次系统，包括控制系统、信号系统、监测系统及继电保护和自动化系统等。

二次回路按其电源性质分，有直流回路和交流回路。交流回路又分交流电流回路和交流电压回路。交流电流回路由电流互感器供电，交流电压回路由电压互感器供电。

二次回路按其用途分，有断路器控制（操作）回路、信号回路、测量和监视回路、继电保护和自动装置回路等。

二次回路在供电系统中虽然是其一次电路的辅助系统，但是它对一次电路的安全、可靠、优质、经济地运行有着十分重要的作用，因此必须予以充分的重视。

8.1.2 操作电源及其分类

二次回路的操作电源，是供高压断路器分、合闸回路和继电保护装置、信号回路、监测系统及其他二次回路所需的电源。因此对操作电源的可靠性要求很高，容量要求足够大，且要求尽可能不受供电系统运行的影响。

操作电源分直流和交流两大类。直流操作电源又分为由蓄电池组供电的电源和由整流装置供电的电源两种。交流操作电源分为由所（站）用变压器供电和通过电流、电压互感器供电的两种。

8.1.3 高压断路器的控制和信号回路

高压断路器的控制回路，是指控制（操作）高压断路器分、合闸的回路。它取决于断路器操作机构的形式和操作电源的类别。电磁操作机构只能采用直流操作电源，弹簧操作机构和手动操作机构可交直流两用，不过一般采用交流操作电源。

信号回路是用来指示一次系统设备运行状态的二次回路。信号按用途分，有断路器位置信号、事故信号和预告信号等。

断路器位置信号用来显示断路器正常工作的位置状态。一般是红灯亮，表示断路器处在合闸位置；绿灯亮，表示断路器处在分闸位置。

事故信号用来显示断路器在一次系统事故情况下的工作状态。一般是红灯闪光，表示断路器自动合闸；绿灯闪光，表示断路器自动跳闸。此外，还有事故音响信号和光字牌等。

预告信号是在一次系统出现不正常工作状态时或在故障初期发出的报警信号。例如，变压器过负荷或者轻瓦斯动作时，就发出区别于上述事故音响信号的另一种预告音响信号，同时光字牌亮，指示出故障的性质和地点，值班员可根据预告信号及时处理。

对断路器的控制和信号回路有下列主要要求。

1）应能监视控制回路的保护装置（如熔断器）及其分、合闸回路的完好性，以保证断路器的正常工作，通常采用灯光监视的方式。

2）合闸或分闸完成后，应能使命令脉冲解除，即能切断合闸或分闸的电源。

3）应能指示断路器正常合闸和分闸的位置状态，并在自动合闸和自动跳闸时有明显的指示信号。

4）断路器的事故跳闸信号回路，应按"不对应原理"接线。当断路器采用手动操作机构时，利用操作机构的辅助触点与断路器的辅助触点构成"不对应"关系，即操作机构手柄在合闸位置而断路器已经跳闸时，发出事故跳闸信号。当断路器采用电磁操作机构或弹簧操作机构时，则利用控制开关的触点与断路器的辅助触点构成"不对应"关系，即控制开关手柄在合闸位置，而断路器已经跳闸时，发出事故跳闸信号。

5）对有可能出现不正常工作状态或故障的设备，应装设预告信号。预告信号应能使控制室或值班室的中央信号装置发出音响或灯光信号，并能指示故障地点和性质。通常预告音响信号用电铃，而事故音响信号用电笛，两者是有区别。

8.1.4 供电系统的自动装置

1. 自动重合闸装置

运行经验表明，电力系统中的不少故障，特别是架空电路上的短路故障大多是暂时性的，这些故障在断路器跳闸后，多数能很快自行消除。因此，如果采用自动重合闸装置（ARD），使断路器在自动跳闸后又自动重合闸，大多能恢复供电，从而大大提高了供电的可靠性，避免了因停电而带来的重大损失。

单端供电电路的三相自动重合闸装置，按其不同特性有不同的分类方法。按自动重合闸的方法划分，有机械式和电气式；按组合元件划分，有机电型、晶体管型和微机型；按重合次数划分，有一次重合式、二次重合式和三次重合式等。

机械式自动重合闸装置，适于采用弹簧操作机构的断路器，可在具有交流操作电源或虽有直流跳闸电源，但没有直流合闸电源的变配电所中使用。电气式自动重合闸装置，适于采用电磁操作机构的断路器，可在具有直流操作电源的变配电所中使用。

运行经验证明：自动重合闸装置的重合成功率随着重合次数的增加而显著降低。对架空电路来说，一次重合成功率可达 $60\% \sim 90\%$，而二次重合成功率只有 15% 左右，三次重合成功率仅 3% 左右。因此工厂供电系统中一般只采用一次自动重合闸装置。

2. 备用电源自动投入装置

在要求供电可靠性较高的工厂变配电所中，通常设有两路及以上的电源进线。在车间变电所低压侧，一般也设有与相邻车间变电所相连的低压联络线。如果在作为备用电源的电路上装设备用电源自动投入装置自动重合闸装置，则在工作电源电路突然停电时，利用失压保护装置使该电路的断路器跳闸，并在自动重合闸装置作用下，使备用电源电路的断路器迅速合闸，投入备用电源，恢复供电，从而大大提高供电可靠性。

8.2 操作电源

教学目标

通过本节的介绍，使读者了解和掌握变配电所中交、直流操作电源的种类，理解其基本工作原理。

8.2.1 由蓄电池组供电的直流操作电源

1. 铅酸蓄电池

铅酸蓄电池的正极二氧化铅（PbO_2）和负极铅（Pb）插入稀硫酸（H_2SO_4）溶液里，就发生化学变化。在两极板上产生不同的电位，这两个电位在外电路断开时的电位差就是蓄电池的电势。

一般来说，单个铅蓄电池的额定端电压为2V，放电后端电压由2V降到1.8～1.9V；在充电终了时，端电压可升高到2.6～2.7V。为了获得220V的直流操作电压，电池端电压按高于直流母线5%来考虑，即按230V计算蓄电池的个数。故所需蓄电池的上限个数为$n_1 = 230/1.8 \approx 128$个；所需蓄电池的下限个数为$n_2 = 230/2.7 = 85$个。因此有$n = n_1 - n_2 = 128 - 85 = 43$个蓄电池用于调节直流输出电压。它是通过双臂电池调节器来完成的。

采用铅酸蓄电池组的直流操作电源，是一种特定的操作电源系统，无论供电系统发生什么事故，甚至在交流电源全部停电的情况下，仍能保证控制回路、信号回路、继电保护装置及自动装置等能可靠工作，同时还能保证事故照明用电，这是它的突出优点。但铅酸蓄电池组也有许多缺点，比如它在充电时要排出氢和氧的混合气体，有爆炸危险；而且随着气体带出硫酸蒸气，有强腐蚀性，危害着人身健康和设备安全。因此铅酸蓄电池组要求单独装设在专用房间内，而且要进行防腐、防爆处理，从而投资很大。

2. 镉镍蓄电池

镉镍蓄电池的正极为氢氧化镍［$Ni(OH)_3$］或三氧化二镍（Ni_2O_3）的活性物，负极为镉（Cd），溶液为氢氧化钾（KOH）或氢氧化钠（$NaOH$）等碱溶液。

镉镍蓄电池单个额定端电压为1.2V，充电终了时端电压可达1.75V。

采用镉镍蓄电池组的直流操作电源，除不受供电系统运行情况的影响、工作可靠外，还有大电流放电性能好、使用寿命长、腐蚀性小、占地面积小、充放电控制方便及无需专用房间等优点，因此在工厂供电系统中有逐渐取代铅酸蓄电池的趋势。

8.2.2　由整流装置供电的直流操作电源

目前在工厂供电系统的变配电所中，直流操作电源主要采用带电容储能的直流装置或带镉镍电池储能的直流装置。

图 8-1 所示为带有两组不同容量的硅整流装置。硅整流器的交流电源由不同的所用变压器供给，一路工作，一路备用，用接触器自动切换。在正常情况下，两台硅整流器同时工作，较大容量的硅整流器（U1）供断路器合闸；较小容量的硅整器（U2）只供控制、保护（跳闸）及信号电源。在 2 号硅整流器故障时，1 号硅整流器可以通过逆止元件 VD3 向控制母线供电。

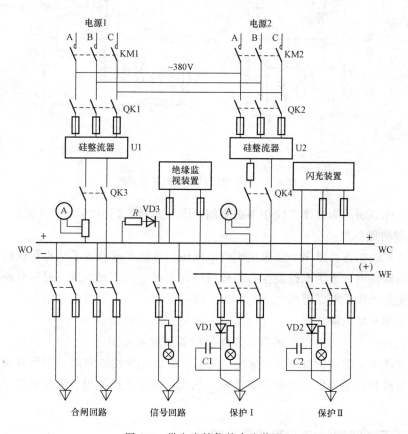

图 8-1　带电容储能的直流装置

C1、C2—储能电容器；WC—控制小母线；WF—闪光信号小母线；WO—合闸小母线

当电力系统发生故障，380V 交流电源电压下降时，直流 220V 母线电压也相应下降。此时利用并联在保护回路中的电容 C1 和 C2 的储能来使继电保护装置动作，达到断路器跳闸的目的。

在正常情况下，各断路器的直流控制系统中的信号灯及重合闸继电器由信号回路供电，使这些元件不消耗电容器中储存的电能。在保护回路装设逆止元件 VD1 及 VD2 的目的也是为了使电容器中储存的电能仅用来维持保护回路的电源，而不向其他与保护（跳闸）无关的元件放电。

8.2.3 交流操作电源

采用交流操作电源时，对控制、信号、自动装置及事故照明等，均由所用变压器供电。对某些继电保护装置通常由电流互感器所传递的短路电流作为操作电源。目前，最常见的几种交流操作电路原理如图 8-2 所示。

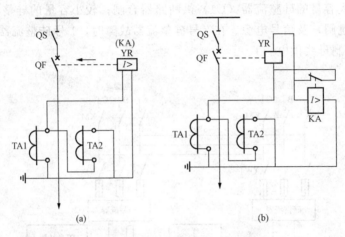

图 8-2　几种交流操作的电路原理图

图 8-2（a）所示为直动式脱扣器去跳闸；图 8-2（b）所示为由感应式 GL-15、GL-16 型继电器将脱扣器去分流。

由直动式脱扣器去跳闸，常采用瞬时电流脱扣器装在断路器手动操作机构中，直接由电流互感器供电，当主电路发生短路故障时，短路电流流过电流互感器反映到瞬时脱扣器中，使其动作，断路器跳闸。这种方式结构简单，不需要其他附加设备，但灵敏度较低，只适用于单电源放射式末端电路或小容量变压器的保护。

去分流方式也是由电流互感器直接向脱扣器供电，见图 8-2（b）。正常运行时，脱扣器 YR 被继电器常闭触点短接，无电流通过。当发生短路故障时，继电器动作，使触点切换，将脱扣器接入电流互感器二次侧，利用短路电流的能量使断路器跳闸。

8.3　高压断路器的控制和信号回路

教学目标

通过本节的介绍，使读者了解具体高压断路器控制和信号回路的工作原理，重点掌握高压断路器控制和信号回路工作过程和具体电路接线。

8.3.1　手动操作的断路器控制和信号回路

图 8-3 所示是手动操作的断路器控制和信号回路的电路原理图。

合闸时，推上操作机构手柄使断路器合闸。这时断路器的辅助触点 QF3、QF4 闭合，红灯 RD 亮，指示断路器 QF 已经合闸。由于有限流电阻 R，跳闸线圈 YR 虽有电流通过，但电流很小，不会动作。红灯 RD 亮，还表示跳闸线圈 YR 回路及控制回路的熔断器 FU1、FU2 是完好的，即红灯 RD 同时起着监视跳闸回路完好性的作用。

分闸时，扳下操作机构手柄使断路器分闸。这时断路器的辅助触点 QF3－4 断开，切断跳闸回路，同时辅助触点 QF1－2 闭合，绿灯 GN 亮，指示断路器 QF 已经分闸。绿灯 GN 亮，还表示控制回路的熔断器 FU1、FU2 作用。

在正常操作断路器分、合闸时，应是完好的，即绿灯 GN 同时起着监视控制回路完好性与操作机构辅助触点 QM 与断

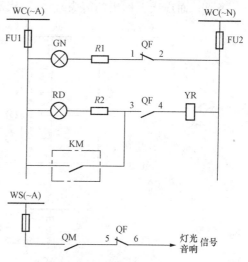

图 8-3　手动操作的断路器控制和信号电路原理图
WC—控制小母线；WS—信号小母线；GN—绿色指示灯；
RD—红色指示灯；R1、R2—限流电阻；YR—跳闸
线圈（脱扣器）；KM—继电保护出口继电器触点；
QF1～6—断路器 QF 的辅助触点；
QM—手动操作机构辅助触点

器的辅助触点 QF5－6 是同时切换的，总是一开一合，所以事故信号回路总是不通的，因而不会错误地发出事故信号。

当一次电路发生短路故障时，继电保护装置动作，其出口继电器 KM 的触点闭合，接通跳闸线圈 YR 的回路（触点 QF3－4 原已闭合），使断路器 QF 跳闸。随后触点 QF3－4 断开，使红灯 RD 灭，并切断 YR 的跳闸电源。与此同时，触点 QF1－2 闭合，使绿灯 GN 亮。这时操作机构的操作手柄虽然仍在合闸位置，但其黄色指示牌掉下，表示断路器已自动跳闸。同时事故信号回路接通，发出音响和灯光信号。这个事故信号回路正是按"不对应原理"来接线的。由于操作机构仍在合闸位置，其辅助触点 QM 闭合，而断路器因已跳闸，其辅助触点 QF5－6 也返回闭合，因此事故信号回路接通。当值班员得知事故跳闸信号后，可将操作手柄扳下至分闸位置，这时黄色指示牌随之返回，事故信号也随之解除。

控制回路中分别与指示灯 GN 和 RD 串联的电阻 R1 和 R2，主要用来防止指示灯的灯座短路时造成控制回路短路或断路器误跳闸。

8.3.2　电磁操作的断路器控制和信号回路

图 8-4 所示是采用电磁操作机构的断路器控制和信号回路原理。其操作电源采用如图 8-1 所示的硅整流电容储能的直流系统。控制开关采用双向自复式并具有保持触点的

LW5 型万能转换开关，其手柄正常为垂直位置（0°）。顺时针扳转 45°，为合闸（ON）操作，手松开即自动返回（复位），保持合闸状态。反时针扳转 45°，为分闸（OFF）操作，手松开也自动返回，保持分闸状态。图中虚线上打黑点的触点，表示在此位置时触点接通；而虚线上标出的箭头（→），表示控制开关 SA 手柄自动返回的方向。

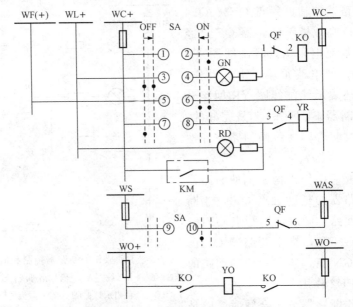

图 8-4　采用电磁操作机构的断路器控制和信号回路

WC—控制小母线；WL—灯光信号小母线；WF—闪光信号小母线；WS—信号小母线；

WAS—事故音响信号小母线；WO—合闸小母线；SA—控制开关；KO—合闸接触器；

YO—电磁合闸线圈；YR—跳闸线圈；KM—继电保护出口继电器触点；

QF1~6—断路器 QF 的辅助触点；GN—绿色指示灯；RD—红色指示灯；

ON—合闸操作方向；OFF—分闸操作方向

合闸时，将控制开关 SA 手柄顺时针扳转 45°，这时其触点 SA1－2 接通，合闸接触器 KO 通电（回路中触点 QF1－2 原已闭合），其主触点闭合，使电磁合闸线圈 YO 通电，断路器 QF 合闸。断路器合闸完成后，SA 自动返回，其触点 SA1－2 断开，QF1－2 也断开，切断合闸回路；同时 QF3－4 闭合，红灯 RD 亮，指示断路器已经合闸，并监视着跳闸线圈 YR 回路的完好性。

分闸时，将控制开关 SA 手柄反时针扳转 45°，这时其触点 SA7－8 接通，跳闸线圈 YR 通电（回路中触点 QF3－4 原已闭合），使断路器 QF 分闸。断路器分闸后，SA 自动返回，其触点 SA7－8 断开，QF3－4 也断开，切断跳闸回路；同时 SA3－4 闭合，QF1－2 也闭合，绿灯 GN 亮，指示断路器已经分闸，并监视着合闸接触器 KO 回路的完好性。

由于红绿指示灯兼起监视分、合闸回路完好性的作用，长时间运行，因此耗电较多。为了减少操作电源中储能电容器能量的过多消耗，另设灯光指示小母线 WL（＋），专门用来接入红、绿指示灯，储能电容器的能量只用来供电给控制小母线 WC。

当一次电路发生短路故障时，继电保护动作，其出口继电器触点 KM 闭合，接通跳闸线圈 YR 回路（回路中触点 QF3－4 原已闭合），使断路器 QF 跳闸。随后 QF3－4

断开，使红灯 RD 灭，并切断跳闸回路，同时 QF1－2 闭合，而 SA 在合闸位置，其触点 SA5－6 也闭合，从而接通闪光电源 WF（＋），使绿灯闪光，表示断路器 QF 自动跳闸。由于 QF 自动跳闸，SA 在合闸位置，其触点 SA9－10 闭合，而 QF 已经跳闸，其触点 QF5－6 也闭合，因此事故音响信号回路接通，又发出音响信号。当值班员得知事故跳闸信号后，可将控制开关 SA 的操作手柄扳向分闸位置（反时针扳转 45°后松开），使 SA 的触点与 QF 的辅助触点恢复对应关系，全部事故信号立即解除。

8.3.3　弹簧操作机构的断路器控制和信号回路

图 8-5 所示是采用 CT7 型弹簧操作机构的断路器控制和信号回路原理，其控制开关 SA 采用 LW2 或 LW5 型万能转换开关。

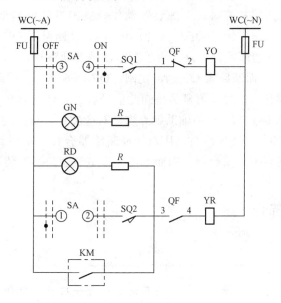

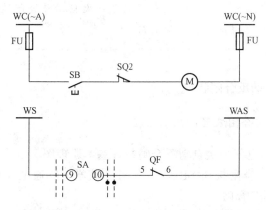

图 8-5　采用弹簧操作机构的断路器控制和信号回路

WC—控制小母线；WS—信号小母线；WAS—事故音响信号小母线；SA—控制开关；SB—按钮；
SQ—储能位置开关；YO—电磁合闸线圈；YR—跳闸线圈；QF1~6—断路器辅助触点；M—储能电动机；
GN—绿色指示灯；RD—红色指示灯；KM—继电保护出口继电器触点

合闸时，先按下按钮 SB，使储能电动机 M 通电运转（位置开关 SQ2 原已闭合），从而使合闸弹簧储能。弹簧储能完成后，SQ2 自动断开，切断电动机 M 的回路，同时位置开关 SQ1 闭合，为合闸做好准备，然后将控制开关 SA 手柄扳向合闸（ON）位置，其触点 SA3－4 接通，合闸线圈 YO 通电，使弹簧释放，通过传动机构使断路器 QF 合闸。合闸后，其辅助触点 QF1－2 断开，绿灯 GN 灭，并切断合闸回路；同时 QF3－4 闭合，红灯 RD 亮，指示断路器在合闸位置，并监视跳闸回路的完好性。

分闸时，将控制开关 SA 手柄扳向分闸（OFF）位置，其触点 SA1－2 接通，跳闸线圈 YR 通电（回路中触点 QF3－4 原已闭合），使断路器 QF 分闸。分闸后，其辅助触点 QF3－4 断开，红灯 RD 灭，并切断跳闸回路；同时 QF1－2 闭合，绿灯 GN 亮，指示断路器在分闸位置，并监视合闸回路的完好性。

当一次电路发生短路故障时，保护装置动作，其出口继电器 KM 触点闭合，接通跳闸线圈 YR 回路（回路中触点 QF3－4 原已闭合），使断路器 QF 跳闸。随后 QF3－4 断开，红灯 RD 灭，并切断跳闸回路。由于断路器是自动跳闸，SA 手柄仍在合闸位置，其触点 SA9－10 闭合，而断路器 QF 已经跳闸，QF5－6 闭合，因此事故音响信号回路接通，发出事故跳闸音响信号。值班员得知此信号后，可将控制开关 SA 手柄扳向分闸（OFF）位置，使 SA 触点与 QF 的辅助触点恢复对应关系，从而使事故跳闸信号解除。

储能电动机 M 由按钮 SB 控制，从而保证断路器合在发生短路故障的一次电路上时，断路器自动跳闸后不致重合闸，因而不需另设电气"防跳"装置。

8.4　自动装置简介

教 学 目 标

通过本节的介绍，使读者了解电力系统中电气一次自动重合闸装置和备用电源自动投入装置的基本工作原理。重点掌握电气一次自动重合闸装置展开式原理电路和高压双电源互为备用的自动重合闸电路。

8.4.1　电力电路的自动重合闸装置

1. 电气一次自动重合闸装置的基本原理

图 8-6 所示为说明电气一次自动重合闸装置基本原理图。

手动合闸时，按下合闸按钮 SB1，使合闸接触器 KO 通电动作，从而使合闸线圈 YO 动作，使断路器 QF 合闸。

手动跳闸时，按下跳闸按钮 SB2，使跳闸线圈 YR 通电动作，使断路器 QF 跳闸。

当一次电路发生短路故障时，继电保护装置动作，其出口继电器触点 KM 闭合，接通跳闸线圈 YR 回路，使断路器 QF 自动跳闸。与此同时，断路器辅助触点 QF3－4 闭合，而且重合闸继电器 KAR 启动，经整定的时间后其延时闭合的常开触点闭合，使

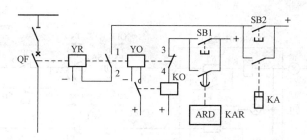

图 8-6　电气一次自动重合闸装置基本原理图

QF—断路器；YR—跳闸线圈；YO—合闸线圈；KO—合闸接触器；KAR—重合闸继电器；

KM—继电保护出口继电器触点；SB1—合闸按钮；SB2—跳闸按钮

合闸接触器 KO 通电动作，从而使断路器 QF 重合闸。如果一次电路上的故障是瞬时性的，已经消除，则可重合成功。如果短路故障尚未消除，则保护装置又要动作，KM 的触点又使断路器 QF 再次跳闸。由于一次自动重合闸装置采取了"防跳"措施（防止多次反复跳、合闸），因此不会再次重合闸。

2. 电气一次自动重合闸装置示例

图 8-7 所示是采用 DH-2 型重合闸继电器的电气一次自动重合闸装置展开式原理电路图（图 8-7 中仅绘出与自动重合闸装置有关的部分）。该电路的控制开关 SA1 采用 LW2 型万能转换开关，其合闸（ON）和分闸（OFF）操作各有三个位置：预备分、合闸，正在分、合闸，分、合闸后。SA1 两侧的箭头"→"指向的就是这种操作程序。选择开关 SA2 采用 LW2-1.1/F4-X 型，只有合闸（ON）和分闸（OFF）两个位置，用来投入和解除自动重合闸。

（1）一次自动重合闸装置的工作原理

系统正常运行时，控制开关 SA1 和选择开关 SA2 都扳到合闸（ON）位置，自动重合闸装置投入工作。这时重合闸继电器 KAR 中的电容器 C 经 $R4$ 充电，同时指示灯 HL 亮，表示控制小母线 WC 的电压正常，电容器 C 处于充电状态。

当一次电路发生短路故障而使断路器 QF 自动跳闸时，断路器辅助触点 QF1－2 闭合，而控制开关 SA1 仍处在合闸位置，从而接通 KAR 的启动回路，使 KAR 中的时间继电器 KT 经它本身的常闭触点 KT1－2 而动作。KT 动作后，其常闭触点 KT1－2 断开，串入电阻 $R5$，使 KT 保持动作状态。串入 $R5$ 的目的，是限制通过 KT 线圈的电流，防止线圈过热烧毁，因为 KT 线圈不是按长期接上额定电压设计的。

时间继电器 KT 动作后，经一定延时，其延时闭合的常开触点 KT3－4 闭合，这时电容器 C 对 KAR 中的中间继电器 KM 的电压线圈放电，使 KM 动作。

中间继电器 KM 动作后，其常闭触点 KM1－2 断开，使指示灯 HL 熄灭，表示 KAR 已经动作，其出口回路已经接通。合闸接触器 KO 由控制小母线 WC 经 SA2、KAR 中的 KM3－4、KM5－6 两对触点及 KM 的电流线圈、KS 线圈、连接片 XB、触点的 KM1 的 3－4 和断路器辅助触点 QF3－4 而接通电源，从而使断路器 QF 重合闸。

由于中间继电器 KM 是由电容器 C 放电而动作的，但 C 的放电时间不长，因此为

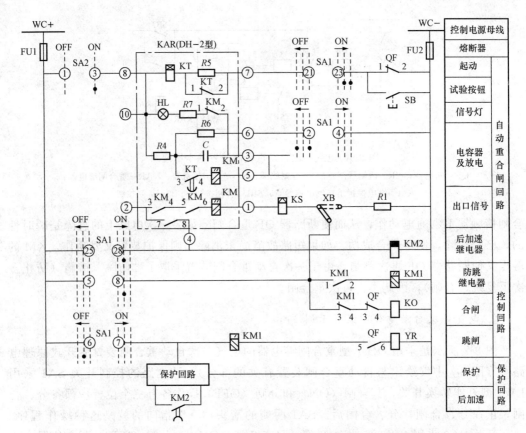

图 8-7　电气一次自动重合闸装置（ARD）展开式电路原理图

WC—控制小母线；SA1—控制开关；SA2—选择开关；

KAR—DH—2 型重合闸继电器（内含 KT—时间继电器；KM—中间继电器；HL—指示灯及电阻 R 电容器 C 等）；

KM1—防跳继电器（DZB-115 型中间继电器）；KM2—后加速继电器（DZS-145 型中间继电器）；

KS—DX-11 型信号继电器；KO—合闸接触器；YR—跳闸线圈；XB—连接片；QF—断路器辅触点

了使 KM 能够自保持，在 KAR 的出口回路中串入了 KM 的电流线圈，借 KM 本身的常开触点 KM3－4 和 KM5－6 闭合使之接通，以保持 KM 的动作状态。在断路器 QF 合闸后，其辅助触点 QF3－4 断开，而使 KM 的自保持解除。

在 KAR 的出口回路中串联信号继电器 KS，是为了记录 KAR 的动作，并为 KAR 动作发出灯光信号和音响信号。

断路器重合成功以后，所有继电器自动返回，电容器 C 又恢复充电。

要使自动重合闸装置退出工作，可将 SA2 扳到分闸（OFF）位置，同时将出口回路中的连接片 XB 断开。

（2）一次自动重合闸装置的基本要求

1）一次自动重合闸装置只重合一次。如果一次电路故障是永久性的，断路器在 KAR 作用下重合闸后，继电保护装置又要动作，使断路器再次自动跳闸。断路器第二次跳闸后，KAR 又要启动，使时间继电器 KT 动作。但由于电容器 C 还来不及充好电（充电时间需 15～25s），所以 C 的放电电流很小，不能使中间继电器 KM 动作，从而

KAR 的出口回路不会接通，这就保证了自动重合闸装置只重合一次。

2）用控制开关操作断路器分闸时，自动重合闸装置不应动作。如图 8-7 所示，通常在分闸操作时，先将选择开关 SA2 扳至分闸（OFF）位置，其 SA2 1－3 断开，使 KAR 退出工作。同时将控制开关 SA1 扳到"预备分闸"及"分闸后"位置时，其触点 SA1 2－4 闭合，使电容器 C 先对 $R6$ 放电，从而使中间继电器 KM 失去动作电源。因此即使 SA2 没有扳到分闸位置（即使 KAR 退出的位置），在采用 SA1 操作分闸时，断路器也不会自动重合闸。

3）自动重合闸装置的"防跳"措施。当 KAR 出口回路中的中间继电器 KM 的触点被粘住时，应防止断路器多次重合于发生永久性短路故障的一次电路上。

在如图 8-7 所示自动重合闸装置电路中，采用了两项"防跳"措施。①在 KAR 的中间继电器 KM 的电流线圈回路（即其自保持回路）中，串联了它自身的两对常开触点 KM3－4 和 KM5－6。这样，万一其中一对常开触点被粘住，另一对常开触点仍能正常工作，不致发生断路器"跳动"，即出现反复跳、合闸现象。②为了防止万一 KM 的两对触点 KM3－4 和 KM5－6 同时被粘住时断路器仍可能"跳动"，故在断路器的跳闸线圈 YR 回路中，又串联了防跳继电器 KM1 的电流线圈。在断路器分闸时，KM1 的电流线圈同时通电，使 KM1 动作。当 KM3－4 和 KM5－6 同时被粘住时，KM1 的电压线圈经它自身的常开触点 KM1 1－2、XB、KS 线圈、KM 电流线圈及其两对触点 KM3－4、KM5－6 而带电自保持，使 KM1 在合闸接触器 KO 回路中的常闭触点 KM1 3－4 也同时保持断开，使合闸接触器 KO 不致接通，从而达到"防跳"的目的。因此防跳继电器 KM1 实际是一种分闸保持继电器。

采用了防跳继电器 KM1 以后，即使用控制开关 SA1 操作断路器合闸，只要一次电路存在着故障，继电保护使断路器跳闸后，断路器也不会再次合闸。当 SA1 的手柄扳到"合闸"位置时，其触点 SA1 5－8 闭合，合闸接触器 KO 通电，使断路器合闸。如果一次电路存在着故障，继电保护装置将使断路器自动跳闸。在跳闸回路接通时，防跳继电器 KM1 启动。这时即使 SA1 手柄扳在"合闸"位置，但由于 KO 回路中 KM1 的常闭触点 KM1 3－4 断开，SA1 的触点 SA1 5－8 闭合，也不会再次接通 KO，而是接通 KM1 的电压线圈使 KM1 自保持，从而避免断路器再次合闸，达到"防跳"的要求。当 SA1 回到"合闸后"位置时，其触点 SA1 5－8 断开，使 KM1 的自保持随之解除。

8.4.2　备用电源自动投入装置

在工厂供电系统中，为了保证不间断供电，对于具有一级负荷和重要的二级负荷的变电所或重要用电设备、主要电路等，常采用备用电源自动投入装置，以保证工作电源因故障电压消失时，备用电源自动投入，继续恢复供电。备用电源自动投入装置应用场所较多，如备用变压器、备用电路、备用母线及备用机组等。

1. 自动重合闸装置的基本原理

图 8-8（a）所示是有一条工作电路和一条备用电路的明备用情况，自动重合闸装置装设在备用进线断路器 QF2 上。正常运行时，备用电源断开，当工作电源 A 一旦失去

电压后，便被自动重合闸装置切除，随即将备用电源 B 自动投入。

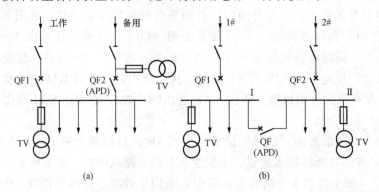

图 8-8　备用电源自动投入装置主电路图
(a) 明备用；(b) 暗备用

图 8-8 (b) 所示为两条独立的工作电路分别供电的暗备用情况，自动重合闸装置装设在母线分段断路器 QF3 上。正常运行时，分段断路器 QF3 断开。当其中一条电路失去电压后，自动重合闸装置能自动将失去电压的电路断路器断开，随即将分段断路器自动投入，让非故障电路供应全部负荷。

2. 对自动重合闸装置的基本要求

备用电源自动投入装置应满足以下基本要求。

1) 工作电压不论因何种原因消失时，备用电源自动投入装置均应起动，但应防止电压互感器的熔断器熔断时造成误动作。

2) 备用电源应在工作电源确实断开后才投入工作。工作电源若是变压器，则其高、低压侧断路器均应断开。

3) 备用电源只能自投一次。

4) 当备用电源自投于故障母线上时，应使其保护装置加速动作，以防事故扩大。

5) 备用电源则确有电压时才能自投。

6) 兼作几段母线的备用电源，当已代替一个工作电源时，必要时仍能做其他段母线的备用电源。

7) 备用电源自动投入装置的时限整定应尽可能短，才可保证负载中电动机自起动的时间要求，通常为 1~1.5s。

3. 高压备用电路的自动重合闸装置电路示例

图 8-9 所示是高压双电源互为备用的 APD 电路，采用的控制开关 SA1、SA2 均为 LW2 型万能转换开关，其触点 5—8 只在"合闸"时接通，触点 6—7 只在"分闸"时接通。断路器 QF1 和 QF2 均采用交流操作的 CT7 型弹簧操作机构。

假设电源 WL1 在工作，WL2 在备用，即断路器 QF1 在合闸位置，QF2 在分闸位置。这时控制开关 SA1 在"合闸后"位置，SA2 在"分闸后"位置，它们的触点 5—8 和 6—7 均断开，而触点 SA1 13—16 接通，触点 SA2 13—16 断开。指示灯 RD1（红

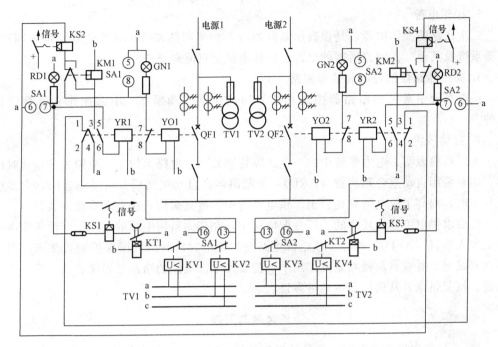

图 8-9　高压双电源互为备用电源的自动投入装置电路

WL1、WL2—电源进线；QF1、QF2—断路器；TV1、TV2—电压互感器（其二次侧相序为 a、b、c）；

SA1、SA2—控制开关；KV1～KV4—电压继电器；KT1、KT2—时间继电器；KM1、KM2—中间继电器；

KS1～KS4—信号继电器；YR1、YR2—跳闸线圈；YO1、YO2—合闸线圈；

RD1、RD2—红色指示灯；GN1、GN2—绿色指示灯

灯）亮，GN1（绿灯）灭；RD2（红灯）灭，GN2（绿灯）亮。

当工作电源 WL1 断电时，电压继电器 KV1 和 KV2 动作，它们的触点返回闭合，接通时间继电器 KT1，其延时闭合的常开触点闭合，接通信号继电器 KS1 和跳闸线圈 YR1，使断路器 QF1 跳闸，同时给出跳闸信号，红灯 RD1 因触点 QF1 5—6 断开而熄灭，绿灯 GN1 因触点 QF1 7—8 闭合而点亮。与此同时，断路器 QF2 的合闸线圈 YO2 因触点 QF1 1—2 闭合而通电，使断路器 QF2 合闸，从而使备用电源 WL2 自动投入，恢复变配电所的供电，同时红灯 RD2 亮，绿灯 GN2 灭。

反之，如果运行的备用电源 WL2 又断电时，同样地，电压继电器 KV3、KV4 将使断路器 QF2 跳闸，使 QF1 合闸，又自动投入电源 WL1。

本 章 小 结

1. 二次回路

供电系统或变配电所的二次回路是指用来控制、指示、监测和保护一次电路运行的电路。二次回路的操作电源分直流和交流两大类。高压断路器的控制回路，是控制高压断路器分、合闸的回路，信号回路是用来指示一次系统设备运行状态的二次回路。供电系统的自动装置包括自动重合闸装置和备用电源自动投入装置。

2. 操作电源

二次回路的操作电源，是供高压断路器分、合闸回路和继电保护装置、信号回路、监测系统及其他二次回路所需的电源。操作电源分直流和交流两大类。

3. 高压断路器的控制和信号回路

供电系统中常见的断路器控制和信号回路包括手动操作、电磁操作和弹簧操作几种。

4. 自动装置

运行经验表明，电力系统中的不少故障特别是架空电路上的短路故障大多是暂时性的，如果采用自动重合闸装置（ARD），使断路器在自动跳闸后又自动重合闸，大多能恢复供电，提高了供电可靠性。工厂供电系统中一般只采用一次自动重合闸装置。

在要求供电可靠性较高的工厂变配电所中，在作为备用电源的电路上装设备用电源自动投入装置（APD），则在工作电源电路突然停电时，利用失压保护装置使该电路的断路器跳闸，并在自动投入装置作用下，使备用电源电路的断路器迅速合闸，投入备用电源，恢复供电，从而提高供电可靠性。

思考题与习题

8-1 什么叫做操作电源？常见的操作电源有哪几种？各有什么优、缺点？

8-2 对断路器的控制和信号回路有哪些基本要求？什么是断路器事故跳闸信号回路构成的"不对应原理"？

8-3 断路器的操作机构有哪几种？各有什么特点？

8-4 什么叫自动重合闸装置（ARD）？试分析如图 8-6 所示电路原理如何实现自动重合闸？分析如图 8-7 所示电路原理图如何实现自动重合闸？

8-5 备用电源自动投入装置应用的场所有哪些？对备用电源自动投入装置的要求有哪些？

第9章

变电所综合自动化系统简介

知识点 ☞

1. 综合自动化的概念。

2. 综合自动化系统的基本功能。

3. 综合自动化系统的结构形式和特点等。

9.1 概述

~~~~ 教学目标 ~~~~

通过本节的介绍，使读者初步了解什么是变电所综合自动化系统，以及变电所综合自动化一般应用了哪些现代技术。

变电所综合自动化系统是供电系统的重要组成部分，主要由硬件系统和软件系统两部分构成。随着计算机技术、通信技术、网络技术和自动控制技术在供电系统的广泛应用，变电所综合自动化技术也得到了迅猛发展。

变电所综合自动化实际上是利用计算机技术、通信技术等，对变电所的二次设备（包括继电保护、控制、测量、信号、故障录波、自动装置和远动装置等）的功能进行重新组合和优化设计，对变电所全部设备的运行情况执行监视、测量、控制和协调的一种综合性的自动化系统。它的出现为变电所的小型化、智能化、扩大设备的监控范围、提高变电所的安全可靠性、优质和经济运行提供了现代化的手段和技术保证。它的运用取代了运行工作中的各种人工作业，从而提高了变电所的运行管理水平。

9.2 变电所综合自动化系统的基本功能

~~~~ 教学目标 ~~~~

通过本节的介绍，使读者了解变电所综合自动化系统都有哪些功能，这些功能主要针对哪些环节或部件。

1. 数据采集功能

对供电系统运行参数进行实时采集是变配电站综合自动化系统的基本功能之一，运行参数可分为模拟量、开关量和脉冲量。

（1）模拟量采集

变电所综合自动化系统所采集的模拟量主要是：变电所各段母线的电压、电路电压、电路电流、有功功率、无功功率，主变压器电流、有功功率和无功功率，电容器的电流、无功功率，馈出线的电流、电压、功率、频率、相位和功率因数等。此外，模拟量还包括主变压器油温、直流电源电压、站用变压器电压等。

（2）开关量采集

综合自动化系统所采集的开关量是：各断路器位置状态、隔离开关位置状态、继电保护动作状态、周期检测状态、有载调压变压器分接头的位置状态、一次设备运行告警信号和接地信号等。

（3）电能脉冲量采集。

综合自动化系统所采集的脉冲电度表示出的电度量。

2. 故障录波和测距功能

故障记录是记录继电保护装置动作前后与故障有关的电流和电压量；故障录波和测距是由微机保护装置兼作故障记录和测距，或者采用专门的故障录波装置，以便于查询和使用。监控系统对采集到的电压、电流、频率、主变压器油温等量实时地进行遥控监视。

3. 测量与监视功能

变电所的各段母线电压、电路电流、有功和无功功率、温度等参数均属于模拟量，将其通过模/数（A/D）转换后，由计算机进行分析和处理，可以对主变压器的分接头进行调节控制，也可对电容器组进行投、切控制。还可以接受电力监视。

4. 操作控制功能

变电所工作人员可通过人机接口（键盘、鼠标）对断路器的分、合进行操作，对重要电路发生故障时进行录波和测距，并实时与监控系统通信。

5. 人机联系功能

变电所工作人员是主计算机的阴极射线管（CRT）显示屏，通过键盘或鼠标观察和了解全站的运行情况和相关参数以及相关操作。

6. 通信功能

综合自动化系统的通信是指系统内部的现场级与上级调度的通信。现场级间的通信主要解决系统内部各个系统之间、各个子系统之间的数据通信。通信主要解决系统内部各个系统之间、各个子系统之间的数据通信。

7. 微机保护功能

微机保护主要包括电路保护、主变压器保护、母线保护、电容器保护、微机保护是综合自动化系统的关键环节。

8. 自诊断功能

综合自动化系统的各个单元模块均有自诊断功能，其诊断信息周期性地送往后台控制中心。

9.3 变电所综合自动化系统的结构

教学目标

通过本节的介绍，使读者了解变电所综合自动化硬件系统中，最常见的都有哪些结构形式，以及这些结构形式的主要特点及适用场合等。

在供电系统中，由于变电所的设计规模、重要程度、电压等级、值班方式等的不同，所选用的变电所综合自动化系统硬件的结构形式也不尽相同，根据变电所在供电系统中的地位和作用，对变电所综合自动化系统的结构进行设计时，应遵循可靠和实用这一原则。

从国内外综合自动化系统的发展过程看，其结构形式主要分为集中式、分层分布式和分布式三种。

9.3.1 集中式

图 9-1 所示为集中式综合自动化系统结构。这种结构采用不同档次的计算机，扩展其外围接口电路，按信息类型划分功能。集中采集变电所的模拟量、开关量和数字量等信息，并集中进行计算和处理，分别完成微机监控、微机保护和其他控制功能。

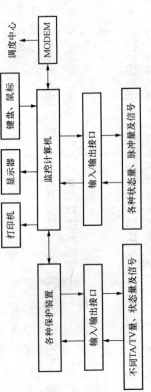

图 9-1 集中式综合自动化系统结构

9.3.2 分层分布式

分层分布式集中组屏的综合自动化系统结构如图 9-2 所示。所谓分层分布式结构，是指采用主、从中央处理器（CPU）协同工作方式，而整个变电所的一、二次设备可分为变电层、单元层和设备层三层。变电层包括监控主机、工程师机、通信控制机等；单元层包括测量、控制部件和保护部件等；设备层包括主变压器、断路器、隔离开关、互感器等一次设备。

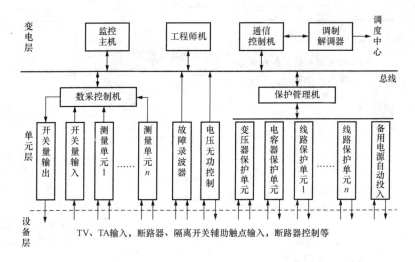

图 9-2 分层分布式集中组屏的综合自动化系统结构

9.3.3 分布分散式

分布分散式综合自动化系统结构如图 9-3 所示。所谓分布分散式结构，是将变电所内各回路的数据采集装置，微机保护装置以及监控单元综合为一个装置，就地安装在数据源现场的开关柜中。每个回路对应一套装置，装置中的设备相对独立，通过网络电缆连接，并与变电所主控室的监控主机通信。这种结构减少了站内二次设备及信号电缆，各模块与监控主机之间通过网络或总线连接。

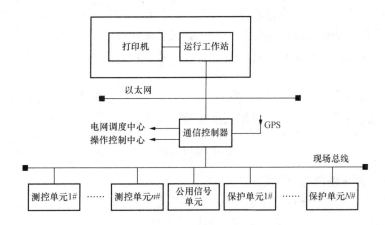

图 9-3 分布分散式综合自动化系统结构

采用分布分散式结构，可以提高综合自动化系统的可靠性，降低总投资，因此分布分散式结构应该是企业供电系统所采用的主要形式。常用几种结构形式的特点列于表 9-1，供参考。

表 9-1　常用三种结构形式的主要特点

名　称	主要优点	主要缺点	适用场合
集中式	能实时采集和处理各种状态量；监视和操作简单；结构紧凑、体积小、造价低；实用性强	每台计算机功能较集中，若出现故障，影响面大；系统的开放性、扩展性和可维护性较差；组态不灵活；软件复杂且修改、调试麻烦	适合小型变电所的改造和新建
分层分布式	软件简单、便于扩充和维护、组态灵活；保护装置独立；系统可靠性高；多 CPU 工作方式	由于集中组屏，安装时需要的控制电缆相对较多	适用于回路数较少的变电所，一次设备比较集中，信号电缆不长，易于设计、安装和维护的中低压变电所
分布分散式	减少了二次设备和电缆；安装调试简单、维护方便；占地面积小；组态灵活、可靠性高；扩展性和灵活性好	很多情况需要规约转换，通用性、开放性受到限制	适用于更新建设的中、大型企业总降压变电所

本 章 小 结

　　变电所综合自动化系统主要由硬件系统和软件系统两部分构成。变电所综合自动化实际上是利用计算机技术、通信技术等，对变电所的二次设备（包括继电保护、控制、测量、信号、故障录波、自动装置和远动装置等）的功能进行重新组合和优化设计，对变电所全部设备的运行情况执行监视、测量、控制和协调的一种综合性的自动化系统。

　　变电所综合自动化系统的主要功能有：数据采集功能、故障记录、故障录波和测距功能、测量与监视功能、操作控制功能、人机联系功能、通信功能、微机保护功能和自诊断功能等。

　　变电所综合自动化系统的结构形式主要分为集中式、分层分布式和分布分散式三种。分布分散式结构是企业供电系统所采用的主要形式。

思考题与习题

9-1　什么是变电所综合自动化？

9-2　简述变电所综合自动化系统的功能。

9-3　简述变电所综合自动化系统的结构形式及各自的特点。

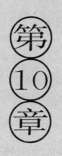

第 10 章

电气安全、防雷与接地

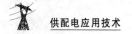

10.1　电气安全

10.1.1　电气安全的有关概念

1．电流对人体的作用

电流通过人体，会令人有发麻、刺痛、压迫、打击等感觉，还会令人产生痉挛、血压升高、昏迷、心律不齐、心室颤动等症状，严重时会导致死亡。

电流对人体的伤害程度与通过人体的电流大小、电流通过人体的持续时间、电流通过人体的路径、电流的种类等多种因素有关。而且，上述各个影响因素相互之间，尤其是电流大小与通电时间之间，也有着密切的联系。

（1）伤害程度与电流大小的关系

通过人体的电流愈大，人体的生理反应愈明显，伤害愈严重。对于工频交流电，按通过人体的电流强度的不同以及人体呈现的反应不同，将作用于人体的电流划分为以下三级。

1）感知电流。感知电流是指电流通过人体时可引起感觉的最小电流。对于不同的人，感知电流是不同的。成年男性的平均感知电流约为 1.1mA；成年女性约为 0.7mA。感知电流值与时间因素无关，此电流一般不会对人体造成伤害，但可能因不自主反应而导致由高处跌落等二次事故。

2）摆脱电流。摆脱电流是指人在触电后能够自行摆脱带电体的最大电流。成年男性平均摆脱电流约为 16mA；成年女性约为 10.5mA。成年男性最小摆脱电流约为 9mA；成年女性约为 6mA；儿童的摆脱电流较成人要小。摆脱电流值与时间无关。

3）室颤电流。室颤电流是指引起心室颤动的最小电流。由于心室颤动几乎终将导致死亡，因此，可以认为室颤电流即为致命电流。室颤电流与电流持续时间关系密切。当电流持续时间超过心脏周期时，室颤电流仅为 50mA 左右；当电流持续时间小于心脏周期时，室颤电流为数百毫安。

图 10-1 所示是国际电工委员会（IEC）提出的人体触电时间和通过人体电流（50Hz）对人体肌体的反应曲线。图中各个区域所产生的电击生理效应如表 10-1 所示。

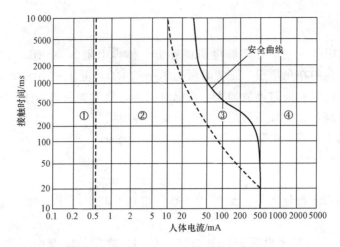

图 10-1 人体触电时间和通过人体电流对人身肌体反应的曲线

表 10-1 图 10-1 中各个区域所产生的电击生理效应说明

区域	生理效应	区域	生理效应
①	人体无反应	③	人体一般无心室纤维性颤动和器质性损伤
②	人体一般无病理性生理反应	④	人体可能发生心室纤维性颤动

由图 10-1 可以看出，人体触电反应分为四个区域：其中①、②、③区可视为"安全区"。在③区与④区的一条曲线，称为"安全曲线"。④区是致命区，但③区也并非绝对安全的。

我国一般采用 30mA（50Hz）作为安全电流值，但其触电时间不得超过 1s，因此安全电流值为 30mA·s。由图 10-1 所示的曲线图中可以看出，30mA·s 位于③区，不会对人体引起心室纤维性颤动和器质性损伤，因此，可认为是相对安全的。当通过人体的电流达到 50mA 时，对人就有致命危险，而达到 100mA 时，一般要致人死命。

（2）损伤程度与电流持续时间的关系

通过人体电流的持续时间愈长，愈容易引起心室颤动，危险性愈大。这是因为通电时间愈长，能量积累愈多，引起心室颤动的电流减小，使危险性增加。

（3）伤害程度与电流通过的关系

电流通过心脏会引起心室颤动，电流较大时会使心脏停止跳动；电流通过中枢神经，会引起中枢神经严重失调而导致死亡；电流通过头部会使人昏迷，电流较大时会对脑组织产生严重损坏而导致死亡；电流通过脊髓会使人瘫痪等。

在上述危害中，以心脏伤害的危险性最大。因此，流经心脏的电流多、电流路线短的途径是危险性最大的途径。试验表明，从左手到胸部是最危险的电流途径，从手到手、从手到脚也是很危险的电流途径。

（4）伤害程度与电流种类的关系

试验表明，直流电流、交流电流、高频电流、静电电荷以及特殊波形电流对人体都有伤害作用，通常以 50～60Hz 的工频电流对人体的危害最为严重。

2. 人体电阻

包括人体电阻体内电阻和皮肤电阻两部分。体内电阻约 500Ω，与接触电压有关。皮肤电阻较大，集中在角质层，正常时可达 $10^4 \sim 10^5 \Omega$，但皮肤的潮湿、多汗、有损伤等都会降低人体电阻；通过电流加大，通电时间长，会增加发热出汗，也会降低人体电阻；接触电压增高，会击穿角质层，也会降低人体电阻。

在一般情况下，人体电阻可按 $1000 \sim 2000\Omega$ 考虑。

3. 安全电压

安全电压是指不致使人直接致死或致残的电压。它取决于人体允许的电流和人体电阻。

我国国家标准《安全电压》（GB 3805—1983）规定的安全电压等级为：42、36、24、12 和 6V。凡手提照明灯、在危险环境和特别危险环境中使用携带式电动工具，如无特殊安全结构或安全措施，应采用 42V 或 36V 的安全电压；金属容器内、隧道内、矿井内等工作地点狭窄、行动不便，以及周围有大面积接地导体的环境，应采用 24V 或 12V 的安全电压；水下作业等场所采用 6V 的安全电压。当电气设备采用 24V 以上安全电压时，必须采取防护部分直接接触带电体的保护措施。

可见，安全电压与使用的环境条件有关。在一般的正常环境条件下，通常称交流 50V 电压为可允许持续接触的"安全特低电压"。这一电压是从人身安全的角度来考虑的。由于人体的平均电阻为 $1000 \sim 2000\Omega$，若取 1700Ω，而安全电流为 30mA，则人体允许持续接触的安全电压为

$$U_{\mathrm{saf}} = 30\mathrm{mA} \times 1700\Omega \approx 50\mathrm{V}$$

10.1.2 触电的急救处理

触电者的现场急救，是抢救过程中关键的一步。如处理及时和正确，则因触电而呈假死的人有可能获救；反之，就会带来不可弥补的后果。因此《电业安全工作规程》（DL 408—1991）将"特别要学会触电急救"规定为电气工作人员必须具备的条件之一。

（1）脱离电源

触电急救，首先要使触电者迅速脱离电源，越快越好，因为触电时间越长，伤害越重。

1）脱离电源就是要将触电者接触的那一部分带电设备的开关断开，或设法将触电者与带电设备脱离。在脱离电源时，救护人既要救，也要注意保护自己。触电者未脱离电源前，救护人员不得直接用手触及伤员。

2）如触电者触及低压带电设备，救护人员应设法迅速切断电源，如拉开电源开关或拔除电源插头，或使用绝缘工具、干燥的木棒等不导电物体解脱触电者。也可抓住触电者干燥而不贴身的衣服将其拖开；也可戴绝缘手套或将手用干燥衣服等包起绝缘后解脱触电者。救护人员也可站在绝缘垫上或干木板上进行救护。为使触电者与导电体解脱，最好用一只手进行救护。

3）如触电者触及高压带电设备，救护人员应迅速切断电源，或用适合该电压等级的绝缘工具（戴绝缘手套、穿绝缘靴并用绝缘棒）解脱触电者。救护人员在抢救过程中，应注意保持自身与周围带电部分必要的安全距离。

4）如触电者处于高处，解脱电源后人可能会从高处坠落，因此要采取相应的安全措施，以防触电者摔伤或摔死。

5）在切断电源救护触电者时，应考虑到事故照明、应急灯等临时照明，以便继续进行急救。

（2）急救处理

当触电者脱离电源后，应立即根据具体情况，迅速对症救治，同时赶快通知医生前来抢救。

1）如果触电者神志尚清醒，则应使之就地躺平，严密观察，暂时不要站立或走动。

2）如果触电者已神志不清，则应使之就地躺平，且确保气道通畅，并用 5s 时间，呼叫伤员或轻拍其肩部，以判定伤员是否意识丧失。禁止摇动伤员头部呼叫伤员。

3）如果触电者失去知觉，停止呼吸，但心脏微有跳动时，应在通畅气道后，立即施行口对口（或鼻）的人工呼吸。

4）如果触电者伤害相当严重，心跳和呼吸都停止，完全失去知觉时，则在通畅气道后，立即同时进行口对口（鼻）的人工呼吸和胸外按压心脏的人工循环。如果现场仅有一人抢救时，可交替进行人工呼吸和人工循环，先胸外按压心脏 4～8 次，然后口对口（鼻）吹气 2～3 次，再按压心脏 4～8 次，又口对口（鼻）吹气 2～3 次，如此循环反复进行。

由于人的生命的维持，主要是靠心脏跳动而造成的血液循环和呼吸而形成的氧气和废气的交换，因此采用胸外按压心脏的人工循环和口对口（鼻）吹气的人工呼吸的方法，能对处于因触电而停止了心跳和中断了呼吸的"假死"状态的人起暂时弥补的作用，促使其血液循环和正常呼吸，达到"起死回生"。在急救过程中，人工呼吸和人工循环的措施必须坚持进行。在医务人员未来接替救治前，不应放弃现场抢救，更不能只根据没有呼吸或脉搏擅自判定伤员死亡，放弃抢救。只有医生有权作出伤员死亡的诊断。

10.1.3　安全用电的一般措施

电气安全工作是一项综合性工作，有工程技术的一面，也有组织管理的一面。工程技术与组织管理相辅相成，有着十分密切的联系。因此，要想做好电气安全工作，必须重视电气安全综合措施。保证安全用电的一般措施如下所述。

1）建立电气安全管理机构，确定管理人员和管理方式。专职管理人员应具备一定的电气知识和电气安全知识，安全管理部门、动力部门必须互相配合，共同做好电气安全管理工作。

2）严格执行各项安全规章制度。合理的规章制度是保证安全、促进生产的有效手段。安全操作规程、运行管理规程、电气安装规程等规章制度都与整个企业的安全运转有直接联系。

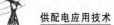

3）对电气设备定期进行电气安全检查，以便及时排除设备事故隐患。

4）加强电气安全教育，以便提高工作人员的安全意识，充分认识安全用电的重要性。

5）妥善收集和保存安全资料。安全资料是做好电气安全工作的重要依据，应当注意收集各种安全标准、规范、法规以及国内外电气安全信息并予以分类，作为资料保存。

6）按规定使用电工安全用具。电工安全用具是防止触电、坠落、灼伤等危险，保障工作人员安全的电工专用工具和用具，包括绝缘杆、绝缘夹钳、绝缘手套、绝缘靴、安全腰带、低压试电笔、高压验电器、临时接地线、标示牌等。

7）加强检修安全制度。为了保证检修工作的安全，应当建立和执行各项检修制度。常见的检修安全制度有工作票制度，操作票制度，工作许可制度，工作监督制度，工作间断、转移与终结制度等。

8）普及安全用电知识，使用户和广大群众都能了解安全用电的基本常识。

10.2　过电压与防雷

教 学 目 标

通过本节的介绍，使读者了解过电压的形式和产生的原因，理解雷电的基本概念。掌握供电系统的防雷装置和措施。

10.2.1　过电压的形式

电力系统在运行中，由于雷击、误操作、故障、谐振等原因引起的电气设备电压高于其额定工作电压的现象称为过电压。过电压按其产生的原因不同，可分为内部过电压和外部过电压两大类。

1. 内部过电压

内部过电压又分为操作过电压和谐振过电压等形式。对于因开关操作、负荷剧变、系统故障等原因而引起的过电压，称为操作过电压；对于系统中因电感、电容等参数在特殊情况下发生谐振而引起的过电压，称为谐振过电压。根据运行经验和理论分析表明，内部过电压的数值一般不超过电气设备额定电压的 3.5 倍，对电力系统的危害不大，可以从提高电气设备本身的绝缘强度来进行防护。

2. 外部过电压

外部过电压又称雷电过电压或大气过电压，它是由于电力系统的导线或电气设备受到直接雷击或雷电感应而引起的过电压。雷电过电压所形成的雷电流及其冲击电压可高达几十万安和 1 亿伏，因此，对电力系统的破坏性极大，必须加以防护。

10.2.2　雷电的基本知识

1. 雷电现象

雷云（即带电的云块）放电的过程称为雷电现象。当雷云中的电荷聚集到一定程度时，周围空气的绝缘性能被破坏，正、负雷云之间或雷云对地之间会发生强烈的放电现象。其中雷云的对地放电（直接雷击）对地面的电力电路和建筑物破坏性较大，必须了解其活动规律，采取严密的防护措施。

雷云的电位比大地高得多，由于静电感应使大地感应出大量异性电荷，两者组成一个巨大的电容器。雷云中的电荷分布是不均匀的，常常形成多个电荷聚集中心。当雷云中电荷密集处的电场强度超过空气的绝缘强度（30kV/cm^2）时，该处的空气被击穿，形成一个导电通道，称为雷电先导或雷电先驱。当雷电先导离地面 $100\sim300\text{m}$ 时，地面上感应出来的异性电荷也相对集中，特别是易于聚集在地面上较高的突出物上，于是形成了迎雷先导。迎雷先导和雷电先导在空中相互靠近，当二者接触时，正、负电荷强烈中和，产生强大的雷电流并伴有雷鸣和闪光，这就是雷电的主放电阶段，时间很短，一般约为 $50\sim100\mu s$。主放电阶段过后，雷云中的剩余电荷沿主放电通道继续流向大地，称为放电的余辉阶段，时间约为 $0.03\sim0.15s$，但电流较小，约几百安。

2. 雷电流的特性

雷电流是一个幅值很大、陡度很高的冲击波电流，用快速电子示波器测得的雷电流波形如图 10-2 所示。雷电流从零上升到最大幅值部分，叫波头，一般只有 $1\sim4\mu s$；雷电流从最大幅值开始，下降到幅值的 $1/2$ 所经历的时间，叫波尾，约数 10 微秒。图 10-2 中 I_m 为雷电流的幅值，其大小与雷云中的电荷量及雷云放电通道的阻抗（波阻抗）有关。

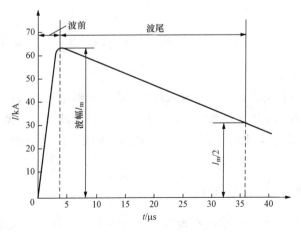

图 10-2　雷电流波形

雷电流的陡度 α，用雷电流在波头部分上升的速度来表示，即 $\alpha = \mathrm{d}i/\mathrm{d}t$。雷电流的陡度可能达到 $50\mathrm{kA}/\mu\mathrm{s}$ 以上。一般来说，雷电流幅值愈大时，雷电流陡度愈大，产生的过电压（$u = L\mathrm{d}i/\mathrm{d}t$）越高，对电气设备绝缘的破坏性越严重。因此，如何降低雷电流陡度是防雷设计中的核心问题。

3. 雷电过电压的基本形式

（1）直击雷过电压（直击雷）

雷电直接击中电气设备、电路、建筑物等物体时，其过电压引起的强大雷电流通过这些物体放电入地，从而产生破坏性很大的热效应和机械效应。这种雷电过电压称为直击雷过电压。

（2）感应过电压（感应雷）

雷电未直接击中电气设备或其他物体，而是由雷电对电路、设备或其他物体的静电感应或电磁感应而引起的过电压。这种雷电过电压称为感应过电压。

感应过电压的形成如图 10-3 所示。当雷云出现在架空电路（或其他物体）上方时，由于静电感应，电路上积聚了大量异性的束缚电荷，如图 10-3（a）所示。当雷云对地或对其他雷云放电后，电路上的束缚电荷被释放，形成自由电荷流向电路两端，产生很高的过电压，如图 10-3（b）所示。高压电路的感应过电压可高达几十万伏，低压电路可达几万伏，对电力系统的危害都很大。

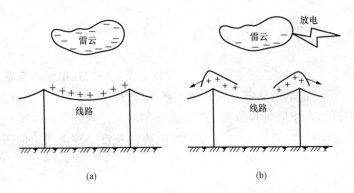

图 10-3　架空电路上的感应过电压

（3）雷电波侵入

架空电路遭到直接雷击或感应过电压而产生高电位雷电波，可能沿架空线侵入变电所或其他建筑物而造成危害。这种雷过电压形式称为雷电波侵入。据统计，这种雷波侵入占电力系统造成雷电事故占 $50\%\sim70\%$ 以上，因此，对其防护问题应予以足够的重视。

4. 雷电活动强度及直击雷的规律

雷电活动的频繁程度通常用年平均雷暴日数来表示。只要一天中出现过雷电活动（包括看到雷闪和听到雷声），就算一个雷暴日。我国规定年平均雷暴日不足 15 日的地

区为少雷区；年平均雷暴日超过 40 日的地区为多雷区；年平均雷暴日超过 90 日的地区
以及雷害特别严重的地区为雷电活动特别强烈地区。年平均雷暴日数越多，说明该地区
的雷电活动越频繁，因此防雷要求也越高，防雷措施就更需加强。我国各地区的雷暴日
数如表 10-2 所示。

表 10-2　我国各地区的年平均雷暴日

地区	年平均雷暴日	地区	年平均雷暴日
西北地区	20 以下	长江以南北纬 23°线以北	40～80
东北地区	30 左右	长江以南北纬 23°线以南	80 以上
华北和中部地区	40～45	海南岛、雷州半岛	120～130

表 10-2 说明，雷电活动的强度因地区而异。雷电活动的规律大致为：热而潮湿的
地区比冷而干燥的地区雷暴多，且山区大于平原，平原大于沙漠，陆地大于海洋。此
外，在同一地区内，雷电活动也有一定的选择性，雷击区的形成与地质结构（即土层电
阻率）、地面上的设施情况及地理条件等因素有关。一般而言，土层电阻率小的地方易
遭受雷击；在不同电阻率的土层交界处易遭受雷击；山的东坡、南坡较山的北坡、西坡
易遭受雷击；山丘地区易遭受雷击等。

建筑物的雷击部位与建筑物的高度、长度及屋顶坡度等因素有关，其大致规律为：
建筑物的屋角和檐角雷击率最高；屋顶的坡度越大，屋脊的雷击率也越大，当坡度大于
40°时，屋檐一般不会再受雷击；当屋顶坡度小于 27°、长度小于 30m 时，雷击点多发
生在山墙，而屋脊和屋檐一般不会再受雷击。此外，旷野中的孤立建筑物和建筑群中的
高耸建筑物易遭受雷击；屋顶为金属结构、地下埋有金属矿物的地带以及变电所、架空
电路等易遭受雷击。

5. 雷电的危害

雷电的破坏作用主要是雷电流引起的。它的危害主要表现在：雷电流的热效应可烧
断导线和烧毁电力设备；雷电流的机械效应产生的电动力可摧毁设备、杆塔和建筑，伤
害人畜；雷电流的电磁效应可产生过电压，击穿电气绝缘，甚至引起火灾爆炸，造成人
身伤亡；雷电的闪络放电可烧坏绝缘子，使断路器跳闸或引起火灾，造成大面积停电。

10.2.3　防雷设备

1. 避雷针和避雷线

（1）避雷针与避雷线的结构

避雷针和避雷线是防直击雷的有效措施。它能将雷电吸引到自己身上并能安全地导
入大地，从而保护了附近的电气设备免受雷击。

一个完整的避雷针由接闪器、引下线及接地体三部分组成。接闪器是专门用来接受
雷云放电的金属物体。接闪器的不同，可组成不同的防雷设备。接闪器是金属杆的，则
称为避雷针；接闪器是金属线的，称为避雷线或架空地线；接闪器是金属带的、金属网

的则称为避雷带、避雷网。

接闪器是避雷针的最重要部分，一般采用直径为 $10\sim20mm$，长为 $1\sim2m$ 的圆钢，或采用直径不小于 $25mm$ 的镀锌金属管。避雷线采用截面不小于 $35mm^2$ 的镀锌钢绞线。引下线是接闪器与接地体之间的连接线，将由接闪器引来的雷电流安全地通过其自身并由接地体导入大地，所以应保证雷电流通过时不致熔化。引下线一般采用直径为 $8mm$ 的圆钢或截面不小于 $25mm^2$ 的镀锌钢绞线。如果避雷针的本体是采用钢管或铁塔形式，则可以利用其本体做引下线，还可以利用非预应力钢筋混凝土杆的钢筋做引下线。接地体是避雷针的地下部分，其作用是将雷电流顺利地泄入大地。接地体常用长 $2.5m$、$50mm\times50mm\times5mm$ 的角钢多根或直径为 $50mm$ 的镀锌钢管多根打入地下，并用镀锌扁钢连接起来。接地体的效果和作用可用冲击接地电阻的大小来表达，其值越小越好。冲击接地电阻 R_{sh} 与工频接地电阻 R_E 的关系为 $R_{sh}=\alpha_{sh}R_E$，其中 α_{sh} 为冲击系数。冲击系数 α_{sh} 值一般小于 1，只有水平敷设的接地体且较长时才大于 1。各种防雷设备的冲击接地电阻值均有规定，如独立避雷针或避雷线的冲击接地电阻应不大于 10Ω。

（2）避雷针与避雷线的保护范围

保护范围是指被保护物在此空间内不致遭受雷击的立体区域。保护范围的大小与避雷针（线）的高度有关。

单支避雷针的保护范围。我国过去的防雷设计规范或过电压保护设计规范，对避雷针和避雷线的保护范围都是按"折线法"来确定的，而现行国家标准《建筑物防雷设计规范》（GB 50057—2010）则规定采用 IEC 推荐的"滚球法"来确定。

所谓"滚球法"，就是选择一个半径为 h_r（滚球半径）的球体，按需要防护直击雷的如果球体只接触到避雷针（线）或避雷针（线）与地面，而不触及需要保护的部位，则该部位滚动，是在避雷针（线）的保护范围之内。

按《建筑物防雷设计规范》（GB 50057—2010）规定，单支避雷针的保护范围应按下列方法确定，如图 10-4 所示。

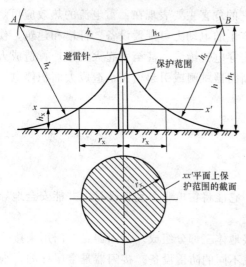

图 10-4　单支避雷针的保护范围

1）当避雷针高度 $h\leqslant h_r$ 时。

①在距地面 h_r 处做一平行于地面的平行线。

②以避雷针的针尖为圆心，h_r 为半径，做弧线交于平行线的 A、B 两点。

③以 A、B 为圆心，h_r 为半径做弧线，该弧线与针尖相交并与地面相切。从此弧线起到地面上的整个锥形空间，就是避雷针的保护范围。

④避雷针在被保护高度 h_x 的 xx' 平面上的保护半径，按下式计算为

$$r_x=\sqrt{h(2h_r-h)}-\sqrt{h_x(2h_x-h_x)}$$

其中，h_r 为滚球半径。

⑤避雷针在地面上的保护半径，按下

式计算为

$$r_0 = \sqrt{h(2h_r - h)}$$

2）当避雷针高度 $h > h_r$ 时。

在避雷针上取高度 h_r 的一点代替单支避雷针的针尖做圆心，其余的做法与上述 $h \leqslant h_r$ 时的做法相同。

避雷线的保护范围。避雷线的功能和原理，与避雷针基本相同。

单根避雷线的保护范围，按《建筑物防雷设计规范》（GB 50057—2010）规定：当避雷线高度 $h \geqslant 2h_r$ 时，无保护范围。当避雷线的高度 $h < 2h_r$ 时，应按下列方法确定，如图 10-5 所示。

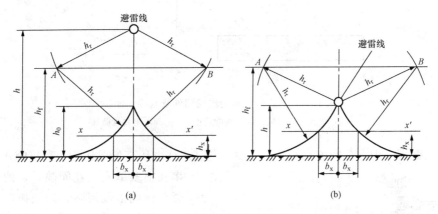

图 10-5　单根避雷线的保护范围
（a）当 $2h_r > h > h_r$ 时；（b）当 $h \leqslant 2h_r$ 时

1）距地面 h_r 处做一平行于地面的平行线。

2）以避雷线为圆心，h_r 为半径，做弧线交于平行线的 A、B 两点。

3）以 A、B 为圆心，h_r 为半径做弧线，该两弧线相交或相切，并与地面相切。从此弧线起到地面止，就是避雷针的保护范围。

4）当 $2h_r > h > h_r$ 时，保护范围最高点的高度为 h_0 按下式计算为

$$h_0 = 2h_r - h$$

5）避雷针在 h_0 高度的 xx' 平面上的保护宽度 b_x，按下式计算为

$$b_x = \sqrt{h(2h_r - h)} - \sqrt{h_x(2h_r - h_x)}$$

其中，h_x 为被保护物的高度，h 位避雷线的高度。

2. 避雷器

（1）阀型避雷器

阀式避雷器主要由火花间隙和阀片组成，装在密封的瓷套管内。火花间隙用铜片冲制而成。每对间隙用厚 $0.5 \sim 1\text{mm}$ 的云母垫圈隔开，如图 10-6（a）所示。正常情况下，火花间隙能阻断工频电流通过，但在雷电过电压作用下，火花间隙被击穿放电。阀片是用陶料粘固的电工用金刚砂（碳化硅）颗粒制成的，如图 10-6（b）所示。这种阀

片具有非线性电阻特性。正常电压时，阀片电阻很大，而出现过电压时，阀片电阻则变得很小，如图10-6（c）的特性曲线所示。因此阀式避雷器在电路上出现雷电过电压时，其火花间隙被击穿，阀片电阻变得很小，能使雷电流顺畅地向大地泄放。当雷电过电压消失、电路上恢复工频电压时，阀片电阻又变得很大，使火花间隙的电弧熄灭、绝缘恢复而切断工频续流，从而恢复电路的正常运行。

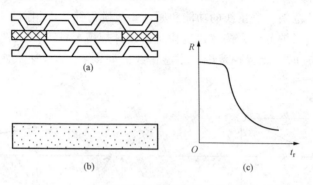

图10-6　阀式避雷器的组成部件及其特性曲线
（a）单元火花间隙；（b）阀电阻片；（c）阀电阻特性曲线

阀式避雷器中火花间隙和阀片的多少，与其工作电压高低成比例。高压阀式避雷器串联很多单元火花间隙，目的是将长弧分割成多段短弧，以加速电弧的熄灭。但阀电阻的限流作用是加速电弧熄灭的主要因素。

图10-7（a）和图10-7（b）所示分别是FS4-10型高压阀式避雷器和FS-0.38型低压阀式避雷器的结构图。

普通阀式避雷器除上述FS型外，还有一种FZ型。FZ型避雷器内的火花间隙旁边并联有一串分流电阻。这些并联电阻主要起均压作用，使与之并联的火花间隙上的电压分布比较均匀。火花间隙未并联电阻时，由于各火花间隙对地和对高压端都存在着不同的杂散电容，从而造成各火花间隙的电压分布也不均匀，这就使得某些电压较高的火花间隙容易击穿重燃，导致其他火花间隙也相继重燃而难以熄灭，使工频放电电压降低。火花间隙并联电阻后，相当于增加了一条分流支路。在工频电压作用下，通过并

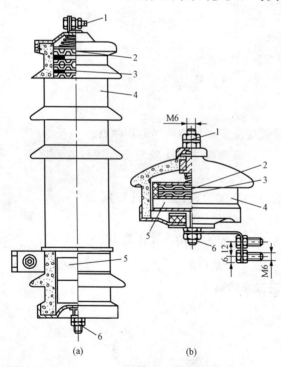

图10-7　高低压普通阀式避雷器
（a）FS4-10型；（b）FS-0.38型
1—上接线端子；2—火花间隙；3—云母垫圈；
4—瓷套管；5—阀电阻片；6—下接线端子

联电阻的电导电流远大于通过火花间隙的电容电流。这时火花间隙上的电压分布主要取决于并联电阻的电压分布。由于各火花间隙的并联电阻是相等的，因此各火花间隙上的电压分布也相应地比较均匀，从而大大改善了阀式避雷器的保护特性。

FS 型阀式避雷器主要用于中小型变配电所，FZ 型阀式避雷器则用于发电厂和大型变配电站。

阀式避雷器除上述两种普通型外，还有一种磁吹型，即 FC 型磁吹阀式避雷器，其内部附加有磁吹装置来加速火花间隙中电弧的熄灭，从而进一步改善其保护性能，降低残压。它专用来保护重要的而绝缘又比较薄弱的旋转电机等。

（2）管型避雷器

管型避雷器由产气管、内部间隙和外部间隙三部分组成。而产气管由纤维、有机玻璃或塑料组成。它是一种灭弧能力很强的保护间隙，如图 10-8 所示。

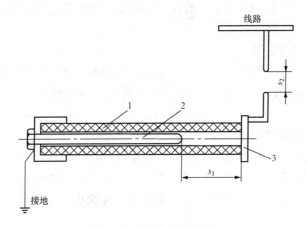

图 10-8　管型避雷器结构

1—产气管；2—内部棒形电极；3—环形电极

s_1—内部间隙；s_2—外部间隙

当沿线侵入的雷电波幅值超过管型避雷器的击穿电压时，内外火花间隙同时放电，内部火花间隙的放电电弧使管内温度迅速升高，管子内壁的纤维质分解出大量高压气体，由环形电极端面的管口喷出，形成强烈纵吹，使电弧在电流第一次过零时就熄灭。这时外部间隙的空气迅速恢复了正常绝缘，使管型避雷器与供电系统隔离，熄弧过程仅为 0.01s。管型避雷主要用于变电所进线电路的过压保护。

（3）保护间隙

保护间隙是最为简单经济的防雷设备，结构十分简单，常见的三种角形保护间隙结构如图 10-9（a）～（c）所示。

这种角形保护间隙又称羊角避雷器。其中一个电极接于电路，另一个电极接地。当电路侵入雷电波引起过电压时，间隙击穿放电，将雷电流泻入大地。

为了防止间隙被外物（如鸟、兽、树枝等）短接而造成短路故障，通常在其接地引下线中还串接一个辅助间隙 s_2，如图 10-9（c）所示。这样即使主间隙被误短接，也不致造成接地短路。

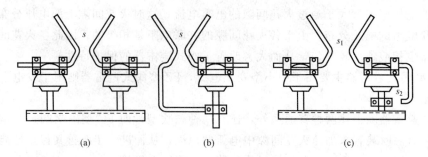

图 10-9　角形保护间隙（羊角避雷器）

（a）双支持绝缘子单间隙；（b）单支持绝缘子单间隙；（c）双支持绝缘子双间隙

s—保护间隙；s_1—主间隙；s_2—辅助间隙

保护间隙多用于电路上，由于它的保护性能差，灭弧能力小，所以保护间隙只用于室外且负荷不重要的电路上。

（4）金属氧化物避雷器

金属氧化物避雷器又称压敏避雷器，是一种新型避雷器，这种避雷器的阀片以氧化锌 ZnO 为主要原料，敷以少量能产生非线性特性的金属氧化物，经高温焙烧而成。氧化锌阀片具有较理想的伏安特性，其非线性系数很小，约为 $0.01 \sim 0.04$，当作用在氧化锌阀片上的电压超过某一值（此值称为动作电压）时，阀片将发生"导通"，而后在阀片的残压与流过其本身的电流基本无关。在工频电压下，阀片呈现极大电阻，能迅速抑制工频续流，因此不需串联火花间隙来熄灭工频续流引起的电弧。阀片通流能力强，故面积可减少。这种避雷器具有无间隙、无续流、体积小和重量轻等优点，是一个很有发展前途的避雷器。

10.2.4　防雷措施

通常情况下，雷电能产生很高的电压，这种高电压加在电气设备上，如果不预先采取防护措施，就会击穿电气设备的绝缘，造成严重停电和设备损坏事故。因而采取完善的防雷措施以减少雷害事故是很重要的。防雷的基本方法有以下两个：一是使用避雷针、避雷线和避雷器等防雷设备，把雷电通过自身引向大地，以削弱其破坏力；另一个是，要求各种电气设备具有一定的绝缘水平，以提高其抵抗雷电破坏能力。两者如能恰当地结合起来，并根据被保护设备的具体情况，采取适当的保护措施，就可以防止或减少雷电造成的损害，达到安全、可靠供电的目的。

1. 架空电路的防雷保护

由于架空电路直接暴露于旷野，距离地面较高，而且分布很广，最容易遭受雷击。因此，对架空电路必须采取保护，具体的保护措施如下所述。

（1）装设避雷线

最有效的保护是在电杆（或铁塔）的顶部装设避雷线，用接地线将避雷线与接地装置连在一起，使雷电流经接地装置流入大地，以达到防雷的目的。电路电压越高，采用避雷线的效果越好，而且避雷线在电路造价中所占比重也越低。因此，110kV 及以上的钢筋混凝土电杆或铁塔电路，应沿全线装设避雷线。35kV 及以下的电路是不沿全线装设避雷线的，而是在进出变电所 1～2km 范围内装设，并在避雷线两端各安装一组管形避雷器，以保护变电所的电气设备。

（2）装设管型避雷器或保护间隙

当电路遭受雷击时，外部和内部间隙都被击穿，把雷电流引入大地，此时就等于导线对地短路。选用管型避雷时，应注意除了其额定电压要与电路的电压相符外，还要核算安装处的短路电流是否在额定断流范围之内。如果短路电流比额定断流能力的上限值大，避雷器可能引起爆炸；若比下限值小，则避雷器不能正常灭弧。

在 3～60kV 电路上，有个别绝缘较弱的地方，如大跨越档的高电杆，木杆、木横担电路中夹杂的个别铁塔及铁横担混凝土杆，耐雷击较差的换位杆和电路交叉部分以及电路上电缆头、开关等处。对全线来说，它们的绝缘水平较低，这些地方一旦遭受雷击容易造成短路，因此对这些地方需用管型避雷器或保护间隙加以保护。

（3）加强电路绝缘

在 3～10kV 的电路中采用瓷横担绝缘子，它比铁横担电路的绝缘耐雷水平高得多。当电路受雷击时，就可以减少发展成相间闪络的可能性，由于加强了电路绝缘，使得雷击闪络后建立稳定工频电弧的可能性也大为降低。

木质的电杆和横担，使电路的相间绝缘和对地的绝缘提高，因此不易发生闪络。运行经验证明，电压较低的电路，木质电杆对减少雷害事故有显著的作用。

近几年来，3～10kV 电路多用钢筋混凝土电杆，且采用铁横担。这种电路如采用木横担可以减少雷害事故，但木横担由于防腐性能差，使用寿命不长，因此木横担仅在重雷区使用。

（4）电路交叉部分的保护

两条电路交叉时，如其中一条电路受到雷击，可能将交叉处的空气间隙击穿，使另一条电路同时遭到雷击。因此，在保证电路绝缘的情况下，还要采取如下措施。

电路交叉处上、下电路的导线之间的垂直距离应不小于表 10-3 中的规定。

表 10-3　各级电压电路相互交叉时的最小交叉距离

电压/kV	0.5 及以下	3～10	20～35
交叉距离/m	1	2	3

除满足最小距离外，交叉档的两端电杆还应采取下列保护措施。

1）交叉档两端的铁塔及电杆，不论有无避雷线，都必须接地。对木杆电路，必要时应装设管型避雷器或保护间隙。

2）高压电路和木杆的低压电路或通信电路交叉时，应在低压电路或通信电路交叉档的木杆上装设保护间隙。

2. 变配电所的防雷保护

变配电所内有很多电气设备（如变压器等）的绝缘水平远比电力电路的绝缘水平

低，而且变配电所又是电网的枢纽，如果发生雷害事故，将会造成很大损失，因此必须采用防雷措施。

（1）装设避雷针防止直击雷

避雷针分为独立避雷针和构架避雷针两种。独立避雷针和接地装置一般是独立的。构架避雷针是装设在构架上或厂房上的，其接地装置与构架或厂房的地相连，因而与电气设备的外壳也连在一起。

变电所对直击雷的防护，一般装设独立避雷针，使电气设备全部处于避雷针的保护范围之内。

装设避雷针的几点注意事项。

1）从避雷针的引下线的入地点到主变压器接地线的入地点，沿接地网的接地体的距离不应小于15m，以防避雷针放电时，反击穿变压器的低压绕组。

2）为防止雷击避雷针时，雷电波沿电路传入室内，危及人身安全，照明线或电话线不要架设在独立避雷针上。

3）独立避雷针及其接地装置，不应装设在工作人员经常通行的地方，并应距离人行道路不小于3m，否则采取均压措施，或铺设厚度为50～80mm的沥青加碎石层。

（2）对沿线侵入雷电波的保护

为了防止变配电所电气设备不受由沿电路侵入雷电波的损害，主要依靠阀型避雷器来保护。但阀型避雷器有局限性，一是侵入雷电流的幅值不能太高；二是侵入雷电流的陡度不能太大。

3. 配电设备的保护

（1）配电变压器及柱上油开关的保护

3～35kV配电变压器一般采用阀型避雷器保护。避雷器应装在高压熔断器的后面。在缺少阀型避雷器时，可用保护间隙进行保护，这时应尽可能采用自动重合熔断器。

为了提高保护的效果，防雷保护设备应尽可能地靠近变压器安装。避雷器或保护间隙的接地线应与变压器的外壳及变压器低压侧中性点连在一起共同接地。其接地电阻值为：对100kV·A及以上的变压器，应不大于4Ω；对小于100kV·A的变压器，应不大于10Ω。

为了防止避雷器流过冲击电流时，在接地电阻上产生的电压降沿低压零线侵入用户，应在变压器两侧相邻电杆上将低压零线进行重复接地。

柱上油开关可用阀型避雷器或管型避雷器来保护。对经常闭路运行的柱上油开关，可只在电源侧安装避雷器。对经常开路运行的柱上油开关，则应在其两侧都安装避雷器。其接地线应和开关的外壳连在一起共同接地，其接地电阻一般不应大于10Ω。

（2）低压电路的保护

低压电路的保护，是将靠近建筑物的一根电杆上的绝缘子铁脚接地。这样当雷击低压电路时，就可向绝缘子铁脚放电，把雷电流泄入大地，起到保护作用。其接地电阻一般不应大于30Ω。

10.3 电气装置的接地

┌─ **教 学 目 标** ─────────────────────────────┐

　　通过本节的介绍，使读者了解接地的有关概念，掌握供电系统的接地形式，尤其是低压配电系统的接地。了解接地电阻和接地装置的有关概念。

└──┘

10.3.1 接地的有关概念

在工厂供电系统中，为了保证电气设备的正常工作或防止人身触电，而将电气设备的某部分与大地作良好的电气连接，这就是接地。

1. 接地装置

接地装置是由接地体和接地线两部分构成的。其中，与土层直接接触的金属物体，称为接地体或接地极。而由若干接地体在大地中相互连接而构成的总体，称为接地网。连接于接地体和设备接地部分之间的金属导线，称为接地线，如图 10-10 所示。

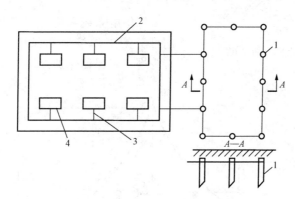

图 10-10 接地装置示意图

1—接地体；2—接地干线；3—接地支线；4—电气设备

2. 接地电流与对地电压

当电气设备发生接地时，电流通过接地体向大地作半球形散开，这一电流称为接地电流，用 I_E 表示。半球形的散流面在距接地体越远处其表面积越大，散流的电流密度越小，地表电位也就越低，电位和距离成双曲线函数关系，这一曲线称为对地电位分布曲线，如图 10-11 所示。试验表明，在距接地点 20m 左右的地方，地表电位已趋近于零，把这个电位为零的地方称为电气的"地"。由图 10-11 可见，接地体的电位最高，它与零电位的"地"之间的电位差，称为对地电压，用 U_E 表示。

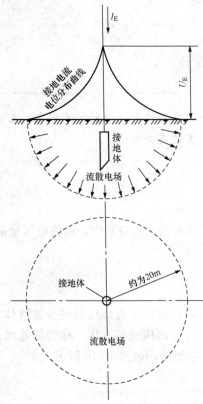

图 10-11　接地电流、对地电压及接地电流电位分布曲线

3. 接触电压和跨步电压

电气设备的外壳一般都与接地体相连，在正常情况下和大地同为零电位。但当设备发生接地故障时，则有接地电流入地，并在接地体周围地表形成对地电位分布，此时如果有人触及设备外壳，则人所接触的两点（如手和脚）之间的电位差，称为接触电压，用 U_{tou} 表示；如果人在接地体 20m 范围内走动，由于两脚之间有 0.8m 左右距离，从而承受了电位差，称为跨步电压，用 U_{step} 表示，如图 10-12 所示。

由图 10-12 可见，对地电位分布越陡，接触电压和跨步电压越大。为了将接触电压和跨步电压限制在安全电压范围之内，通常采取降低接地电阻，打入接地均压网和埋设均压带等措施，以降低电位分布陡度。

10.3.2　电气设备的接地

工厂供电系统和电气设备的接地按其作用的不同可分为工作接地和保护接地两大类。此外，还有为进一步保证保护接地的重复接地。

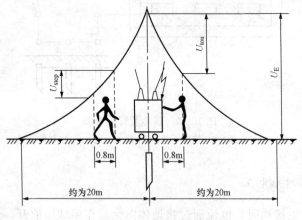

图 10-12　接触电压和跨步电压

1. 工作接地

为了保证电气设备的可靠运行，在电气回路中某一点必须进行的接地，称为工作接地，如防雷设备的接地及变压器和发电机中性点接地都属于工作接地。

2. 保护接地

将电气设备上与带电部分绝缘的金属外壳与接地体相连接，这样可以防止因绝缘损坏而遭受触电的危险，这种保护工作人员的接地措施，称为保护接地，如变压器、电动机和家用电气的外壳接地等都属于保护接地。

保护接地总的类型有两种：一种是设备的金属外壳经各自的 PE 线分别直接接地，即 IT 系统的接地，多适用于工厂高压系统或中性点不接地的低压三相三线制系统；另一种是设备的金属外壳经公共的 PE 线或 PEN 线接地，即所谓的保护接零，它多用于中性点接地的低压三相四线制系统，又可分为 TN 系统和 TT 系统两种。

低压配电系统按接地形式的不同，分为 TN 系统、TT 系统和 IT 系统。

（1）TN 系统

TN 系统的中性点直接接地，所有设备的外露可导电部分均接公共的保护线（PE 线）或公共的保护中性线（PEN 线）。这种接公共 PE 线或 PEN 线的方式，通称"接零"。TN 系统又分 TN-C 系统、TN-S 系统和 TN-C-S 系统，如图 10-13 所示。

1）TN-C 系统如图 10-13（a）所示。其中的 N 线与 PE 线全部合并为一根 PEN 线。PEN 线中可有电流通过，因此对其接 PEN 线的设备相互间会产生电磁干扰。如果 PEN 线断线，还可使断线后边接 PEN 线的设备外露可导电部分带电而造成人身触电危险。该系统由于 PE 线与 N 线合为一根 PEN 线，从而节约了有色金属和投资，较为经济。该系统在发生单相接地故障时，电路的保护装置应该动作，切除故障电路。TN-C 系统在我国低压配电系统中应用最为普遍，但不适用于对人身安全和抗电磁干扰要求高的场所。

2）TN-S 系统如图 10-13（b）所示。其中的 N 线与 PE 线全部分开，设备的外露可导电部分均接 PE 线。由于 PE 线中没有电流通过，因此设备之间不会产生电磁干扰。PE 线断线时，正常情况下，也不会使断线后边接 PE 线的设备外露可导电部分带电；但在断线后边有设备发生一相接壳故障时，将使断线后边其他所有接 PE 线的设备外露可导电部分带电，而造成人身触电危险。该系统在发生单相接地故障时，电路的保护装置应该动作，切除故障电路。该系统

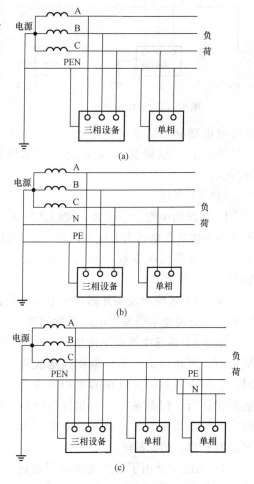

图 10-13 低压配电的 TN 系统

在有色金属消耗量和投资方面较之 TN-C 系统有所增加。TN-S 系统现在广泛用于对安全要求较高的场所，如浴室和居民住宅等处及对抗电磁干扰要求高的数据处理和精密检测等实验场所。

3）TN-C-S 系统如图 10-13（c）所示。该系统的前一部分全部为 TN-C 系统，而后边有一部分为 TN-C 系统，有一部分则为 TN-S 系统，其中设备的外露可导电部分接 PEN 线或 PE 线。该系统综合了 TN-C 系统和 TN-S 系统的特点，因此比较灵活，对安全要求和对抗电磁干扰要求高的场所采用 TN-S 系统，而其他一般场所则采用 TN-C 系统。

（2）TT 系统

TT 系统的中性点直接接地，而其中设备的外露可导电部分均各自经 PE 线单独接地，如图 10-14 所示。

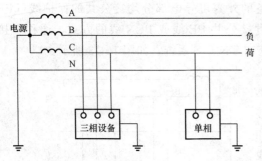

图 10-14　低压配电的 TT 系统

由于 TT 系统中各设备的外露可导电部分的接地 PE 线彼此是分开的，互无电气联系，因此相互之间不会发生电磁干扰问题。该系统如发生单相接地故障，则形成单相短路，电路的保护装置应动作于跳闸，切除故障电路。但是该系统如出现绝缘不良而引起漏电时，由于漏电电流较小可能不足以使电路的过电流保护动作，从而可使漏电设备的外露可导电部分长期带电，增加了触电的危险。因此该系统必须装设灵敏度较高的漏电保护装置，以确保人身安全。该系统适用于安全要求及对抗干扰要求较高的场所。

（3）IT 系统

IT 系统的中性点不接地，或经高阻抗（约 1000Ω）接地。该系统没有 N 线，因此不适用于接额定电压为系统相电压的单相设备，只能接额定电压为系统线电压的单相设备和三相设备。该系统中所有设备的外露可导电部分均经各自的 PE 线单独接地，如图 10-15 所示。

由于 IT 系统中设备外露可导电部分的接地 PE 线也是彼此分开的，互无电气联系，因此相互之间也不会发生电磁干扰问题。

由于 IT 系统中性点不接地或经高阻抗接地，因此当系统发生单相接地故障时，三相设备及接线电压的单相设备仍能照常运行。但是在发生单相接地故障时，应发出报警信号，以便供电值班人员及时处理，消除故障。

IT 系统主要用于对连续供电要求较高及有易燃、易爆危险的场所，特别是

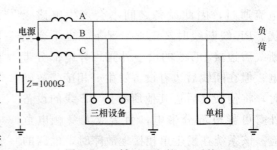

图 10-15　低压配电的 IT 系统

矿山、井下等场所的供电。

3. 重复接地

在电源中性点直接接地的 TN 系统中，为了减轻 PE 线或 PEN 线断线时的危险程度，除在电源中性点进行接地外，还在 PE 线或 PEN 线上的一处或多处再次接地，称为重复接地。重复接地一般在以下地方进行。

1）架空电路的干线和支线终端及沿线每 1km 处。

2）电缆和架空线在引入车间或建筑物之前。

在中性点直接接地的 TN 系统中，当 PE 线或 PEN 线断线而且断线处之后有设备因碰壳而漏电时，在断线处之前设备外壳对地电压接近于零；而在断线处之后设备的外壳上，都存在着接近于相电压的对地电压，即 $U_E \approx U_\varphi$，如图 10-16（a）所示，这是相当危险的。进行重复接地后，在发生同样故障时，断线处的设备外壳对地电压（等于 PE 线或 PEN 线上的对地电压）为 $U'_E = I_E R'_E$。而在断线处之前的设备外壳对地电压为 $U = I_E R_E$，如图 10-16（b）所示。当 $R_E = R'_E$ 时，断线前后设备外壳对地电压均为 $U_\varphi/2$，危险程度大大降低。但是实际上由于 $R'_E > R_E$，所以断线处后设备外壳 $U'_E > U_\varphi/2$，对人仍构成危险，因此 PE 线或 PEN 线断线故障应尽量避免。施工时，一定要保证 PE 线和 PEN 线的安装质量。在运行中，也应注意对 PE 线和 PEN 线状况的检查，并且不允许在 PE 线和 PEN 线上装设开关和熔断器。

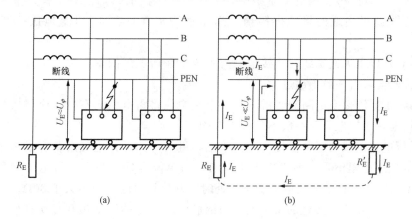

图 10-16　重复接地功能说明示意图

（a）没有重复接地的系统中，PE 线或 PEN 线断线时；

（b）采用重复接地的系统中，PE 线或 PEN 线断线时

10.3.3　接地电阻和接地装置的装设

1. 接地电阻

接地体的对地电压与通过接地体流入地中的电流之比，称为流散电阻。电气设备接地部分的对地电压与接地电流之比，称为接地装置的接地电阻。接地电阻等于接地线的电阻与流散电阻之和。因接地线的电阻很小，因此可以认为接地电阻就等于流散电阻。

工频接地电流流经接地装置所呈现的接地电阻，称为工频接地电阻，用 R_E 表示；雷电流流经接地装置所呈现的电阻，称为冲击接地电阻，用 R_{sh} 表示。

2. 接地电阻的最大允许值

根据变配电所和输配电电路的防雷接地、工作接地和保护接地的不同用途，电压大小和设备容量等因素，对其接地电阻值都有相应的要求。

(1) 架空电路的接地

1) 35kV 及以上有避雷线的架空电路的接地装置，在雷雨季节，当土层干燥在不连接避雷器时，其接地电阻值不应超过表 10-4 中所列数值。

表 10-4　35kV 及以上架空电路接地装置的接地电阻值

接地装置在不同土层电阻率的使用条件/(Ω·m)	工频接地电阻值/Ω
100 及以下	10
100 以上至 500	15
500 以上至 1000	20
1000 以上至 2000	25
2000 以上	30

2) 35kV 及以上小接地电流系统中，无避雷线电路的钢筋混凝土杆、金属杆及木杆电路中的铁横担接地的接地电阻值，当年平均雷暴日在 40 以上地区一般不应超过 30Ω。

3) 3kV 及以上无避雷线的小接地电流系统，在居民区的钢筋混凝土杆、金属杆应接地，其接地电阻值一般不超过 30Ω。

4) 为防止低压架空电路遭受雷击时，由接户线将雷电引入室内，应将接户线的绝缘子铁脚接地，接地电阻值一般不应大于 30Ω。

5) 低压电路零线的每一重复接地（单位容量或并列运行电气设备容量为 100kV·A 以上）的接地电阻值，一般不应大于 10Ω；当单位容量或并列运行电气设备容量为 100kV·A 及以下，且重复接地不少于三处时，其接地电阻值应不大于 30Ω。

6) 低压中性点直接接地的架空电路的钢筋混凝土杆的铁横担和金属杆应与零线相连接，最好钢筋混凝土杆的钢筋也与零线相连。在有沥青的路面上的电杆，可不与零线连接。

(2) 电气设备的接地

1) 电压在 1000V 及以上电气设备的接地装置。

①大接地电流系统的电气设备当发生接地故障时，因切除故障的时间很短，这种电气设备接地装置所要求的接地电阻值一年四季均应符合：

$$R_E \leqslant \frac{2000}{I_E}$$

当 $I_E > 4000A$ 时，可取 $R_E \leqslant 0.5Ω$。

式中，R_E——考虑到季节变化的最大接地电阻（Ω）；

I_E——计算用的接地短路电流（A）。

在高土层电阻率的地区，接地电阻允许提高，但不应超过5Ω。

②小接地电流的电气设备接地装置要求的接地电阻值，主要是在发生接地故障时，接地电流在接地装置上所产生的电位不应超过安全值，即当接地装置与电压为1kV以下的电气设备共用时有

$$R_E \leqslant \frac{120}{I_E}$$

当接地装置仅用于电压为1kV以上的电气设备时有

$$R_E \leqslant \frac{250}{I_E}$$

根据上述公式计算出来的接地电阻值，一般不应大于10Ω。在高土层电阻率的地区，对变电所电气设备接地电阻值的要求不应超过15Ω，其他电气设备不应超过30Ω。

2）电压在1000V以下的电气设备的接地装置。

这些设备主要是配电设备，对这种设备的接地，主要是为了保护人身安全，即在接地短路时，接地电流所引起的电位变化不应发生危险。

当配电变压器低压绕组间的绝缘损伤或高压导线落在低压导线上时，高压窜入低压绕组上，而产生危险的高电位。因此，对配电变压器应该将低压绕组的中性点或一相直接接地，或者经击穿保险接地。为了防止危险，规定了低压接地装置的接地电阻的要求值，如表10-5所示。

表 10-5　电气设备电压在 1000V 以下接地电阻的要求值

电力电路名称	接地装置特点	接地电阻值/Ω
中性点直接接地的电力电路	100kV·A 以上的变压器或发电机	$R_E \leqslant 4$
	100kV·A 及以下的变压器或发电机	$R_E \leqslant 10$
	电流、电压互感器二次绕组	$R_E \leqslant 10$
中性点不接地的电力电路	100kV·A 以上的变压器或发电机	$R_E \leqslant 4$
	100kV·A 及以下的变压器或发电机	$R_E \leqslant 10$

3. 接地装置的装设

（1）利用自然接地体

在设计和装设接地装置的接地体时，首先应充分利用自然接地体，以节省投资、节约钢材。如果实地测量所利用的自然接地体电阻已能满足要求，而且这些自然接地体又能满足热稳定条件要求时，就不必再装设人工接地体。

可作为自然接地体的有：①敷设在地下的金属管道（通有易燃、易爆物者除外）。②建筑物、构筑物与地连接的金属结构。③有金属外皮的电缆。④钢筋混凝土建筑物、构筑物的基础等。

利用自然接地体时，一定要保证良好的电气连接，在建构筑物结合处，除已焊接者外，凡用螺栓或铆钉联结的，都要采用跨接焊接，而且跨接线不得小于规定值的要求。

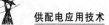

如果利用自然接地体不能满足要求时应装设人工接地体。

（2）人工接地体的装设

人工接地体有垂直埋设和水平埋设两种，如图 10-17 所示。

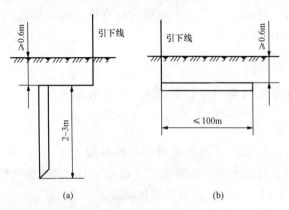

图 10-17　人工接地体的两种结构形式
（a）垂直埋设的棒形接地体；（b）水平埋设的带形接地体

最常用的垂直接地体为直径为 50mm、管壁厚不小于 3.5mm、长为 2.5m 的镀锌钢管，一端打扁或削成尖形。对于较坚实的土层，还应加装接地体管帽，在将接地体打入土中后可取下管帽，放在另一接地体端部，再打入土中，重复使用。对于特别坚实的土层，接地体还要加装管头，管头打入地中不能再取出，因此管头数目应与接地体数目相同。

对于角钢接地体，一般采用 40mm×40mm×4mm 或 50mm×50mm×5mm 的角钢，长 2.5m，端部削尖，将其打入土中。

水平埋设的扁钢或圆钢等，要求扁钢的厚度不应小于 4mm，截面不应小于 48mm²；圆钢的直径不应小于 8mm。

在埋设垂直接地体时，先挖一地沟，然后将接地体打入土中。接地体上端都应露出沟底 200mm 左右，以便连接和引出接地线。

10.3.4　低压配电系统的漏电保护和等电位联结

1. 低压配电系统漏电保护原理

漏电断路器，又称漏电保护器。按工作原理的不同划分，有电压动作型和电流动作型两种。如图 10-18 所示是电流动作型漏电断路器工作原理图。

设备正常运行时，穿过零序电流互感器 TAN 的三相电流相量和为零，零序电流互感器 TAN 二次侧不产生感应电动势，因此极化电磁铁 YA 的线圈中没有电流通过，其衔铁靠永久磁铁的磁力保持在吸合位置，使开关维持在合闸状态。当设备发生漏电或单相接地故障时，就有零序电流穿过互感器 TAN 的铁心，使其二次侧感生电动势，于是电磁铁 YA 的线圈中有交流电流通过，从而使电磁铁 YA 的铁心中产生交变磁通，与原有的永久磁通叠加，产生去磁作用，使其电磁吸力减小，衔铁被弹簧拉开，使自由脱扣机构 YR 动作，开关跳闸，从而切除故障电路，避免工作人员发生触电事故。

2. 工厂供电系统的等电位联结

等电位联结，是使电气设备各外露可导电部分和设备外可导电部分电位基本相等的一种电气联结。等电位联结的作用，主要是为了降低接触电压，以保障工作人员安全。按《低压配电设计规范》（GB 50054—2009）规定，采用接地故障保护时，在建筑物内应作总等电位联结，简称 MEB。当电气设备或某一部分的接地故障保护不能满足规定要求时，尚应在局部范围内作局部等电位联结，简称 LEB。

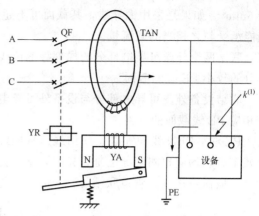

图 10-18　电流动作型漏电保护器工作原理图
TAN—零序电流互感器；YA—极化电磁铁；
QF—断路器；YR—自由脱扣机构

（1）总等电位联结（MEB）

总等电位联结是在建筑物进线处，将 PE 线或 PEN 线与电气设备接地干线、建筑物内的各种金属管道（如水管、煤气管、采暖空调管道等）以及建筑物金属构件等都接向总等电位连接端子，使它们都具有基本相等的电位，如图 10-19 所示的 MEB。

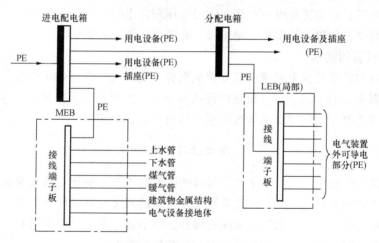

图 10-19　总等电位联结和局部等电位联结
MEB—总等电位联结；LEB—局部等电位联结

（2）局部等电位联结（LEB）

局部等电位联结又称辅助等电位联结，是在远离总等电位联结处、非常潮湿、触电危险性大的局部地域内进行的等电位联结。作为总等电位联结的一种补充，如图 10-19 所示的 LEB。通常在容易触电的浴室及安全要求极高的胸腔手术室等地，宜作局部等电位联结。

总等电位联结主母线的截面规定不应小于设备中最大 PE 线截面的一半，但应不小

于 $6mm^2$。如果是采用铜导线，其截面可不超过 $25mm^2$。如为其他材质导线时，其截面应能承受与之相当的载流量。

联结两个外露可导电部分的局部等电位线，其截面应不小于接至该两个外露可导电部分的较小 PE 线的截面。

联结设备外露可导电部分与设备外可导电部分的局部等电位联结线，其截面应不小于相应 PE 线截面的一半。

PE 线、PEN 线和等电位联结线（WEB）以及引至接地装置的接地干线等，在安装竣工后，均应检测其导电是否良好，绝不允许有不良的或松动的联结。在水表、煤气表处，应做跨接线。管道联结处，一般不需跨接线，但如导电不良则应做跨接线。

本 章 小 结

1. 电气安全

电气安全包括供电系统的安全、用电设备的安全和人身安全等三个方面。要保证安全用电必须采用相应的安全措施。电气工作人员应掌握必要的触电急救技术，一旦发生人身触电事故，便于现场急救。

2. 过电压与防雷

在供电系统中，会产生危及电气设备绝缘的过电压。过电压分成内部过电压和雷电过电压两类。内部过电压又分为操作过电压和谐振过电压两种，其能量均来自电网本身。雷电过电压有直击雷过电压、感应雷过电压和雷电波侵入等三种形式。为防止雷电过电压，可装避雷装置（避雷针、避雷线、避雷器）加以防护。

3. 电气设备的接地

电气设备的接地是供电系统的重要组成部分，它对电气设备的正常运行，操作者的人身安全有着重要的作用。电气设备的接地可分为工作接地、保护接地、静电接地、防雷接地等四种类型。电气设备的接地装置必须符合国家规定。

思考题与习题

10-1 什么叫安全电流？安全电流与哪些因素有关？一般规定的安全电流是多少？

10-2 什么叫安全电压？一般正常环境条件下的安全特低电压是多少？

10-3 什么叫过电压？大气过电压有哪些基本形式？是如何产生的？

10-4 什么叫雷电波侵入？为什么对它要特别重视？

10-5 什么叫年平均雷暴日数？什么叫多雷地区和少雷地区？

10-6 常用的"接闪器"有哪几种？避雷针、避雷线各主要用在什么场所？

10-7 如何用"滚球法"求单支避雷针的保护范围？

10-8 避雷针（线）是怎样进行防雷的？

10-9 避雷器是怎样进行防雷的？

10-10 阀型避雷器和管型避雷器在结构、性能和应用场合等方面有何不同？保护间隙和金属氧化物避雷器在结构、性能和应用场合等方面有何不同？

10-11 高压架空电路有哪些防雷措施？一般工厂 6～10kV 架空电路主要采取哪种

防雷措施？

　　10-12　工厂变配电所有哪些防雷措施？主要保护什么电气设备？

　　10-13　什么叫接地？什么叫接地装置？

　　10-14　什么叫工作接地？什么叫保护接地？

　　10-15　什么叫接地电阻？什么叫工频接地电阻和冲击接地电阻？如何进行换算？

　　10-16　什么叫接地电流和对地电压？什么叫接触电压和跨步电压？

　　10-17　什么叫接地故障保护？TN 系统、TT 系统和 IT 系统中各自的接地故障保护有什么特点？

　　10-18　什么叫总等电位联结和局部等电位联结？其作用是什么？

第
11
章

电气照明

知识点 ☞

1. 照明技术的基本概念。

2. 照明方式和种类。

3. 常用电光源和灯具的原理、适用场所及技术特性。

4. 工厂常用电光源类型的选择。

5. 工厂常用灯具的类型及其选择与布置。

6. 照度标准及计算。

7. 照明电路的一般要求、供电系统组成及接线方式等。

11.1　照明基本知识

11.1.1　照明技术的基本概念

1. 光

光是物质的一种形态，是一种波长比毫米无线电波短但比 X 射线长的电磁波，而且所有电磁波都具有辐射能。

电磁波的波长不同其特性也不同，在电磁波的辐射谱中，波长为 380～780nm 的电磁辐射波为可见光，波长为 780nm～1mm 的电磁辐射波为红外线，波长为 10～380nm 的电磁辐射波为紫外线。在可见光的区域里不同波长呈现不同的颜色，波长由长到短呈现红、橙、黄、绿、青、蓝、紫色。红外线和紫外线都不能引起视觉。所谓光源是指能产生可见光的辐射体，而电光源就是作为电气照明的光源。

2. 光通量

光源在单位时间内向周围空间辐射出的使人眼产生光感的辐射能，称为光通量，用符号 Φ 表示，单位为流明（lm）。电光源发出的光通量除以其消耗的电功率，称为电光源的光效（lm/W），它是评价电光源用电效率最主要的技术参数，光源的单位用电所发出的光通量越大，则其转变成光能的效率越高，即光效越高。

3. 光强

光强即发光强度，是表示光源向周围空间某一方向辐射的光通密度。用符号 I 表示，其单位为坎德拉（cd）。

$$I = \Phi/\Omega \tag{11-1}$$

式中，Φ——光源在立体角 Ω 内辐射的总光通量（lm）；

Ω——光源发光范围的立体角，单位用球面度（sr）表示，即 $\Omega = A/r^2$，其中 r 为球的半径（m），A 为与 Ω 相对应的球面积（m²）。

4. 照度

受照物体表面单位面积上接收的光通量称为照度，用符号 E 表示，其单位为勒克斯（lx）。当光通量 Φ 均匀地照射到表面积为 A 的表面上时，该表面上的照度为

$$E = \Phi/A \tag{11-2}$$

5. 亮度

发光体在人眼视线方向单位投影面积上的发光强度称为该物体表面的亮度，用符号 L 表示，其单位为坎/米^2（cd/m^2）。

图 11-1 所示，该发光体表面法线方向的光强为 I，而人眼视线与发光体表面法线成 α 角，因此视线方向的光强 $I_\alpha = I\cos\alpha$，而视线方向的投影面 $A_\alpha = A\cos\alpha$，由此可得发光体在视线方向上的亮度为

$$L = \frac{I_\alpha}{A_\alpha} = \frac{I\cos\alpha}{A\cos\alpha} = \frac{I}{A} \tag{11-3}$$

式中，L——亮度（cd/m^2）；

$\quad\quad I$——光强（cd）；

$\quad\quad A$——面积（m^2）。

由上式推导看出，实际发光体的亮度值与视线方向无关。

6. 物体的光照性能

图 11-2 所示，当光通量 Φ 投射到物体上时，一部分光通 Φ_ρ 从物体表面反射回去，一部分光通 Φ_α 被物体吸收，而剩下的一部分光通 Φ_τ 则透过物体。为表征物体的这一特性，通常用以下三个参数描述。

1）反射系数。被反射的光通量 Φ_ρ 与入射光通量 Φ 之比（$\rho = \Phi_\rho/\Phi$）。

2）吸收系数。被吸收的光通量 Φ_α 与入射光通量 Φ 之比（$\alpha = \Phi_\alpha/\Phi$）。

3）透射系数。透射光通量 Φ_τ 与入射光通量 Φ 之比（$\tau = \Phi_\tau/\Phi$）。

以上三个参数之间有如下关系：

$$\rho + \alpha + \tau = 1 \tag{11-4}$$

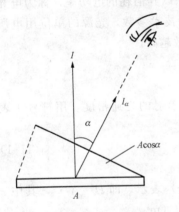

图 11-1　说明亮度的示意图

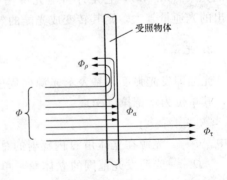

图 11-2　　说明物体光照性能的示意图

7. 光源的色温与显色性能

（1）色温

当光源的发光颜色与把黑体加热到某一温度所发出的光色相同（或相似）时，该温

度称为光源的色温，色温用热力学温度 K（开尔文）来表示。光源的色温是灯光颜色给人直观感觉的度量，与光源的实际温度无关。不同的色温给人不同的冷暖感觉，高色温有凉爽的感觉，低色温有温暖的感觉。在低照度下采用低色温的光源会感觉到温馨愉快；在高照度下采用高色温的光源则感觉到清爽舒适。

（2）光源的显色性能

光源的显色性能是指光源对物体照射后物体显现的颜色与物体在日光（标准光源）照射下显现的颜色的相符程度。为表征光源的显色性能，引入光源的显色指数 Ra（用百分数表示）来描述。通常光源的显色指数越高，光源的显色性能越好，在该光源的照射下物体显现颜色的失真度就越小。一般白炽灯的显色指数为 $97\% \sim 99\%$，而荧光灯的显色指数为 $75\% \sim 90\%$，显然，荧光灯的显色性能要差一些。

8. 光源的寿命

电光源的寿命通常用有效寿命和平均寿命两个指标来表示。

有效寿命是指灯开始点燃至灯的光通量衰减到额定光通量的某一百分比时所经历的点灯时数。一般这一百分比规定在 $70\% \sim 80\%$ 之间；平均寿命指一组试验样灯，从点燃到其中 50% 的灯失效时，所经历的点灯时数。寿命是评价电光源可靠性和质量的主要技术参数，寿命长表明它的服务时间长，耐用度高。

9. 光源的启动性能

光源的启动性能是指灯的启动和再启动特性，它用启动和再启动所需的时间来度量。

11.1.2　照明方式和照明种类

照明是以光的照射为手段，满足人们生活、工作的视觉要求为目的的方法，包括用光照使人看清物体及其周围环境，用光照产生信号传递信息，用光照产生气氛来改变人们的感情等。

人工照明是除了自然光以外，用人工光源照射物体及其周围环境的方法。

1. 照明方式

灯具按其安装部位或使用功能而构成的基本形式称为照明方式，在企业或变电所中，一般分为一般照明、局部照明和混合照明三种。

（1）一般照明

对工作位置密度很大而对光照方向无特殊要求的照明方式，一般用于车间、办公室等。

（2）局部照明

对局部地点需要高照度，并对照射方向有要求的区域进行照明的方式，如车床、钳工台等，其特点是方便灵活。

（3）混合照明

由一般照明和局部照明共同组成的照明称为混合照明，对照度要求较高、对照射方向有特殊要求、工作位置密度不大而采用单独设置一般照明不合理的场所宜采用。

2. 照明种类

照明按其功能主要分为工作照明、事故照明。

（1）工作照明

在正常工作时能顺利地完成作业、保证安全通行和能看清周围物体而设置的照明。它一般可以单独使用，也可与事故照明、值班照明同时使用，但控制电路必须分开。

（2）事故照明

当工作照明因发生事故而熄灭后，供事故情况下继续工作或安全疏散通行的照明（也称应急照明）。装设在可能引起事故的设备、材料周围及主要通道与入口处，并在灯的明显部位涂上红色。若用于继续工作则照度不应小于场所所规定照度的10%；若用于疏散人员，其照度应保证工作人员安全走出房间所需要的照度，一般不应小于 0.5lx。

除此以外，还有一些其他形式的照明，例如，值班照明，是在非生产时间内供值班人员使用的照明；警卫照明，是用于警卫区域的照明；障碍照明，是装设在建筑物或构筑物上作为障碍标志用的照明等。

11.2 常用的电光源和灯具

教 学 目 标

通过本节的介绍，使读者了解热辐射光源和气体放电光源的概念；掌握常用照明灯的结构、类型、原理、特点以及适用场合等，常用电光源的主要性能指标，常用电光源的选择原则，常用灯具的选择与布置。

11.2.1 电光源的分类

电光源按其发光原理可分为热辐射光源和气体放电光源两大类。

（1）热辐射光源

热辐射光源主要是利用电流的热效应，把具有耐高温、低挥发性的灯丝加热到白炽化程度而产生可见光的光源。常见的热辐射光源如白炽灯、卤钨灯（碘钨灯、溴钨灯）等。

（2）气体放电光源

气体放电光源主要是利用电流通过气体或蒸气时，激发气体或蒸气电离和放电而产生可见光的光源。常见的热辐射光源如荧光灯、高压汞灯、高压钠灯、金属卤化物灯和氙灯等。

11.2.2　常用电光源、适用场所及技术特性

1. 白炽灯

白炽灯的结构如图 11-3 所示。它是靠灯丝通过电流加热到白炽状态从而引起热辐射发光。其结构简单，价格低廉，使用方便，而且显色性好，因此应用极其广泛。但输入白炽灯的电能只有 20％转化为可见光，其余能量转化为辐射能和热能，所以发光效率低，使用寿命短，耐震性差。其主要技术数据见附表 35。其主要应用于下列场所。

1) 局部照明，事故照明。

2) 照明开关频繁，要求瞬时启动或要避免频闪效应的场所。

3) 识别颜色要求较高或需要艺术表现的场所。

4) 需要调光的场所，需要电磁干扰的场所。

白炽灯主要应用在住宅、剧场、旅馆、美术馆、展示厅、照度要求较低的厂房、仓库等。

2. 卤钨灯

卤钨灯的结构如图 11-4 所示。卤钨灯是利用卤钨循环原理制成的，玻壳多采用耐高温的石英玻璃，在灯内充入适量的卤聚合物或卤化物的气体，以此提高灯的发光效率和使用寿命。卤钨灯工作时，灯丝的温度很高，从灯丝蒸发出来的钨在管壁附近与卤产生化学反应，形成气态卤钨化合物，当卤钨化合物扩散到灯丝附近时，又分解成卤素和钨，钨就沉积在灯丝上，而卤素则继续扩散到温度较低的管壁附近与钨化合，这一过程便是卤钨循环的过程。

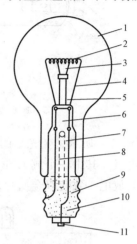

图 11-3　白炽灯的结构

1—玻壳；2—灯丝（钨丝）；3—支架（钼丝）；4—电极（镍丝）；5—玻璃心柱；6—杜美丝（铜铁镍合金丝）；7—引入线（铜丝）；8—抽气管；9—灯头；10—封端胶泥；11—锡焊接触端

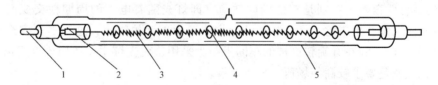

图 11-4　卤钨灯管的结构

1—灯脚；2—钼箔；3—灯丝（钨丝）；4—支架；5—石英玻璃管

卤钨灯的特点是体积小、光效高、显色性好、寿命长、卤钨灯的耐震性更差，因此须注意防震，卤钨灯管在工作时温度较高（600℃左右），不能太靠近易燃物；灯管应尽量水平放置，使卤钨循环能顺利进行；同时灯脚引入线应采用耐高温的导线。

卤钨灯主要应用于剧场、大礼堂、体育馆、展览馆、装配车间及精密机械加工车间等。

3. 荧光灯

荧光灯俗称日光灯，如图 11-5 所示为荧光灯的结构。它是利用汞蒸气在外加电压作用下产生电弧放电，发出少许可见光和大量紫外线，紫外线又激励管内壁涂覆的荧光粉，使之再发出大量的可见光。

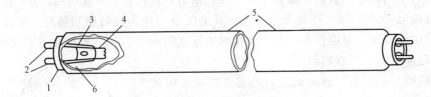

图 11-5　荧光灯管的结构

1—灯头；2—灯脚；3—玻璃心柱；4—灯丝（钨丝，电极）；

5—玻管（内壁涂覆荧光粉，管内充惰性气体）；6—汞（少量）

图 11-6 所示是荧光灯的接线图，图 11-6 中 S 是启辉器（又称辉光启动器），它有两个电极，其中一个成 U 形的电极是双金属片。当荧光灯接上电压后，启辉器首先产生辉光放电，致使双金属片加热伸开，造成两极短接，从而使电流通过灯丝。灯丝加热后发射电子，并使管内的少量汞汽化。图 11-6 中 L 是镇流器，实质是铁心线圈。当启辉器两极短接使灯丝加热后，由于启辉器辉光放电停止，双金属片冷却收缩，从而突然断开灯丝加热回路，这就使镇流器两端感应很高的电动势，连同电源电压加在灯管两端，使充满汞蒸气的灯管被击穿，产生弧光放电，点燃灯管。

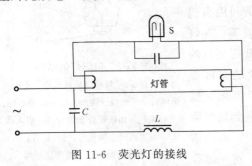

图 11-6　荧光灯的接线

荧光灯的发光效率比白炽灯高得多，在使用寿命方面，荧光灯也优于白炽灯。但是荧光灯的显色性稍差，特别是它的频闪效应（即灯光随着电流的周期性交变而频繁闪烁），容易使人眼产生错觉，将一些旋转的物体误为不动的物体，这当然是安全生产所不能允许的，因此它在有旋转机械的车间里很少采用。荧光灯主要适用于以下场所。

1）识别颜色要求较高的场所。

2）在自然采光不足人们需要长期停留的场所。

3）悬挂角度较低（例如，6m 以下），而照度要求较高的场所（例如，100lx 以上）。

例如，住宅、旅馆、饭店、商店、办公室、学校、控制室、层高较低但照度要求较高的厂房等。

4. 高压汞灯

高压汞灯又称高压水银荧光灯，它是上述荧光灯的改进产品，是一种高强度气体放电灯，点燃时灯内的汞蒸气压强很高（达 $10^5\,Pa$ 以上）。该灯的外玻璃壳内壁涂有荧光粉，能将壳内的石英玻璃汞蒸气放电辐射的紫外线转为可见光以改变光色，提高光效，且随着灯功率的增大，发光效率也随着提高，但显色性差。

高压汞灯不需要启辉器来预热灯丝，但它必须与相应功率的镇流器配合使用，其工作电路如图 11-7 所示。工作时，第一主电极与辅助电极之间首先被击穿放电，使管内的汞蒸发，导致第一主电极与第二主电极之间击穿，发生弧光放电，使管内的荧光粉受到激励而产生大量的可见光。

高压汞灯启动时间长；熄灭后不能立即启动，再启动时间也较长。故对开关频繁、显色性要求高的场所不宜选用。但使用寿命长，可达 10^4 h 以上，耐震，是可靠性最高的光源之一。

高压汞灯广泛应用于企业、大中型厂房、仓库、道路、运动场、广场的照明等。

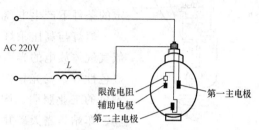

图 11-7　高压汞灯原理电路

5. 高压钠灯

高压钠灯是一种高强度、高发光效率的气体放电光源。其结构如图 11-8 所示。它与高压汞灯的发光原理基本相同。高压钠灯利用高气压（压强可达 10^4 Pa）的钠蒸汽放电发光，其光谱集中在人眼较为敏感的区间，因此其光效比高压汞灯还高。

高压钠灯的显色性较差，启动、再启动时间较长。但使用寿命长，透雾性好。适用于需要高亮度和高光效的场所，还适用于有振动或烟尘的场所，广泛应用于广场、道路、车站、码头、冶金车间等大面积照明场所。

6. 金属卤化物灯

金属卤化物灯是在高压汞灯的基础上发展起来的一种高效光源。在高压汞灯内添加某些金属卤化物，能达到提高光效、改善光色的目的。它的发光原理是在高压汞灯内添加某些金属氯卤化物，靠金属卤化物的循环作用，不断向电弧提供相应的金属蒸气，在弧光放电的激励下辐射出该金属的特征光谱线，选择适当的金属卤化物并控制它们的比例，可制成不同光色的金属卤化物灯。目前常用的金属卤化物灯有内充碘化钠、碘化铊、内充碘化镝、碘化铊的镝灯等。金属卤化物灯的结构如图 11-9 所示。

图 11-8　高压钠灯的结构
1—主电极；2—半透明陶瓷放电管；3—外玻壳（内外壳间充氮）；4—消气剂；5—灯头

金属卤化物灯的工作特性也与汞灯类似，需串联镇流器来限制灯管电流。金属卤化物灯的启动电压较高。开始启动时间和高压汞灯大致相同，再启动时间也长，寿命短。光效介于高压汞灯和高压钠灯之间，但显色指数却远远高于这两种灯。由于具有高光效、高显色性等特点，故广泛应用于要求照度高，高显色性的场所，例如，大型精密产品总装车间、印染车间和体育馆等。

7. 氙灯

氙灯是利用高压、超高压惰性气体的放电现象制成的高效率光源之一。氙灯也像汞和其他金属原子激发放电一样，在一定的条件下产生电离，发出可见光。

氙灯与高压汞灯、高压钠灯不同，是另一类高效率的光源。氙气气体放电的光谱较弱，而连续光谱较强，光色近似于日光，显色性好，发光稳定，故多用于纤维、纺织、陶瓷等需要正确辨色的工业照明。同时，由于其功率大、亮度高，故多用于广场、车站、露天矿井等大面积照明场所。

8. 节能灯

节能灯是国家重点推广使用的灯具之一，通常节能产品主要都是针对白炽灯而言。普通的白炽灯光效在每瓦 10lm 左右，寿命在 1000h 左右。

节能灯是通过电子镇流器将低频（50Hz）的交流电通过整流转变为直流电，再经过逆变器变换为较高频率（20～70kHz）的交流电，输出采用 LC 串联谐振电路，通过高频高压驱动灯管，给灯管内灯丝加热，温度大约在 1160K 时，灯丝就开始发射电子（因为在灯丝上涂了电子粉），电子碰撞氩原子产生非弹性碰撞，氩原子碰撞后获得了能量又撞击汞原子，汞原子在吸收能量后跃迁产生电离，发出 253.7nm 的紫外线，紫外线激发荧光粉发光，由于荧光灯工作时灯丝的温度在 1160K 左右，比白炽灯工作的温度 2200～2700K 低很多并且不存在白炽灯那样的电流热效应，所以它的寿命也大大提高，达到 6000h 以上，而且荧光粉的能量转换效率也很高，达到每瓦 50lm 以上。

常用的节能灯如图 11-10 所示。

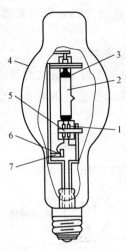

图 11-9　金属卤化物灯的结构

1—主电极；2—放电管；
3—保温罩；4—石英玻壳；5—消气剂；
6—启动电极；
7—限流电阻

内置集成控制电路及开关

灯头可选螺口或卡口

红外线感应控头　　总共25颗白光发光二极管

(a)

(b)

图 11-10　节能灯外形图

（a）红外线发光二极管节能灯；（b）普通节能灯

光源的主要技术特性有光效、寿命、色温等，有时这些技术特性是相互矛盾的，在实际选用时，一般先考虑光效和寿命，其次再考虑显色指数、启动性能等次要目标。

下面给出上述电光源的主要技术特性，如表 11-1 所示，供对照比较。

表 11-1　电光源的主要技术特性

特性参数	白炽灯	卤钨灯	荧光灯	高压汞灯	高压钠灯	金属卤化物灯	管形氙灯
额定功率/W	15～1000	500～2000	6～125	50～1000	35～1000	125～3500	1500～100 000
发光效率/(lm·W^{-1})	10～15	20～25	40～90	30～50	70～100	60～90	20～40
平均使用寿命/h	1000	1000～1500	1500～5000	2500～6000	12000～24000	500～10000	1000
色温/K	2400～2920	3000～3200	3000～6500	5500	2000～4000	4500～7000	5000～6000
一般显色指数/%	97～99	95～99	75～90	30～50	20～25	65～90	95～97
启动稳定时间	瞬时	瞬时	1～3s	4～8min	4～8min	4～8min	瞬时
再启动时间间隔	瞬时	瞬时	瞬时	5～10min	10～15min	10～15min	瞬时
功率因数	1	1	0.33～0.52	0.44～0.67	0.44	0.4～0.6	0.4～0.9
电压波动不宜大于			±5%U_N	±5%U_N	低于 5%自灭	±5%U_N	±5%U_N
频闪效应	无	无	有	有	有	有	有
表面亮度	大	大	小	较大	较大	大	大
电压变化对光通量的影响	大	大	较大	较大	大	较大	较大
环境温度变化对光通量的影响	小	小	大	较小	较小	较小	小
耐震性能	较差	差	较好	好	较好	好	好
所需附件	无	无	镇流器、起辉器	镇流器	镇流器	镇流器、触发器	镇流器、触发器
适用场所	广泛应用	广场、室外配电装置等	广泛应用	广场、车站、道路、屋外配电装置等	广场、街道、交通枢纽、展览馆等	大型广场、体育场、商场、道路等	广场、车站、大型屋外配电装置等

11.2.3　工厂常用电光源类型的选择

工厂照明的电光源，按《建筑照明设计标准》（GB 50034—2004）规定，在选择时宜遵循下列原则。

1）照明光源宜采用荧光灯、白炽灯、高强气体放电灯（高压钠灯、金属卤化物灯、荧光高压汞灯）等。

2）当悬挂高度在 4m 及以下时，宜采用荧光灯；当悬挂物高度在 4m 以上时，宜采用高强气体放电灯；当不宜采用高强气体放电灯时，可选用白炽灯。

3）在下列工作场所的照明光源，可选用白炽灯。

①局部照明的场所。

②防止电磁波干扰的场所。

③因光源频闪效应影响视觉效果的场所。

④经常开闭灯的场所。

⑤照度不高，且照明时间较短的场所。

4）应急照明应采用能瞬时可靠点燃的白炽灯、荧光灯等。

5）当采用一种光源不能满足光色或显色性要求时，可采用两种光源形式的混光源，见表11-2。

表 11-2　混光光源的混光光通量比（根据 GB 50034—2004）

混光光源	光通量比/%	一般显色指数（Ra）	色彩辨别效果
DDG＋NGX	40～60	≥80	除个别颜色为"中等"外，其他颜色为"良好"
DDG＋NG	60～80		
KNG＋NG	50～80	60～70	除部分颜色为"中等"外，其他颜色为"良好"
DDG＋NG	30～60	60～80	
KNG＋NGX	40～60	70～80	
GGY＋NGX	30～40	60～70	
ZJD＋NGX	30～60	70～80	
GGY＋NG	40～60	40～50	除个别颜色为"可以"外，其他颜色为"中等"
KNG＋NG	30～50	40～60	
GGY＋NGX	40～60	40～60	
ZJD＋NG	30～40	40～50	

注：1. GGY——荧光高压汞灯　DDG——镝灯　KNG——钪钠灯　NG——高压钠灯　NGX——中显色性高压钠灯　ZJD——高光效金属卤化物灯。

2. 混光光通量比系指前一种光源光通量与两种光源光通量的和之比。

3. 色彩辨别效果的顺序是：良好—中等—可以。

6）根据视觉作业对颜色辨别的要求，选用不同显色性的光源，见表11-3。

表 11-3　光源的一般显色指数类别（根据 GB 50034—2004）

显色类别		一般显色指数范围	适用场所举例
1	A	$Ra≥90$	颜色匹配、颜色检验等
	B	$90＞Ra≥80$	印刷、食品分检、油漆等
Ⅱ		$80＞Ra≥60$	机电装配、表面处理、控制室等
Ⅲ		$60＞Ra≥40$	机械加工、热处理、铸造等
Ⅳ		$40＞Ra≥20$	仓库、大件金属库等

11. 2. 4　工厂常用灯具的类型及其选择与布置

1. 工厂常用灯具的类型

（1）按灯具配光曲线的形状分类

1）正弦分布型。如图 11-11 曲线 1 所示，光强是角度的正弦函数，且当 $\theta=90°$ 时光强为最大，如 GC15-A、B-1 型散照型防水防尘灯。

2）广照型。如图 11-11 曲线 2 所示，最大光强分布在 $50°\sim90°$ 之间，可在较广的面积上形成均匀的照度，如 GC3-A、B-1 广照型工厂灯。

3）漫射型。如图 11-11 曲线 3 所示，各个角度的光强基本是一致的，如 JXD1-2 乳白色玻璃圆球灯。

4）配照型。如图 11-11 曲线 4 所示，光强是角度的余弦函数，且当 $\theta=0°$ 时光强最大，如 GC1-A、B-1 配照型工厂灯，其主要技术数据和计算图表见附表 5。

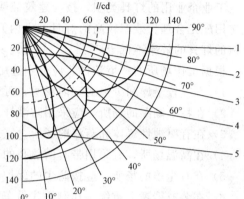

图 11-11　灯具的配光曲线分类
1—正弦分布型；2—广照型；3—漫射型；
4—配照型；5—深照型

5）深照型。如图 11-11 曲线 5 所示，光通量和最大光强值集中在 $0°\sim30°$ 之间的立体角内，如 GC5-A、B-2 深照型工厂灯。

（2）按灯具光通分布特性分类

1）直接照明型。灯具向下投射的光通量占总光通量的 $90\%\sim100\%$，而向上投射的光通量只有 $10\%\sim40\%$。

2）半直接照明型。灯具向下投射的光通量占总光通量的 $60\%\sim90\%$，而向上投射的光通量极少。

3）均匀漫射型。灯具向下投射的光通量和向上投射的光通量差不多相等，各为 $40\%\sim60\%$ 之间。

4）半间接照明型。灯具向上投射的光通量占总光通量的 $90\%\sim100\%$，而向下投射的光通量只有 $10\%\sim40\%$。

5）间接照明型。灯具向上投射的光通量占总光通量的 $90\%\sim100\%$，而向下投射的光通量极少。

（3）按灯具的结构特点分类

1）开启型。光源与外界空间直接接触（无罩），如 GC3-A、B-1 广照型工厂灯。

2）闭合型。光源被灯罩密封，但内外空气仍相通，如 JDD1-1 圆球吊灯。

3）密闭型。光源被灯罩密封，内外空气不能流通，如防潮灯、防水、防尘灯。

4）增安型。光源被高强度透明灯罩封闭，且灯能承受足够的压力，能安全地使用在某些有爆炸危险介质的场所，也称为"防爆型"。

5）隔爆型。光源被高强度透明灯罩封闭，但不能靠密封性来防爆，而是在灯座的法兰和灯罩的法兰之间有一定的隔爆间隙。等气体在灯罩内部爆炸时，高温气体经过隔爆间隙被充分冷却，从而不引起外部爆炸。因此，这种灯具能安全地使用在某些有爆炸危险介质的场所。

2．常用灯具类型的选择

工业企业用的灯具类型，按《建筑照明设计标准》（GB 50034—2004）规定，应优先选用配光合理、效率较高的灯具。室内开启式灯具的效率不低于 70%；带有包合式灯罩的灯具的效率不低于 55%；带格栅灯具的效率不低于 50%。

根据工作场所的环境条件，应分别选用下列各种灯具。

1）空气较干燥和少尘的室内场所，可采用开启型的各种灯具。

2）在特别潮湿的场所，应采用防潮灯具或带防水灯头的开启式灯具。

3）在有腐蚀性气体和蒸汽的场所，宜采用耐腐蚀性材料制成的密闭式灯具。

4）在高温场所，宜采用带有散热孔的开启式灯具。

5）在有尘埃的场所，应按防尘的保护等级分类来选择合适的灯具。

6）在装有锻锤、重级工作制桥式吊车等震动、摆动较大场所的灯具，应有防震措施和保护网，防止灯泡自动松脱和掉下。

7）在易受机械损伤场使用的灯具，应符合《爆炸和火灾危险环境电力装置设计规范》（GB 50058—1992）中的有关规定，如表 11-4 所示。

表 11-4　灯具类防爆结构的选择

爆炸危险区域		1 区		2 区	
灯具防爆结构		隔爆型	增安型	隔爆型	增安型
灯具设备	固定式灯	适用	不适用	适用	适用
	移动式灯	慎用		适用	
	携带式电池灯	适用		适用	
	指示灯类	适用	不适用	适用	适用
	镇流器	适用	慎用	适用	适用

由于照明灯具的品种规格繁多，根据使用场合的要求来选用灯具，可参考表 11-5。

表 11-5　照明器的型号及选用

名称	型号	结构形式与适用场所	名称	型号	结构形式与适用场所
广照型工厂灯	GC3-A.B-1 GC3-A.B-2	开启型，适用于工厂的小型车间、堆场、次要道路等处固定照明	深照型工厂灯	GC5-A.B-4	开启型，适用大型车间的照明
配照型工厂灯	GC3-A.B-2 GC1-A.B-2 GC1-A.B-1	开启型，适用于工厂的车间照明	散照型防水防尘灯	GC15-A.B-1	密闭型，适用于多水、多尘的操作场所

名称	型号	结构形式与适用场所	名称	型号	结构形式与适用场所
防潮灯	GC33	密闭型，适用手工厂仓库、隧道、地下室等潮湿场所	半扁罩吸顶灯	JXD3-1 JXD3-2	闭合型，适用于门厅、办公室、走廊等处的吸顶照明
圆球吊灯	JDD1-1	闭合型，适用于办公室、阅览室、走廊等处的照明	半圆球吸顶灯	JXD2 JXD3	闭合型，适用于门厅、办公室、走廊等处的照明
简式开启荧光灯	YG1-1	开启型，适用于办公室、车间食堂、宿舍等处的照明	卤钨灯	DD1-1 000	开启型，适用于工厂车间的照明
简式控照荧光灯	YG2-1	开启型，适用于工厂车间、办公室、食堂等处照明	斜照型工厂灯	GC7-1	开启型，适用内外画廊、广告牌等处的局部照明
密闭式荧光灯	YG4-1 YG4-2	密闭型，适用于具有潮湿或腐蚀气体场所的照明	马路弯灯	GC3E BJ1	开启型，适用于工厂仓库、走道、次要道路及街巷等处一般室外照明
隔爆型荧光灯	B3e-1-30	隔爆型，适用于具有爆炸介质的场所	高压水银路灯	JTY23-125 JTY23-250 JTY23-400 JTY24-125 JTY25-400	密闭型，适用于广场、街道、工厂道路等室外照明

3. 常用灯具的布置

（1）室内灯具布置的要求

保证规定的照度和均匀性；光线的射向适当，无眩光和阴影；布置整齐美观，并与建筑空间协调；维护方便；安全、经济等。

（2）灯具布置的合理性

1）灯具布置形式。一般照明灯具，通常有以下两种布置方式。

①均匀布置。灯具在整个车间内均匀布置，其布置与设备位置无关，如图 11-12 所示，一般有正方形、矩形、菱形布置形状。

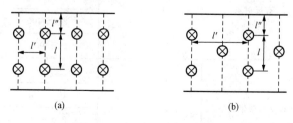

图 11-12　一般照明灯具的布置

（a）均匀布置；（b）选择布置

②选择布置。灯具的布置与生产设备的位置有关，大多数按工作面对称布置，力求使工作面获得最有利的光照，并消除阴影，如图 11-11 所示。

2) 灯具悬挂高度。室内灯具既不能悬挂过高，室内灯具也不能悬挂过低。

按《建筑照明设计标准》（GB 50034—2004）规定，室内一般照明灯具的最低悬挂高度如表 11-6 所示。表中所列灯具的遮光角（又称"保护角"），系指光源最边缘的一点和灯具出光口的连线与通过裸光源发光中心的水平线之间的夹角。

表 11-6　室内一般照明灯具的最低悬挂高度（根据 GB 50034—2004）

光源种类	灯具形式	灯具遮光角	光源功率/W	最低悬挂高度/m
白炽灯	有反射罩	10°～30°	≤100	2.5
			150～200	3.0
			300～500	3.5
	乳白玻璃漫射罩		≤100	2.0
			150～200	2.5
			300～500	3.0
荧光灯	无反射罩		≤40	2.0
			>40	3.0
	有反射罩		≤40	2.0
			>40	2.0
荧光高压贡灯	有反射罩	10°～30°	<4125	3.5
			125～250	5.0
			≥400	6.0
	有反射罩带栅格	>30°	<4125	3.0
			125～250	4.0
			≥400	5.0
金属卤化物灯、高压钠灯、混光光罩	有反射罩	10°～30°	<4150	4.5
			150～250	5.5
			250～400	6.5
			>400	7.5
	有反射罩带栅格	>30°	<4150	4.0
			150～250	4.5
			250～400	5.5
			>400	6.5

3）确定最有利距离比。灯具间的距离，应按灯具的光强分布、悬挂高度、房屋结构及照度要求等多种因素而定。为了使工作面上获得较均匀的照度，应选择合理的"距离比"，即灯间距离 L 与灯，在工作面上的悬挂高度 H 之比，能使照度均匀度最高的距离比，称为最有利距离比，见表 11-7。

表 11-7 部分照明器的最有利距离比 L/H　　　　（单位：m）

照明器	型号	光源种类及容量	最有利距离比
配照型照明器	GC1-A-1	B150	1.25
广照型照明器	GC3-A-1	G125	0.98
深照型照明器	GC5-A-1	B300	1.40

各种形状的灯距按下式计算。

正方形为

$$L = \left(\frac{L}{H}\right)_{m} H \tag{11-5}$$

长方形为

$$\sqrt{L_A L_B} = \left(\frac{L}{H}\right)_{m} H \qquad L_B = 1.5 L_A \tag{11-6}$$

菱形为

$$L_A = \left(\frac{L}{H}\right)_{m} H \qquad L_B = 1.73 L_A \tag{11-7}$$

上式中，H——计算高度（灯到工作面高度，m）；

$\left(\dfrac{L}{H}\right)_{m}$——灯具的最有利距离比。

4）灯具离墙距离。从使整个房间获得较为均匀的照度考虑，靠边缘的一列灯具离墙的距离为 L''，靠墙有工作面时，可取 $L'' = (0.25 \sim 0.3) L$；靠墙为通道时，可取 $L'' = (0.4 \sim 0.6) L$，其中 L 为灯间距离（对矩形布置，可取其纵横两向灯距的几何平均值）。

室内灯具的布置，与房间的结构及对照明的要求有关，既要实用经济，又要尽可能协调美观。

【例 11-1】 某车间的平面面积为 $36 \times 18 \text{m}^2$，桁架离地面高度为 5.5m，桁架之间相距 6m，工作面离地 0.75m。拟采用 GC1-A-1 配照型工厂灯（装 220V、150W 白炽灯）作为车间的一般照明。试初步确定灯具的布置方案。

解 根据车间的结构，照明灯具宜悬挂在桁架上。如灯具下吊 0.5m，则灯具离地为 5.5m－0.5m＝5m。这一高度大于表 11-6 规定的最低悬挂高度，是符合要求的。

由于工作面离地 0.75m，故灯具在工作面上的悬挂高度 $h = 5\text{m} - 0.75\text{m} = 4.25\text{m}$。这种灯具的最大允许距高比为 1.25，因此灯具较合理的距离为

$$l \leqslant 1.25 h = 1.25 \times 4.25\text{m} = 5.31\text{m}$$

根据车间的结构和以上计算所得的较合理的灯距，初步确定灯具布置方案。

符合要求，但此方案能否满足照明要求，还有待于通过照度计算来检验。

11.3 照度标准与计算

11.3.1 照度标准

为了创造良好的工作条件，提高劳动生产率和产品质量，保障人身安全，工作场所及其他活动环境的照明必须有足够的照度。国内有关部门综合众多因素，并结合国情，特别是电力生产和消费水平，制定了《建筑照明设计标准》（GB 50034—2004），部分生产车间和工作场所的最低光照度参考值如表 11-8 所示。进行照度计算时，一般不应大于照度标准的 20% 或小于照度标准的 10%。

表 11-8 部分生产车间和工作场所的最低光照度参考值

1. 部分生产车间工作面上的最低照度值（参考）						
车间名称及工作内容	工作面上的最低光照度/lx			车间名称及工作内容	工作面上的最低光照度/lx		
	混合照明	混合照明中的一般照明	单独使用一般照明		混合照明	混合照明中的一般照明	单独使用一般照明
机械加工车间	—	—	—	铸工车间			
一般加工	500	30		熔化、浇铸			30
精密加工	1000	75		造型			50
机械装配车间				木工车间			
大件装配	50	50		机床区	300	30	
精密小件装配	1000	75	—	木模区	300	30	—
焊接车间				电修车间			
弧焊、接触焊			50	一般	300	30	
一般划线			75	精密	500	50	

2. 部分生产和生活场所的最低光照度值（参考）					
场所名称	单独一般照明工作面上的最低光照度/lx	工作面离地高度/m	场所名称	单独一般照明工作面上的最低光照度/lx	工作面离地高度/m
高低压配电室	30	0	主控制室	150	0.8
变压器室	20	0	试验室	100	0.8
一般控制室	75	0.8	设计室	100	0.8

场所名称	单独一般照明工作面上的最低光照度/lx	工作面离地高度/m	场所名称	单独一般照明工作面上的最低光照度/lx	工作面离地高度/m
工具室	30	0.8	宿舍、食堂	30	0.8
阅览室	75	0.8	主要道路	0.5	0
办公室、会议室	50	0.8	次要道路	0.2	0

11.3.2　照度的计算

电气照明的照度计算有两种情况，一是在灯具的类型、悬挂高度及布置方案初步确定之后，就应该根据初步拟定的照明方案计算工作面上的照度，检验是否符合照度标准的要求；二是在初步确定灯具类型和悬挂高度之后，根据工作面上的照度标准要求来确定灯具容量或数目，然后确定布置方案。

照度的计算方法，有利用系数法、概算曲线法、比功率法和逐点计算法等。前三种都只用于计算水平工作面上的照度，其中概算曲线法实质上是对系数法的实用简化；而后一种则可用于计算任一倾斜面，包括垂直面上的高度。本书限于篇幅，只介绍应用最广泛的利用系数法。

1. 利用系数的概念

照明光源的利用系数，是表征照明光源的光通量有效利用程度的一个参数，是指投射到工作面上的光通量与光源发出的总光通量之比，用符号 u 表示，即

$$u = \frac{\phi_i}{N\phi} \tag{11-8}$$

式中，ϕ_i——投射到工作面上的有效光通量（lm）；

N——灯具的数量；

ϕ——每盏灯发出的光通量（lm）。

利用系数值的大小与很多因素有关，灯具的悬挂高度越高、光效越高，则利用系数越高；房间的面积越大，形状越接近正方形，墙壁颜色越浅，则利用系数越高。利用系数法是利用系数来计算工作面上平均照度的一种方法，它适用于均匀白炽灯、荧光灯和荧光发光带等场所的照度计算。

2. 工作面上的平均照度计算

当已知房间的长宽、悬挂高度、灯形及光通量时，可以按照下式计算工作面上的平均照度：

$$E_{av} = \frac{u\phi N}{KS} \tag{11-9}$$

式中，E_{av}——平均照度（lx）；

ϕ——每盏灯发出的光通量（lm）；

u——利用系数；

S——房间面积（m^2）；

N——灯具数量；

K——照度补偿系数，如表 11-9。

表 11-9　照度补偿系数

环境污染特征	K 值	
	白炽灯、荧光灯、高强度放电灯	卤钨灯
清洁	1.3	1.2
一般	1.4	1.3
污染严重	1.5	1.4
室外	1.4	1.3

3. 最小照度的计算

在规程上规定的最小照度，并非平均照度。二者之间的关系，用最小照度系数 Z 来表示，即

$$Z = \frac{E_{av}}{E_{min}} \tag{11-10}$$

所以有

$$E_{min} = \frac{u\phi N}{KZS} \tag{11-11}$$

式中，E_{min}——最小照度（lx）；

Z——最小照度系数，如表 11-10 所示。

表 11-10　最小照度系数

Z 值	适 用 场 所
1.3	一般跨度的生产车间、工作场所中灯具的排数少于或者等于 3 排
1.15～1.2	一般跨度的生道车间、工作场所中灯具的排数多于 3 排 多跨、大跨度的生产车间和工作场所 房间较矮、反射条件较好，但灯具的排数少于 3 排
1.1	房间较矮、反射条件较好，但灯具的排数多于 3 排 一般跨度的生产车间、工作场所中灯具的排数多于 4 排，且灯具的距离比较小

当照明装置的 u、Z 等已知时，为保证工作面上一定照度（不小于 E_{min}）所需的光通量或每盏灯发出的光通量可以由下式计算为

$$\phi = E_{min} \frac{KZS}{uN} \tag{11-12}$$

【例 11-2】　某厂房尺寸为 7m×8m，装有 4 个 150W 的广照型照明器，每个照明器的光通量为 1800lm，利用系数 $u = 0.6$，照度补偿系数 $K = 1.3$，照明器装于 5m×6m

的正方形顶角处，悬挂高度 $H = 3.8\text{m}$，试计算水平工作面上的平均照度是多少?

解 (1) 已知 $N = 4$，$\phi = 1800\text{lm}$

所以工作面上的平均照度为

$$E_{\text{av}} = \frac{u\phi N}{KS} = \frac{0.6 \times 1800 \times 4}{1.3 \times 56}\text{lx} = 59.34\text{lx}$$

(2) 查表 11-10 可知最小照度系数 $Z = 1.3$

所以工作面上的最小照度为

$$E_{\text{min}} = \frac{E_{\text{av}}}{Z} = \frac{59.34}{1.3}\text{lx} = 45.65\text{lx}$$

11.4 照明供电系统

教 学 目 标

通过本节的介绍，使读者了解照明电路的一般要求，掌握照明供电系统的组成及接线方式，理解并掌握常用照明供电系统的原理。

11.4.1 照明电路的一般要求

1) 照明网络一般采用 380/220V 中性点接地的三相四线制系统，灯用电压 220V，若负载电流较小，低于 30A 时，则宜采用单相交流 220V 的两相制供电。

2) 生产车间的照明可采用动力和照明合一的供电方式，但照明电源应接在动力总开关之前，以保证一旦动力总开关跳闸时，车间仍有照明电源。

3) 事故照明电路应有独立的供电电源，并与工作照明电源分开，或者事故照明电路接在工作照明电路上，一旦发生故障，借助自动转换开关，接入备用的事故照明电源。

11.4.2 常用照明供电系统

常用的照明供电系统如表 11-11 所示。

表 11-11 照明供电系统

供电方式	照明供电系统	应用说明
单台变压器供电	Dyn11 220/380V 应急照明　动力　正常照明	照明与动力在母线上分开供电

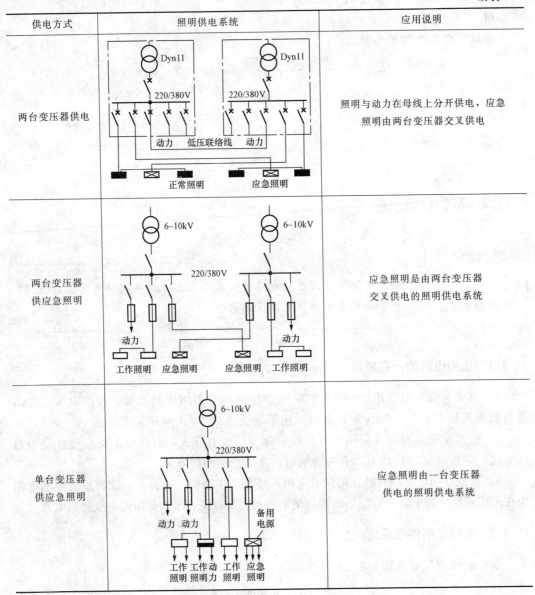

供电方式	照明供电系统	应用说明
两台变压器供电		照明与动力在每线上分开供电，应急照明由两台变压器交叉供电
两台变压器供应急照明		应急照明是由两台变压器交叉供电的照明供电系统
单台变压器供应急照明		应急照明由一台变压器供电的照明供电系统

为了表示电气照明的平面布线情况，设计时应该绘制其平面布线图。某机械加工车间电气照明的平面布线图如图 11-13 所示。在平面布线图上必须表示出所有灯具的位置、数量、灯具型号、灯泡容量、安装高度及安装方式等。

按《建筑简图用图形符号》（GB/T 4728.11—2008）规定，灯具标注的格式为

$$a - b\frac{cdl}{e}f \tag{11-13}$$

式中，a——灯具数量；

$\quad\quad b$——型号或编号；

$\quad\quad c$——每盏灯具的灯泡数；

d——灯泡容量；

　　　　e——灯具安装高度（无 e 时，为吸顶安装）；

　　　　f——安装方式；

　　　　l——光源类别。

　　照明灯具安装方式的文字代号为：X 为线吊式；L 为链吊式；G 为管吊式。光源类别的文字代号为：B 为白炽灯；L 为卤钨灯；Y 为荧光灯；G 为高压汞灯；N 为高压钠灯；JL 为金属卤化物灯；X 为氙灯。

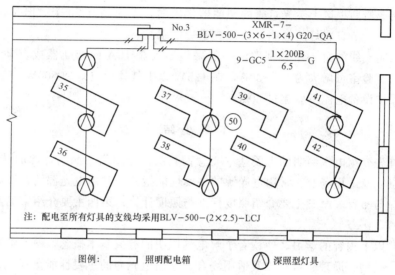

图 11-13　机加工车间电气照明的平面布线图

　　在平面布线图上，还应该在灯具旁标注其平均照度，对配电设备和配电电路也需进行标注。

11.4.3　照明供电系统组成及接线方式

　　照明供电系统一般由接户线、进户线、总配电箱、干线、分配电箱、支线和用电设备（灯具、插座等）组成，如图 11-14 所示。接户线是指由室外架空供电电路的电杆上至建筑物外墙的支架的这段电路；进户线是指从外墙支架至总照明配电盘这段电路；干线是指由总配电盘至分配电盘的这段电路；支线是指由分配电盘引出的电路。

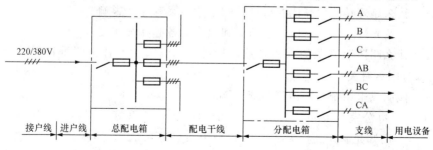

图 11-14　照明供电系统的组成

总照明配电盘内包括照明总开关，总熔断器、电度表和各干线的开关、熔断器等电器。分配电盘有分开关和各支线的熔断器，支线数目约为 6～9 路，也有 3～4 路的。照明电路一般以两级配电盘保护为宜，级数多了难以保证保护的选择性。

干线的接线方式有放射式、树干式、链式三种方式。

支线的供电范围，单相支线不超过 20～30m；三相支线不超过 60～80m；其中每相电流以不超过 15A 为宜，每一单相支线上所安装的灯具和插座不应超过 20 个。给发光檐、发光板或给两根以上荧光灯管的照明器供电时，不应超过 50 个。但是，供电给多灯头艺术花灯、节日彩灯的照明支线灯数不受限制。

室内照明支线的每一单相回路，一般采用不大于 15A 的熔断器或自动开关保护，大型车间、实验室可增大为 25～30A，在 125W 以上气体放电灯和 500W 以上白炽灯的支线里，保护设备电流不应超过 60A。

本 章 小 结

本章首先介绍电气照明的有关基本概念；其次，介绍常用照明灯源的结构、类型、原理、特点以及适用场合、常用电光源的主要性能指标、常用电光源的选择原则、常用灯具的选择与布置。第三主要介绍照度标准与照度计算；第四主要介绍常见照明供电系统等。

通过对以上内容的学习，使读者了解电气照明的有关基本概念，熟悉常用照明灯光源的结构、类型、原理、特点以及适用场合、常用电光源的主要性能指标、常用电光源的选择原则、常用灯具的选择与布置，熟悉照度标准并掌握照度计算，掌握常见照明供电系统。

思考题与习题

11-1 光通量、发光强度、照度、亮度等量的定义是什么？常用单位又各是什么？

11-2 什么叫色温？什么叫显色性？

11-3 什么叫热辐射光源和气体放电光源？各有什么主要特点？

11-4 哪些场合宜采用白炽灯照明？哪些场合宜采用荧光灯照明？

11-5 高压汞灯、高压钠灯、金属卤化物灯和氙灯在光照性能方面各有何优缺点？各适用于哪些场合？

11-6 什么是灯具的距高比？对灯具的布置方案有什么影响？

11-7 在荧光灯工作电路中，启动器和镇流器各起什么作用？

11-8 什么叫照明光源的利用系数？与哪些因素有关？什么叫维护系数（减光系数）？与哪些因素有关？

11-9 照明供电系统一般由哪几部分组成？

11-10 某办公室长 10m，宽 6m，采用 YJK-1/40-2 型灯具照明，在顶棚上均匀布置 6 个灯具。已知光源光通量为 2200lm，利用系数为 0.623，照度补偿系数为 1.2，采用利用系数法求距地面 0.8m 高的工作面上的平均照度。

11-11　如图 11-15 所示，一间教室长 11.3m，宽 6.5m，高 3.5m，在离天花板 0.4m 的高度处安装 YG1-1 型 40W 荧光灯 11 盏，光源的光通量为 2400lm，利用系数为 0.6，教室环境比较清洁，灯具依教室的长度方向布置成 4 行 3 列。试计算课桌表面的平均照度和最小照度各是多少？

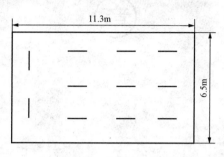

图 11-15　习题 11-11 图

第 12 章

节 约 电 能

知识点 ☞

1. 节约用电的意义和措施。

2. 电动机的节能措施。

3. 变压器的损耗和经济运行。

4. 功率因数的提高等。

12.1　节约用电的意义和措施

12.1.1　节约用电的意义

众所周知，能源是发展国民经济的重要物质基础。而电能是一种很重要的既清洁又方便的二次能源，它在能源中所占比重越来越大。但由于我国人口众多，是全球人均能源保有量最低的国家之一，能源紧张是我国面临的一个严峻的问题，其中也包括电力供应紧张。因此在加强能源开发和搞好再生能源利用的同时，还必须最大限度地降低能源的消耗。由于电能在能源中的重要位置，所以说节能的关键在节电。

首先，从我国电能消耗的情况来看，70%以上消耗在企业，所以企业的电能节约应特别值得重视。其次，虽然我国近几年电力行业投资较大、发展很快，但是仍赶不上用电（特别是企业用电和生活用电）的高速增长。第三，我国的发电效率低，电能的利用率低，存在着较严重的浪费。

因此，在企业供电系统中，多节约一度电，就能为国家创造若干财富，有利于国民经济的发展，所以说节约电能具有很重要的意义。

12.1.2　节约用电的措施

（1）加强节电宣传，提高节电意识

我国能源工作总方针是"开发和节约并重"，"把节约放在优先位置"。企业应加强对全体员工节电的宣传，提高他们的节电意识，树立长期的节电思想。

（2）杜绝浪费现象

我国的大中型企业具有规模大、人数多等的特点。在很多地方有浪费严重的现象。例如，长明灯等，因此应彻底杜绝浪费现象。

（3）加强节电的科学管理

建立健全用电管理机构，落实计划用电、节约用电和降低电力消耗的各项措施。制定一套科学有效的电力管理制度。建立厂部、车间、班组的三级管理网络，责任落实到人。

（4）合理调整电力负荷

根据供电电网的供电情况和用电部门的不同用电规律，合理地、有计划地安排各用电部门的用电时间，以降低负荷高峰，填补负荷低谷。充分发挥发、变电设备的供电能力。

（5）不断开发节电设备

随着新材料、新工艺、新技术的不断出现，企业电气设备不断向节能、低耗方向发展。比如，目前变压器、电动机因所占比重较大，耗电量也大，所以技术人员始终不停地在开发、研制、生产节能型产品。非晶合金低损耗变压器技术、电动机变频调速技术、高效电机技术等的开发与研制也取得了可喜的成果。

（6）合理选择设备容量

企业应根据所有用电负荷，科学合理地选择和配置变压器容量和台数以及经济运行方式，以提高设备的负荷率和运行效率以及使其本身损耗为最小。

（7）提高功率因数

无论是提高自然功率因数还是用无功补偿装置提高功率因数都可以使电路的电能损耗减少，提高发、变电设备的供电能力。

12.2 电动机与变压器的节能

教学目标

通过本节的介绍，使读者了解如何合理选择和使用电动机，掌握变压器的功率损耗和经济运行。

12.2.1 电动机的节能

电动机是企业中应用最广泛的电气设备之一，也是消耗电能的主要设备之一。因此，合理选择和使用电动机就显得十分重要。

1. 合理选择电动机

合理选择电动机类型、功率以及其他技术参数，使其具备所拖动的生产机械的负荷特性。能在各种状态下稳定地工作，在经济、技术上都最佳。

（1）优先选择节能电动机

所谓节能电动机，就是在设计制造上全面减低电动机本身的功率损耗，以提高电动机的效率。例如，Y 系列节能电动机，在较宽的负载范围内效率均较高；功率等级多，可以避免大马拉小车的弊病；而且与 JO2 型老式电动机比较具有起动转矩高、体积小、重量轻等优点。

（2）合理选择电动机类型

若对起动、调速和制动无特殊要求的生产机械，应选择笼型电动机；若重载起动的生产机械，选用笼型电动机不能满足起动要求或加大功率不合理，或调速范围不大的生产机械，且低速运行时间较短时，均选用绕线式电动机为宜；若对起动、调速和制动有特殊要求的生产机械，在交流电动机达不到要求时，可以选择直流电动机。

（3）合理选择电动机功率

运行实践表明，感应式电动机的效率和功率因数是随负荷率的变化而变化的。因此，若选用的电动机功率合适，不但能节约电能，而且还可以提高功率因数，降低无功损耗。例如，当电动机的负荷率低于 40％时，可直接更换小功率的电动机。

（4）合理选择电动机的机械特性

根据负荷特性合理选择电动机，对于提高电动机运行时的安全可靠性和节约电能具有实际意义。只有电动机的机械特性与它所拖动的生产机械的负荷特性相匹配，才能达到既安全可靠又经济的目的。

2. 采用节电调速

根据生产机械的需要，感应式电动机可以采用几种调速方法：①利用电磁转差离合器调速；②利用晶闸管串级调速；③利用变频调速器调速。它们的特点是效率较高、损耗小、节电效果明显。

3. 提高功率因数

（1）减少电动机的空载损耗

感应式电动机的空载损耗主要是无功功率损耗，减少电动机的空载损耗，常用的方法是利用空载自停装置，减少有功和无功功率损耗，提高电动机的功率因数。

（2）提高检修质量

感应式电动机出厂时的各项技术参数应该是最佳的，而检修质量的好与坏对感应式电动机的功率因数影响很大。因此，确保检修质量，以达到或接近出厂时各项技术参数，就能达到节电的目的。

4. 定期保养、维护

电动机的维护和保养往往不被重视，以致造成电动机的效率降低，损耗增加。对电动机要定期检修、经常保养、及时维修，才能使电动机始终处于最佳状态，保证其效率和功率因数维持在较高的水平。

12. 2. 2　变压器的节能

变压器的节能主要有两个方面，一是在选型时，应选择低损耗型的变压器；二是减少变压器运行时的功率损耗。

变压器在供用电设备中，是效率较高的设备之一。然而由于它是电源设备，通常是长期连续运行的，因此，变压器运行时的节能尤为重要。

1. 经济运行与无功经济当量的概念

经济运行是指能使电力系统的有功损耗最小、经济效益最佳的运行方式。变压器的经济运行是指变压器（单台或多台）运行时，本身的有功损耗最小、经济效益最佳的运行方式。

由于无功损耗的存在，使得系统的电流增大，从而使电力系统的有功损耗增加。

无功经济当量是表示供电系统多发送 1kvar 的无功功率时，将使供电系统增加的有功功率的千瓦数，常用 K_q 表示，它与电力系统的容量、结构及计算点位置等多种因素有关。对于企业变电站，无功经济当量 $K_q=0.02\sim0.15$；对经二级变压的企业，$K_q=0.05\sim0.08$；对经三级变压的企业，$K_q=0.1\sim0.15$。

2. 变压器的功率损耗及其计算

变压器功率损耗也包括有功和无功两大部分。

（1）变压器的有功功率损耗

变压器的有功功率损耗由两部分组成。

1）铁心中的有功功率损耗，即铁损 ΔP_{Fe}。铁损在变压器一次绕组的外施电压和频率不变的条件下，是固定不变的，与负荷无关。铁损可由变压器空载实验测定。变压器的空载损耗 ΔP_0 可认为就是铁损，因为变压器的空载电流 I_0 很小，在一次绕组中产生的有功损耗可略去不计。

2）有负荷时，一、二次绕组中的有功功率损耗，即铜损 ΔP_{Cu}。铜损与负荷电流的平方成正比。铜损可由变压器短路实验测定。变压器的短路损耗 ΔP_k 可认为就是铜损，因为变压器短路时一次侧短路电压 U_k 很小，在铁心中产生的有功功率损耗可略去不计。

因此，变压器的有功功率损耗为

$$\Delta P_T = \Delta P_{Fe} + \Delta P_{Cu}\left(\frac{S_{30}}{S_N}\right)^2 \approx \Delta P_0 + \Delta P_k\left(\frac{S_{30}}{S_N}\right)^2 \tag{12-1}$$

或为

$$\Delta P_T \approx P_0 + \Delta P_k\beta^2 \tag{12-2}$$

式中，S_N——变压器的额定容量（kV·A）；

S_{30}——变压器的计算负荷（kV·A）；

β——变压器的负荷率，$\beta = S_{30}/S_N$。

（2）变压器的无功功率损耗

变压器的无功功率损耗也由两部分组成。

1）用来产生主磁通，即产生励磁电流的一部分无功功率，用 ΔQ_0 表示。它只与绕组电压有关，与负荷无关。它与励磁电流成正比，即

$$\Delta Q_0 \approx \frac{I_0\%}{100}S_N \tag{12-3}$$

式中，$I_0\%$——变压器空载电流占额定电流的百分值。

2）消耗在变压器一、二次绕组电抗上的无功功率。额定负荷下的这部分无功损耗用 ΔQ_N 表示。由于变压器绕组的电抗远大于电阻，因此 ΔQ_N 近似地与短路电压成正比，即

$$\Delta Q_N \approx \frac{U_k\%}{100}S_N \tag{12-4}$$

式中，$U_k\%$——变压器的短路电压占额定电压的百分值。

这部分无功损耗与负荷电流的平方成正比。

因此，变压器的无功功率损耗为

$$\Delta Q_T = \Delta Q_0 + \Delta Q_N \left(\frac{S_{30}}{S_N}\right)^2 \approx S_N \left[\frac{I_0\%}{100} + \frac{U_k\%}{100}\left(\frac{S_{30}}{S_N}\right)^2\right] \tag{12-5}$$

或

$$\Delta Q_T \approx S_N \left[\frac{I_0\%}{100} + \frac{U_k\%}{100}\beta^2\right] \tag{12-6}$$

以上各式中的 ΔP_0、ΔP_k、$I_0\%$ 和 $U_k\%$ 等均可从有关手册或产品样本中查得。附表 4 列出了 SL7、SL9 型配电变压器的主要技术数据；附表 6 列出了 S9、SC9 型配电变压器的主要技术数据，可供参考。

在负荷计算中，SL7、SL9、S7、S9 等型号的低损耗电力变压器的功率损耗可按下列简化公式近似计算。

有功损耗为

$$\Delta P_T \approx 0.015 S_{30} \tag{12-7}$$

无功损耗为

$$\Delta Q_T \approx 0.06 S_{30} \tag{12-8}$$

3. 一台变压器的经济运行

变压器的损耗包括有功损耗和无功损耗两部分，而其无功损耗对电力系统来说，通过 K_q 换算后，可等效为有功损耗，这两部分之和就是变压器的有功损耗换算值。

一台变压器在负荷为 S 时的有功损耗换算值为

$$\Delta P \approx \Delta P_T + K_q \Delta Q_T \approx \Delta P_0 + \Delta P_k \left(\frac{S}{S_N}\right)^2 + K_q \Delta Q_0 + K_q \Delta Q_N \left(\frac{S}{S_N}\right)^2$$

即

$$\Delta P \approx \Delta P_0 + K_q \Delta Q_0 + (\Delta P_k + K_q \Delta Q_N)\left(\frac{S}{S_N}\right)^2 \tag{12-9}$$

式中，ΔP_T——变压器的有功损耗（kW）；

ΔQ_T——变压器的无功损耗（kvar）；

ΔP_0——变压器的空载损耗（kW）；

ΔQ_0——变压器空载时的无功损耗（kvar）；

ΔP_k——变压器的短路损耗（kW）；

ΔQ_N——变压器满载时的无功损耗（kvar）；

S_N——变压器的额定容量（kV·A）。

从上式可以看出，要使变压器运行在经济负荷 $S_{ec.T}$ 下，就必须满足变压器单位容量的有功损耗换算值 $\Delta P/S$ 为最小。因此令 $d(\Delta P/S)/dS = 0$，可得变压器的经济负荷为

$$S_{ec.T} = S_N \sqrt{\frac{\Delta P_0 + K_q \Delta Q_0}{\Delta P_k + K_q \Delta Q_N}} \tag{12-10}$$

变压器经济负荷与变压器额定容量之比，称为变压器的经济负荷率，用 $K_{ec.T}$ 表

示，即

$$K_{ec.T} = \sqrt{\dfrac{\Delta P_0 + K_q \Delta Q_0}{\Delta P_k + K_q \Delta Q_N}} \tag{12-11}$$

运行实践表明，一般电力变压器的经济负荷率为 50% 左右，而在考虑多方面因素的情况下，经济负荷率为 70% 左右比较合适。

4. 两台变压器的经济运行

若变电站有两台型号完全相同的变压器，假设变电站的总负荷为 S。

一台变压器单独运行时，它承担总负荷 S，因此由式（12-1）可得其变压器的有功损耗换算值为

$$\Delta P_{\text{I}} \approx \Delta P_0 + K_q \Delta Q_0 + (\Delta P_k + K_q \Delta Q_N)\left(\dfrac{S}{S_N}\right)^2$$

若两台变压器并联运行时，每台承担 $S/2$ 的容量，因此可以求得两台变压器有功损耗换算值为

$$\Delta P_{\text{II}} \approx 2(\Delta P_0 + K_q \Delta Q_0) + 2(\Delta P_k + K_q \Delta Q_N)\left(\dfrac{S}{S_N}\right)^2$$

将以上两式 ΔP 与 S 的函数关系绘成如图 12-1 所示关系曲线，这两条曲线相交于 a 点，a 点所对应的变压器负荷，就是变压器经济运行的临界负荷，用 S_{cr} 表示。

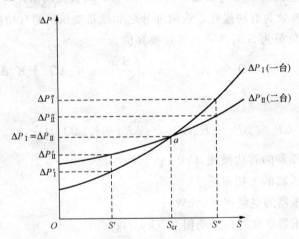

图 12-1　两台变压器经济运行的临界负荷曲线

当 $S = S' < S_{cr}$ 时，则因 $\Delta P'_{\text{I}} < \Delta P'_{\text{II}}$，故一台变压器运行比较经济。

当 $S = S'' > S_{cr}$ 时，则因 $\Delta P''_{\text{I}} > \Delta P''_{\text{II}}$，故两台变压器运行比较经济。

当 $S = S_{cr}$ 时，则 $\Delta P_{\text{I}} = \Delta P_{\text{II}}$，即

$$\Delta P_0 + K_q \Delta Q_0 + (\Delta P_k + K_q \Delta Q_N)\left(\dfrac{S}{S_N}\right)^2$$

$$= 2(\Delta P_0 + K_q \Delta Q_0) + 2(\Delta P_k + K_q \Delta Q_N)\left(\dfrac{S}{2S_N}\right)^2$$

由此可求得判别两台变压器经济运行的临界负荷为

$$S_{cr} = S_N \sqrt{2 \times \frac{\Delta P_0 + K_q \Delta Q_0}{\Delta P_k + K_q \Delta Q_N}} \qquad (12\text{-}12)$$

【例 12-1】 某企业变电站有两台 S9-1250/10 型变压器（Dyn11 连接），试计算该主变压器经济运行的临界负荷值。

解　查附表 6，得 S9-1250/10 型变压器的相关技术参数为：$\Delta P_0 = 2.0\text{kW}$，$\Delta P_k = 11\text{kW}$，$I_0\% = 2.5$，$U_k\% = 5$，取 $K_q = 0.1$。将这些数据分别代入式（12-3）、式（12-4）和式（12-12），即得到这两台变压器经济运行的临界负荷为

$$S_{cr} = 1250 \times \sqrt{2 \times \frac{2 + 0.1 \times 31.25}{11 + 0.1 \times 62.5}} \text{kV} \cdot \text{A} = 963.6\text{kV} \cdot \text{A}$$

因此，当负荷 $S < S_{cr} = 963.5\text{kV} \cdot \text{A}$ 时，单台变压器运行比较经济；当负荷 $S > S_{cr} = 963.5\text{kV} \cdot \text{A}$ 时，两台变压器运行比较经济。也就是说，单台变压器运行在变压器额定容量的 70% 左右是比较经济的；若两台变压器运行，每台变压器运行在额定容量的 50% 左右是比较经济的。

12.3　提高供电系统的功率因数

教 学 目 标

通过本节的介绍，使读者了解功率因数的概念，掌握提高功率因数的基本方法和静电电容器的补偿方式和运行维护。

12.3.1　功 率 因 数

1. 瞬时功率因数

瞬时功率因数可由功率因数表（相位表）直接测量，亦可由功率表、电流表和电压表的读数按下式求出

$$\cos\varphi = \frac{P}{\sqrt{3}UI} \qquad (12\text{-}13)$$

式中，P——功率表测出的三相功率读数（kW）；

　　　I——电流表测出的线电流读数（A）；

　　　U——电压表测出的线电压读数（kV）。

瞬时功率因数只用来了解和分析企业或设备在生产过程中无功功率的变化情况，以便采取适当的补偿措施。

2. 平均功率因数

平均功率因数亦称加权平均功率因数，按下式计算为

$$\cos\varphi = \frac{W_p}{\sqrt{W_p^2 + W_q^2}} = \frac{1}{\sqrt{1 + \left(\dfrac{W_q}{W_p}\right)^2}} \qquad (12\text{-}14)$$

式中，W_p——某一时间内消耗的有功电能，由有功电度表读出（kW·h）；

$\quad\quad W_q$——某一时间内消耗的无功电能，由无功电度表读出（kvar·h）。

我国电业部门每月向企业用户收取电费，就规定电费要按月平均功率因数的高低来调整。

3. 最大负荷时的功率因数

最大负荷时功率因数指在年最大负荷（或计算负荷）时的功率因数，按下式计算为

$$\cos\varphi = \frac{P_{30}}{S_{30}} \qquad (12\text{-}15)$$

12.3.2　提高功率因数

企业节约电能的途径之一就是提高功率因数。因为输送同样的有功功率，功率因数低则取用的无功功率大，视在功率和总的电流也大，从而导致电能损耗和电压损失的增加，如图 12-2 所示，所以电力单位及企业均希望提高功率因数。

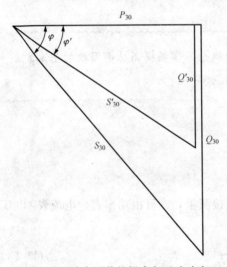

图 12-2　功率因数的提高与无功功率和视在功率的变化

图 12-2 表示功率因数提高与无功功率和视在功率变化的关系。假设功率因数由 $\cos\varphi$ 提高到 $\cos\varphi'$，这时在负荷需用的有功功率 P_{30} 不变的条件下，无功功率将由 Q_{30} 减小到 Q'_{30}，视在功率将由 S_{30} 减小到 S'_{30}。相应地负荷电流 I_{30} 也得以减小，这将使系统的电能损耗和电压损耗相应降低，既节约了电能，又提高了电压质量，而且可选较小容量的供电设备和导线电缆，因此提高功率因数对电力系统大有好处。

我国电力工业部于 1996 年制定的《供电营业规则》规定："用户在当地供电企业规定的电网高峰负荷时的功率因数应达到下列规定：100V·A 及以上高压供电的用户功率因数为 0.90 以上。其他电力用户和大、中型电力排灌站、趸购转售电企业，功率因数为 0.85 以上。"

提高功率因数的方法主要是提高自然功率因数和采用人工补偿的方法。

1. 提高自然功率因数

提高自然功率因数是指设法降低用电设备本身所需的无功功率，从而改善其功率因数。主要是从合理选择和使用电气设备，改善它们的运行方式以及提高对它们的检修质量等方面着手。这是提高功率因数的积极有效的方法。

2. 功率因数的人工补偿

在企业，由于有大量的感应式电动机、电焊机、电弧炉及气体放电灯等感性负荷，从而使功率因数降低。如在充分发挥设备潜力、改善设备运行性能、提高其自然功率因数的情况下，尚达不到规定的企业功率因数要求时，则需考虑人工补偿。

在大、中型企业，常见的功率因数的人工补偿方法有：静电电容器补偿；同步电动机补偿；动态无功补偿等。其中，应用最广泛的是静电电容器补偿。

12.3.3　静电电容器补偿方法

1. 补偿容量的确定

由图 12-2 可知，要使功率因数由 $\cos\varphi$ 提高到 $\cos\varphi'$，必须装设的无功补偿装置容量为

$$Q_\mathrm{c} = Q_{30} - Q'_{30} = P_{30}(\tan\varphi - \tan\varphi') \qquad (12\text{-}16)$$

或

$$Q_\mathrm{c} = \Delta q_\mathrm{c} P_{30} \qquad (12\text{-}17)$$

式中，$\Delta q_\mathrm{c} = \tan\varphi - \tan\varphi'$，称为无功补偿率。它表示要使 1kW 的有功功率由 $\cos\varphi$ 提高到 $\cos\varphi'$ 所需要的无功补偿容量值，单位为 kvar；Q_c 为无功补偿装置容量，单位为 kvar。

附表 3 列出了并联电容器的无功补偿率，可利用补偿前后的功率因数直接查出。

在确定了总的补偿容量后，即可根据所选并联电容器的单个容量 q_c 来确定电容器的个数，即

$$n = \frac{Q_\mathrm{c}}{q_\mathrm{c}} \qquad (12\text{-}18)$$

常用的 BW 型静电电容器的主要技术数据，如附表 4 所列，可供参考。

2. 无功补偿后的总计算负荷的确定

企业装设了无功补偿装置以后，则在确定补偿装置装设地点以前的总计算负荷时，应扣除无功补偿的容量，即总的无功计算负荷为

$$Q'_{30} = Q_{30} - Q_\mathrm{c} \qquad (12\text{-}19)$$

补偿后总的视在计算负荷为

$$S'_{30} = \sqrt{P_{30}^2 + (Q_{30} - Q_\mathrm{c})^2} \qquad (12\text{-}20)$$

计算负荷电流为

$$I'_{30} = \frac{S'_{30}}{\sqrt{3} \cdot U_\mathrm{N}} \qquad (12\text{-}21)$$

功率因数为

$$\cos\varphi' = \frac{P_{30}}{S'_{30}} \qquad (12\text{-}22)$$

式中，Q'_{30}、S'_{30}、I'_{30} 和 $\cos\varphi'$——补偿后的无功功率、视在功率、计算负荷电流和功率

因数。

由上式可以看出，在变电站低压侧装设了无功补偿装置以后，由于低压侧总的视在计算负荷减小，从而可使变电站主变压器的容量选得小一些。这不仅降低了变电站的初投资，而且可减少企业的电费开支。因为我国电业部门对大工业用户是实行的"两部电费制"，一部分叫做基本电费，是按所装用的主变压器容量来计费的，规定每月按（kV·A）容量交费，容量越大，交费就越多；另一部分电费叫做电度电费，是按每月实际耗用的电能（kW·h）数来计算电费，并且要根据月平均功率因数的高低乘上一个调整系数。凡月平均功率因数高于规定值（一般规定为 0.85）的，可按一定比率减收电费；而低于规定值时，则要按一定比率加收电费。

由此可见，提高工厂功率因数不仅对整个电力系统大有好处，而且对企业本身也是有一定益的。

3. 补偿方式

在企业供电系统中，常用的补偿方式有集中、分散和个别补偿三种补偿方式。

（1）集中补偿

这种补偿方式就是把电容器组集中安装在变电站的一次侧或二次侧母线上。集中补偿方式具有安装简便，运行可靠，利用率高等优点，因此被广泛应用。但必须装设自动控制设备，使之能随着负荷的变化而自动投切。一般适用于企业变电站的补偿。

（2）分散补偿

这种补偿方式就是将电容器组分组安装在各配电室或分路出线上，它可与部分负荷的变动同时投入或切除。分散补偿方式具有补偿范围更大，效果比较好等优点。但设备投资较大，利用率不高。一般适用于补偿量小、用电设备多而分散和部分补偿容量相当大的场所。

（3）个别补偿

这种补偿方式就是把电容器直接并接到单台用电设备的同一电气回路中，与设备同时投切。个别补偿方式效果最好，但电容利用率低，一般适用于容量较大的高、低压电动机等用电设备的补偿。

12.3.4 静电电容器的运行与维护

（1）新装电容器的投入运行前的检查

1）应经过交接试验，并达到合格标准。

2）布置合理，各部分连接牢靠，接地符合要求。

3）接线正确，电压应与电网额定电压相符。

4）放电装置应符合规程要求，并经过试验合格。

5）电容器组的控制、保护和监视回路均应完善，温度计齐全，并试验合格，整定值正确。

6）与电容器组连接的电缆、断路器、熔断器等电气设备应试验合格。

7）三相间的容量应保持平衡，其误差值不应超过一相总容量的 5%。

8）外观检查应良好，无渗漏油现象。

9）电容器室的建筑结构和通风措施均应符合规程要求。

（2）对运行中电容器组的检查

1）日常巡视检查。应有运行值班人员进行检查。有人值班时，每班检查一次，无人值班时，每周检查一次。一般在夏季室温最高时、其他季节系统电压最高时进行检查。检查时主要观察电容器外壳有无膨胀、漏油痕迹，有无异常声响和火花等。并对检查发现的问题应进行记录。

2）定期停电检查。应每季进行一次，应检查各螺钉接点的松紧和接触情况，放电回路是否完好，风道有无积尘并清扫电容器外壳、绝缘子和支架等处的灰尘，检查外壳的保护接地线是否完好，继电保护、熔断器等保护装置是否完整可靠，断路器、馈电线等是否良好。

3）特殊巡视检查。在出现断路器跳闸、熔断器熔体熔断等情况后，应立即进行特殊巡视检查，即有针对性地查找原因，必要时应对电容器进行试验，在未查出故障原因之前，不得再次合闸运行。

4）定期对电容器进行预防性试验。按规程要求，应定期对电容器进行预防性试验，各项试验要合格。

本 章 小 结

1. 节约用电的意义和措施

节约用电有利于国民经济的发展，节约电能具有很重要的意义。节约用电的措施包括：提高节电意识、加强节电的科学管理、合理调整电力负荷、开发节电设备、合理选择设备容量和提高功率因数等。

2. 电动机与变压器的节能

电动机是企业中应用最广泛的电气设备之一，也是消耗电能的主要设备，合理选择和使用电动机就显得十分重要。

变压器在供用电设备中，通常是长期连续运行的，变压器运行时的节能尤为重要。变压器功率损耗也包括有功和无功两部分。运行实践表明，一般电力变压器的经济负荷率为 50% 左右。

3. 提高供电系统的功率因数

企业节约电能的途径之一就是提高功率因数。提高功率因数的方法主要是提高自然功率因数和采用人工补偿的方法。在企业供电系统中，常用的静电电容器补偿方式有集中、分散和个别补偿三种补偿方式。

思考题与习题

12-1 节约电能对国民经济发展有何重大意义？

12-2 节约电能的措施有哪些？

12-3 在企业，为什么把电动机和变压器作为主要的节能对象？

12-4 变压器的功率损耗包括哪些内容？

12-5　低损耗型变压器的功率损耗近似计算式与什么有关？

12-6　提高自然功率因数，指的是哪些方面？

12-7　功率因数有几种？分别叫什么？

12-8　无功功率的人工补偿有哪几种方法？企业应用最广泛的是哪种方法？

12-9　采用静电电容器补偿，一般有哪些补偿方式？

12-10　试计算 S9-800/10 型变压器（Dyn11 接线）的经济负荷和经济负荷率。

12-11　对运行中电容器组检查的内容是什么？

第 13 章

实验与实训

知识点 ☞

1. 各种实验和实训电路的接线方法，基本要求，基本原理，测试手段。
2. 测试方法，整定方法等。

13.1 供配电系统常用继电器特性实验

技能要求

1）会使用互感器以及电流表等常用电测仪表。

2）掌握所测各种继电器的结构和调整方法。

3）具备初级电工基本操作技能。

实验任务

1. 电流继电器

1）实验前准备。

2）动作电流和返回电流测试。

3）返回系数的调整。

4）动作值的调整。

2. 电压继电器

1）实验前准备。

2）过电压继电器的动作电压和返回电压测试。

3）低电压继电器的动作电压和返回电压测试。

4）返回系数的调整。

3. 时间继电器

1）实验前准备。

2）动作电压和返回电压测试。

3）动作时间测定。

4. 中间继电器

1）实验前准备。

2）继电器动作值与返回值检验。

3）保持值测试。

4）返回时间测试。

5. 信号继电器

1）实验前准备。

2）动作电流（电压）和释放电压测试。

3）观察动作时间和返回时间是否符合要求。

6. GL 型电流继电器

1）实验前准备。

2）动作电流和返回电流测试。

3）时间调整。

4）返回系数的调整。

5）动作值的调整。

13.2　供电电路的定时限过电流保护实验

教 学 目 标

　　1）掌握过电流保护的电路原理，深入了解继电保护二次原理接线图和展开接线图。

　　2）学会识别本实验中继电保护实际设备与原理接线图和展开接线图的对应关系。

　　3）进行实际接线操作，掌握过电流保护的整定调试和动作实验方法。

技能要求

1）会使用和调整本实验所使用的各种继电器。

2）会使用和调整本实验所使用的其他实验设备。

3）熟练掌握本实验原理接线图。

4）具备初级电工基本操作技能。

实验任务

1）实验前准备。

2）按实验指导书要求完成供电电路的定时限过电流保护的接线、整定、合闸（送电）、短路、跳闸、报警等整个实验过程。

13.3 供电电路的反时限过电流保护实验

教学目标

1）掌握感应型电流继电器的基本结构、工作原理、基本特性、测试方法和整定方法。

2）掌握反时限过电流保护的整定计算方法。

3）进行实际接线操作，掌握反时限过电流保护的整定调试和动作试验方法。

技能要求

1）会使用和调整 GL 型继电器。

2）会使用和调整本实验所使用的其他实验设备。

3）熟练掌握本实验原理接线图。

4）具备初级电工基本操作技能。

实验任务

1）实验前准备。

2）按实验指导书要求完成供电电路的反时限过电流保护的接线、整定、合闸（送电）、短路、跳闸、报警等整个实验过程。

13.4 电力变压器定时限过电流保护实验

教学目标

1）掌握电力变压器的继电保护电路、接线方法及整定方法。

2）进行实际接线操作，掌握电力变压器的继电保护的调试和动作试验方法。

技能要求

1）会使用和调整本实验所使用的各种继电器。

2）会使用和调整本实验所使用的其他实验设备。

3）熟练掌握本实验原理接线图。

4）具备初级电工基本操作技能。

1）实验前准备。

2）按实验指导书要求完成电力变压器的定时限过电流保护的接线、整定、合闸（送电）、短路、跳闸、报警等整个实验过程。

13.5　断路器控制及二次回路实验

教 学 目 标

1）掌握手动和电磁操作机构的断路器控制回路的电路图、工作原理、功能及特点。

2）通过实验掌握常用万能转换开关的使用方法。

■■ **技能要求** ■■■■■■■■■■■■■■■■■■■■■■■■■■■■■■■■

1）熟悉手动和电磁操作机构的结构及操作。

2）会使用和调整本实验所使用的其他实验设备。

3）熟练掌握本实验原理接线图。

4）具备初级电工基本操作技能。

■■ **实验任务** ■■■■■■■■■■■■■■■■■■■■■■■■■■■■■■■■

1）实验前准备（必要操作）。

2）按图接线并检查接线是否正确。

3）合闸（送电）。

4）观察断路器的控制操作过程（合闸状态和跳闸操作）。

13.6　6～35kV 系统的绝缘监视实验

教 学 目 标

1）了解绝缘监视装置的作用。

2）掌握绝缘监视装置电路的组成、工作原理和实际用途。

■■ **技能要求** ■■■■■■■■■■■■■■■■■■■■■■■■■■■■■■■■

1）熟悉和会使用单相双绕组电压互感器、单相三绕组电压互感器和三相五心柱三绕组电压互感器。

2）会使用和调整本实验所使用的其他实验设备。

3）熟练掌握本实验原理接线图。

4）具备初级电工的基本操作技能。

■ 实验任务

1）实验前准备。

2）按实验指导书要求完成绝缘监视装置的接线、整定、合闸（送电）、观看并测量零序电压在正常和接地时的大小变化情况。

13.7　供配电系统一次重合闸实验

教学目标

1）熟悉电气一次重合闸装置的概念及基本原理。

2）掌握电气一次重合闸装置的电路原理和要求。

■ 技能要求

1）了解电气一次重合闸装置的应用场合和分类。

2）了解电气一次重合闸装置的结构和工作原理。

3）具备一定的电气一次重合闸识图能力和操作技能。

4）具备初级电工基本操作技能。

■ 实验任务

1）实验前准备。

2）按照正确顺序启动实验装置。

3）按照实验接线图接线。

4）按实验指导书要求进行设定。

5）按实验指导书要求进行操作。

6）观看电路工作过程，并记录填表。

13.8　备用电源自动投入实验

教学目标

1）巩固和加深对备用电源自动投入装置的工作原理和基本要求。

2）掌握备用电源自动投入电路的接线和工作原理。

1）了解备用电源自动投入的应用场合。

2）了解备用电源自动投入的基本要求。

3）具备一定的备用电源自动投入装置的识图能力和操作技能。

4）具备初级电工基本操作技能。

■■实验任务

1）实验前准备。

2）按照正确顺序启动实验装置。

3）按照实验接线图接线。

4）按实验指导书要求进行设定。

5）按实验指导书要求进行操作。

6）观看电路工作过程，并记录填表。

13.9 供电电路的电流速断保护实训

教学目标

1）在完成供电电路的定时限过电流保护实验以后，进行此次实训，也是加深和巩固电路保护的措施之一。

2）根据电路的定时限过电流保护实验原理，设计出电流速断保护原理实验接线图。

3）掌握电流速断保护的接线原理和各继电器的实际整定方法。

■■技能要求

1）会熟练使用和调整本实验所使用的各种继电器。

2）会熟练使用和调整本实验所使用的其他实验设备。

3）熟练掌握本实验原理接线图。

4）具备一定的设计能力和电工基本操作技能。

■■实训任务

1）实训前准备。

2）继电器、互感器以及相关实验设备等单元实训。

3）按实验指导书要求完成供电电路的电流速断保护的接线、整定、合闸（送电）、短路、跳闸、报警等整个实训过程。

13.10 电力变压器的电流速断保护实训

教学目标

1）了解变压器短路时的电流变化情况。

2）在完成电力变压器的定时限过电流保护实验以后，进行此次实训，也是加深和巩固变压器保护的措施之一。

3）根据变压器的定时限过电流保护实验原理，设计出电流速断保护原理实验接线图。

4）掌握电力变压器的电流速断保护的接线原理和整定方法。

技能要求

1）熟悉变压器型号及主要技术数据。

2）会熟练使用和调整本实验所使用的各种继电器。

3）会熟练使用和调整本实验所使用的其他实验设备。

4）熟练掌握本实验原理接线图。

5）具备一定的设计能力和电工基本操作技能。

实训任务

1）实训前准备。

2）变压器负载和短路通电试验。

3）继电器、互感器以及相关实验设备等单元实训。

4）按实验指导书要求完成电力变压器的电流速断保护的接线、整定、合闸（送电）、短路、跳闸、报警等整个实训过程。

13.11 供配电系统的倒闸操作实训

教学目标

1）了解倒闸操作。

2）熟悉倒闸操作的要求及步骤。

3）熟悉倒闸操作的注意事项。

技能要求

1）了解并熟悉"倒闸操作细则"和"倒闸操作票"的填写方法。

2）熟悉本实验所使用的各种开关设备的操作方法。

3）会熟练使用和调整本实验所使用的其他相关实验设备。

4）熟悉本实验主接线图（或运行图）。

5）具备初级电工基本操作技能。

实训任务

1）实训前准备。

2）倒闸操作的具体要求。

3）倒闸操作的步骤。

4）倒闸操作的注意事项。

5）送电操作。

6）停电操作。

7）断路器和隔离开关的倒闸操作。

13.12　电气主接线图认知实训

教学目标

1）了解电气元件的代表符号。

2）了解电气主接线图规则。

技能要求

1）具备一定的电气主接线图的识图能力。

2）熟悉本实验所使用的各种电气设备的结构及动作原理。

3）熟悉模拟图。

4）具备初级电工基本操作技能。

实训任务

1）实训前准备。

2）熟悉控制屏上的模拟图。

3）熟悉各个电气元件（如 QF、QS、T、TA 和 TV），并找到每个电气元件在模拟屏上的位置。

13.13 实训台电气主接线模拟图的认知实训

技能要求

1）具备一定的电气主接线图的识图能力。

2）熟悉本实验所使用的各种开关设备。

3）会熟练使用和调整本实验所使用的其他相关实验设备。

4）熟悉本实验主接线模拟图。

5）具备初级电工基本操作技能。

实训任务

1）实训前准备。

2）认知 35kV 总降压变电所主接线模拟部分。

3）按实训指导书要求的操作步骤操作。

13.14 电压互感器与电流互感器的接线实训

技能要求

1）熟悉电压互感器与电流互感器主要技术数据。

2）具备一定的电工识图能力。

3）具备初级电工基本操作技能。

实训任务

1. 电压互感器

1）一个单相电压互感器的接线。

2）两个单相电压互感器的接线。

3）三个单相电压互感器的接线。

2. 电流互感器

1）单相式接线。

2）两相 V 形接线。

3）两相差式接线。

4）三相 Y 形接线。

13.15 变压器有载调压实训

教 学 目 标

1）了解变压器的分接头换挡接线原理。

2）熟悉变压器有载调压操作。

技能要求

1）熟悉变压器主要技术数据。

2）熟悉变压器有载调压装置及接线图。

3）熟悉变压器远动控制分接头。

4）具备初级电工的基本操作技能。

实训任务

1）实训前准备。

2）手动控制分接头。

3）按实训指导书要求操作。

4）远动控制分接头。

5）按实训指导书要求操作。

13.16 模拟系统正常、最大和最小运行方式实训

教 学 目 标

1）巩固系统运行方式概念。

2）掌握系统几种运行方式及特点。

技能要求

1) 熟悉系统运行方式的概念及特点。

2) 了解实训装置及有关参数设置。

3) 具备初级电工基本操作技能。

实训任务

1) 实训前准备。

2) 按照正确顺序启动实训装置。

3) 按照实训指导书要求和顺序进行设置。

4) 模拟短路故障。

5) 记录并填表。

13.17　模拟系统短路实训

教 学 目 标

1) 巩固系统短路的形式及特点等相关概念。

2) 掌握系统短路形式及特点。

技能要求

1) 熟悉系统运行方式的概念及特点。

2) 了解实训装置及有关参数设置。

3) 具备初级电工基本操作技能。

实训任务

1) 实训前准备。

2) 按照正确顺序启动实训装置。

3) 按照实训指导书要求和顺序进行设置。

4) 模拟短路故障。

5) 记录并填表。

13.18　电秒表操作实训

技能要求

1）了解实训装置及有关参数设置。

2）具备初级电工基本操作技能。

实训任务

1）实训前准备。

2）按照正确顺序启动实训装置。

3）按照实训指导书要求和顺序分步进行。

附 录 附 表

附表 1　用电设备组的需要系数、二项式系数及功率因数值

用电设备组名称	需要系数 K_d	二项式系数		最大容量设备台数 x^1	$\cos\varphi$	$\tan\varphi$
		b	c			
小批生产的金属冷加工机床电动机	0.16~0.2	0.14	0.4	5	0.5	1.73
大批生产的金属冷加工机床电动机	0.10~0.25	0.14	0.5	5	0.5	1.73
大批生产的金属热加工机床电动机	0.25~0.3	0.24	0.4	5	0.6	1.33
大批生产的金属热加工机床电动机	0.3~0.35	0.26	0.5	5	0.65	1.17
通风机、水泵、空压机及电动发电机组电动机	0.7~0.8	0.65	0.25	5	0.8	0.75
非连锁的连续运输机械及铸造车间整砂机械	0.5~0.6	0.4	0.4	5	0.75	0.88
连锁的连续运输机械及铸造车间整砂机械	0.65~0.7	0.6	0.2	5	0.75	0.88
锅炉房和机加、机修、装配等类车间的吊车（ε=25%）	0.1~0.15	0.06	0.2	3	0.5	1.73
铸造车间的吊车（ε=25%）	0.15~0.25	0.09	0.3	3	0.5	1.73
自动连续装料的电阻炉设备	0.75~0.8	0.7	0.3	2	0.95	0.33
实验室用的小型电热设备（电阻炉、干燥箱等）	0.7	0.7	0	—	1.0	0
工频感应电炉（未带无功补偿装置）	0.8	—	—	—	0.35	2.68
高频感应电炉（未带无功补偿装置）	0.8	—	—	—	0.6	1.33
电弧熔炉	0.9	—	—	—	0.87	0.57
点焊机、缝焊机	0.35	—	—	—	0.6	1.33
对焊机、铆钉加热机	0.35	—	—	—	0.7	1.02
自动弧焊变压器	0.5	—	—	—	0.4	2.29
单头手动弧焊变压器	0.35	—	—	—	0.35	2.68
多头手动弧焊变压器	0.4	—	—	—	0.35	2.68
单头弧焊电动发电机组	0.35	—	—	—	0.6	1.38
多头弧焊电动发电机组	0.7	—	—	—	0.75	0.88
生产厂房及办公室、阅览室、实验室照明[2]	0.8~1	—	—	—	1.0	0
变配电所、仓库照明[1]	0.5~0.7	—	—	—	1.0	0
宿舍（生活区）照明[2]	0.6~0.8	—	—	—	1.0	0
室外照明、应急照明[2]	1	—	—	—	1.0	0

注：1. 如果用电设备组的设备总台数 $n<2x$ 时，则最大容量设备台数取 $x=n/2$，且按"四舍五入"修约规则取整数。

　　2. 这里的 $\cos\varphi$ 和 $\tan\varphi$ 值均为白炽灯照明数据，如为荧光灯照明，则 $\cos\varphi=0.9$，$\tan\varphi=0.48$；如为高压汞灯、钠灯，则 $\cos\varphi=0.5$，$\tan\varphi=1.73$。

附表 2　部分工厂全厂需要系数、功率因数及年最大有功负荷利用小时参考值

工厂类别	需要系数	功率因数	年最大有功负荷利用小时数/h	工厂类别	需要系数	功率因数	年最大有功负荷利用小时数/h
汽轮机制造厂	0.28	0.88	5000	量具刃具制造厂	0.26	0.60	3800
锅炉制造厂	0.27	0.73	4500	工具制造厂	0.34	0.65	3800
柴油机制造厂	0.32	0.74	4500	电机制造厂	0.33	0.65	3000
重型机械制造厂	0.35	0.79	3700	电器开关制造厂	0.35	0.75	3400
重型机床制造厂	0.32	0.71	3700	电线电缆制造厂	0.35	0.73	3500
机床制造厂	0.2	0.65	3200	仪器仪表制造厂	0.37	0.81	3500
石油机械制造厂	0.45	0.78	3500	滚珠轴承制造厂	0.28	0.70	5800

附表 3　并联电容器的无功补偿率

补偿前的功率因数	补偿后的功率因数				补偿前的功率因数	补偿后的功率因数			
	0.85	0.90	0.95	1.00		0.85	0.90	0.95	1.00
0.60	0.713	0.849	1.004	1.322	0.76	0.235	0.371	0.526	0.85
0.62	0.646	0.782	0.937	1.266	0.78	0.182	0.318	0.473	0.80
0.64	0.581	0.717	0.872	1.206	0.80	0.130	0.266	0.421	0.75
0.66	0.518	0.654	0.809	1.138	0.82	0.078	0.214	0.369	0.69
0.68	0.458	0.594	0.749	1.078	0.84	0.026	0.162	0.317	0.64
0.70	0.400	0.536	0.691	1.020	0.86	—	0.109	0.264	0.59
0.72	0.344	0.480	0.635	0.964	0.88	—	0.056	0.211	0.54
0.74	0.289	0.425	0.580	0.909	0.90	—	0.000	0.155	0.48

附表 4　BW 型并联电容器的技术数据

型号	额定容量/kvar	额定电容/μF	型号	额定容量/kvar	额定电容/μF
BW0.4—12—1	12	240	BWF6.3—30—1W	30	2.4
BW0.4—12—3	12	240	BWF6.3—40—1W	40	3.2
BW0.4—13—1	13	259	BWF6.3—50—1W	50	4.0
BW0.4—13—3	13	259	BWF6.3—100—1W	100	8.0
BW0.4—14—1	14	280	BWF6.3—120—1W	120	9.63
BW0.4—14—3	14	280	BWF10.5—22—1W	22	0.64
BW6.3—12—1TH	12	0.96	BWF10.5—25—1W	25	0.72
BW6.3—12—1W	12	0.96	BWF10.5—30—1W	30	0.87
BW6.3—16—1W	16	1.28	BWF10.5—40—1W	40	1.15
BW10.5—12—1W	12	0.35	BWF10.5—50—1W	50	1.44
BW10.5—16—1W	16	0.46	BWF10.5—100—1W	100	2.89
BWF6.2—22—1W	22	1.76	BWF10.5—120—1W	120	3.47
BWF6.3—25—1W	25	2.0			

注：1. 额定频率均为 50Hz。

　　2. 并联电容器全型号表示和含义：

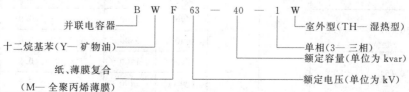

附表5 10kV级部分配电变压器的主要技术数据

1. SL7系列配电变压器的主要技术数据

额定容量 /(kV·A)	空载损耗 /W	短路损耗 /W	阻抗电压 /%	空载电流 /%	额定容量 /(kV·A)	空载损失 /W	短路损失 /W	阻抗电压 /%	空载电流 /%
100	320	2000	4	2.6	500	1080	6900	4	2.1
125	370	2450	4	2.5	630	1300	8100	4.5	2.0
160	460	2850	4	2.4	800	1540	9900	4.5	1.7
200	540	3400	4	2.4	1000	1800	11 600	4.5	1.4
250	640	4000	4	2.3	1250	2200	13 800	4.5	1.4
315	760	4800	4	2.3	1600	2650	16 500	4.5	1.3
400	920	5800	4	2.1	2000	3100	19 800	5.5	1.2

2. SL9系列配电变压器的主要技术数据

额定容量 /(kV·A)	空载损耗 /W	短路损耗 /W	阻抗电压 /%	空载电流 /%	额定容量 /(kV·A)	空载损失 /W	短路损失 /W	阻抗电压 /%	空载电流 /%
100	290	1500	4	2.0	500	1000	5000	4.5	1.4
125	350	1750	4	1.8	630	1230	6000	4.5	1.2
160	420	2100	4	1.7	800	1450	7200	4.5	1.2
200	500	2500	4	1.7	1000	1720	10 000	4.5	1.1
250	590	2950	4	1.5	1250	2000	11 800	4.5	1.1
315	700	3500	4	1.5	1600	2450	14 000	4.5	1.0
400	840	4200	4	1.4					

注：本表所示变压器的额定一次电压为6～10kV，额定二次电压为230/400V，联结组为Yyn0。

附表6 S9、SC9型配电变压器的主要技术数据

1. S9系列铜线配电变压器的主要技术数据

型号	额定容量 /(kV·A)	额定电压/kV 高压	额定电压/kV 低压	联结组标号	损耗/W 空载	损耗/W 短路	空载电流 /%	阻抗电压 /%
S9-250/10（6）	250			Yyn0	560	3050	1.2	4
				Dyn11	600	2900	3.0	4
S9-315/10（6）	315			Yyn0	670	3650	1.1	4
				Dyn11	720	3450	3.0	4
S9-400/10（6）	400	11, 10.5, 10, 6.3, 6	0.4	Yyn0	800	4300	1.0	4
				Dyn11	870	4200	3.0	4
S9-500/10（6）	500			Yyn0	960	5100	1.0	4
				Dyn11	1030	4950	3.0	4
S9-630/10（6）	630			Yyn0	1200	6200	0.9	4.5
				Dyn11	1300	5800	3.0	5
S9-800/10（6）	800			Yyn0	1400	7500	0.8	4.5
				Dyn11	1400	7500	2.5	5

2. SC9 系列环氧树脂浇注干式铜线配电变压器

型号	额定容量/(kV·A)	额定电压/kV 高压	低压	联结组标号	损耗/W 空载	短路	空载电流/%	阻抗电压/%
SC9-30/10	30	11			200	560	2.8	
SC9-50/10	50	10.5			260	860	2.4	
SC9-80/10	80	10			340	1140	2	
SC9-100/10	100	6.6	0.4	Yyn0 Dyn11	360	1440	2	
SC9-125/10	125	6.3			420	1580	1.6	
SC9-160/10	160	6			500	1980	1.6	
SC9-200/10	200				560	2240	1.6	

附表 7　部分高压断路器的主要技术数据

类型	型号	额定电压/kV	额定电流/A	开断电流/kA	断流容量/(MV·A)	动稳定电流峰值/kA	热稳定电流/kA	固有分闸时间/s≤	合闸时间/s≤	配用操动机构型号
少油户外	SW2-35/1000	35	1000	16.5	1000	45	16.5 (4s)	0.06	0.4	CT2-XG
	SW2-35/1500		1500	24.8	1500	63.1	24.8 (4s)			
少油户内	SN10-35 I	35	1000	16	1000	45	16 (4s)	0.06	0.2	CT10
	SN10-35 II		1250	20	1200	50	20 (4s)		0.25	CD10
	SN10-10 I		630	16	300	40	16 (4s)	0.06	0.15	C18
			1000	16	300	40	16 (4s)		0.2	CD10 I
	SN10-10 II	10	1000	31.5	500	80	31.5 (4s)	0.06	0.2	CD10 I、II
			1250	40	750	125	40 (4s)		0.2	
	SN10-10 III		2000	40	750	125	40 (4s)	0.07	0.2	CD10 III
			3000	40	750	125	40 (4s)			
真空户内	ZN12-35	35	1250	25	—	63	25 (4s)	0.075	0.09	CT（专用）
			1600	31.5		80	31.5 (4s)			
			2000							
	ZN12-10 I		1250	31.5	—	80	31.5 (4s)	0.065	0.075	CT（专用）
	ZN12-10 II		1600							
	ZN12-10 III		2000							
	ZN12-10 IV		2500							
	ZN12-10 V	10	1600		—	100	40 (3s)	0.065	0.075	CT（专用）
	ZN12-10 VI		2000							
	ZN12-10 VII		3150							
	ZN12-10 VIII		1600		—	125	50 (3s)	0.065	0.075	CT（专用）
	ZN12-10 IX		2000							
	ZN12-10 X		3150							
六氟化硫 (SF₆) 户内	LN2-35 I	35	1250	16		40	16 (4s)	0.06	0.15	CT12 II
	LN2-35 II		1250	25	—	63	25 (4s)			
	LN2-35 III		1600	25		63	25 (4s)			
	LN2-10	10	1250	25	—	63	25 (4s)	0.06	0.5	CT12 I

附表 8　部分高压隔离开关的主要技术数据

序号	型号	测定电压/kV	额定电流/A	极限通过电流峰值/kV	热稳定电流/kA	
					4s	5s
1	GW₂-35G	35	600	40	20	—
2	GW₂-35GD					
3	GW₄-35					
4	GW₄-35G		600	50	15.8	
5	GW₄-35W	35	1000	80	23.7	—
6	GW₄-35D		2000	104	46	
7	GW₄-35DW					
8	GW₅-35G		600	72	16	
9	GW₅-35GD	35	1000	83	25	—
10	GW₅-35GW		1600	100	31.5	
11	GW₃-35GDW		2000			

附表 9　RN1、RN2 型室内高压熔断器技术数据

1. RN1 型室内高压熔断器的技术数据

型号	额定电压/kV	额定电流/A	熔体电流/A	额定断流容量/(MV·A)	最大开断电流有效值/kA	最小开断电流(额定电流倍数)	过电压倍数(额定电压倍数)
RN1-6	6	25	2，3，5，7.5，10，15，20，25，30，40，50，60，75，100	200	20	1.3	2.5
		50					
		100					
RN1-10	10	25			11.6	—	
		50					
		100					

2. RN2 型室内高压熔断器的技术数据

型号	额定电压/kV	额定电流/A	三相最大断流容量/(MV·A)	最大开断电流/kA	当开断极限短路电流时，最大电流峰值/kA	过电压倍数(额定电压倍数)
RN2-6	6	0.5	1000	85	300	2.5
RN2-10	10			50	1000	

附表 10 RW 型室外高压熔断器技术数据

型号	额定电压/kV	额定电流/A	断流容量/(MV·A)	
			上限	下限
RW3-10/50	10	50	50	5
RW3-10/100		100	100	10
RW3-10/200		200	200	20
RW7-10/100		100	100	30
RW4-10G/50	10	50	89	7.5
RW4-10G/100		100	124	10
RW4-10G/50		50	75	—
RW4-10G/100		100	100	—
RW11-10G/100		100	100	10
RW5-35/50	35	50	200	15
RW5-35/100-400		100	400	10
RW5-35/200-800		200	800	30
RW5-35/100-400GY		100	400	30

附表 11 常用高压电流互感器主要技术数据

型号	额定电流比/(A/A)	级次组合	准确度	二次负载值/Ω				10%倍数		1s热稳定倍数	动稳定倍数
				0.5级	1级	3级	B	二次负载/Ω	倍数		
LA-10	5、10、15、20、30、40、50、75、100、150、200、300、400、500、600、750、1000/5								10	90	160
									10	75	135
									10	50	90
LFZ1-10 LFX-10	5~200/5 300~400/5 5~400/5	0.5/1 0.5/3 1/3	0.5 1 3	0.4	0.4	0.6		0.4 0.6	2.5~10	90	160
									2.5~10	75	130
									60		
LFX-10	5~200/5 300、400/5 500、600、750、1000/5									90	225
										75	160
										50	90

型号	额定电流比/(A/A)	级次组合	准确度	二次负载值/Ω				10%倍数		1s热稳定倍数	动稳定倍数
				0.5级	1级	3级	B	二次负载/Ω	倍数		
LFZB6-40 LFZJB6-10 LFSQ-10	5～300/5			0.4			0.6			150～80	103
	100～300/5			0.4			0.6			80	103
	5～200/5			0.4			0.6			150	230
	400～1500/5			0.8			1.2			42	60
LFZJ	5～150/5			0.4			0.6		10	106	180
	200～800/5			0.6			0.8		10	40	70
	1000～3000/5			0.8			1		10	20	35
LZZB6-10 LZZJB6-10	5～300/5			0.4							
	100～300/5			0.4			0.6		15	150～80	103
	400～800/5			0.4			0.6		15	150～80	103
	1000, 1200	0.5/B		0.4			0.6		15	55	70
	1500/5			0.4			0.6		15	27	35
LZZQB6-10	100～300/5			0.6			0.8		15	148	188
	400～800/5			0.8			1.2		15	55	70
	1000～1500/5			1.2			1.6		15	40	50
LDZB6-10 LDJ-10	400～1500/5			0.8			1.2		15	28	52
	5～150/5			0.4			0.6			105	188
	200～3000/5			0.4			0.6			100～13	23
LMZB6-10	1500～4000/5			2			2		15		
LMZB1-10	150～1250/5			0.4			0.8			35	45
LQJ-10 LQZQ-10 LB6-35	5～400/5	0.5/3		0.4	1.2				6	75	100
	50、100/5	1					B₁	B₂		480	1400
	5～300/5	0.5/B₁		1.6	0.2		1.6	1.2	20	100	180
	400～2000/5	B₂		1.6			1.6	1.2	20	20	36
LCW-35	15～1000/5	0.5/3		2	4	2	4		28	65	100
LCWD-35	15～1000/5	0.5/D		1.2	3	3		0.8	35	65	150
LCW-60	20～600/5	0.5/1		1.2	1.2			1.2	15	75	150
LCWD-60	20～600/5	1/D		1.2	1.2			0.8	30	75	150
LCW-110	50～600/5	0.5/1		1.2	1.2			1.2	15	75	150
LCWD-110	20～600/5	1/D		1.2	1.2			0.8	30	75	150

附表 12 常用高压电压互感器主要技术数据

型号	额定电压/kV			二次额定容量/(V·A)			最大容量 /(V·A)	质量 /kg
	一次线圈	二次线圈	剩余电压线圈	0.5级	1级	3级		
JDG6-0.38	0.38	0.1		15	25	60	100	
JDZ6-3	3	0.1		25	40	100	200	
JDZ6-6	6	0.1		50	80	200	400	
JDZ6-10	10	0.1		50	80	200	400	
JD6-35	35	0.1		150	250	500	1000	
JDZX6-3	$3/\sqrt{3}$	$0.1/\sqrt{3}$	0.1/3	25	40	100	200	
JDZX6-6	$6/\sqrt{3}$	$0.1/\sqrt{3}$	0.1/3	50	80	200	400	
JDZX6-10	$10/\sqrt{3}$	$0.1/\sqrt{3}$	0.1/3	50	80	200	400	
JDX6-35	$35/\sqrt{3}$	$0.1/\sqrt{3}$	0.1/3	150	250	500	1000	
JDJ-3	3	0.1		30	50	120	240	23
JDJ-6	6	0.1		50	80	200	400	23
JDJ-10	10	0.1		80	150	320	640	36.2
JDJ-13.8	13.8	0.1		30	150	320	640	95
JDJ-15	15	0.1		80	150	320	640	95
JDJ-35	35	0.1		150	250	600	1200	248
JSJB-3	3	0.1		50	80	200	400	48
JSJB-6	6	0.1		80	150	320	640	48
JSJB-10	10	0.1		120	200	480	960	105
JSJW-3	$3/\sqrt{3}$	0.1	0.1/3	50	80	200	400	115
JSJW-6	$6/\sqrt{3}$	0.1	0.1/3	80	150	320	640	115
JSJW-10	$10/\sqrt{3}$	0.1	0.1/3	120	200	480	960	190
JSJW-13.8	$13.8/\sqrt{3}$	0.1	0.1/3	120	200	480	960	250
JSJW-15	$15/\sqrt{3}$	0.1	0.1/3	120	200	480	960	250
JDJJ1-35	$35/\sqrt{3}$	$0.1/\sqrt{3}$	0.1/3	150	250	600	1000	120
JCC-60	$60/\sqrt{3}$	$0.1/\sqrt{3}$	0.1/3		500	1000	2000	350
JCC1-110	$110/\sqrt{3}$	$0.1/\sqrt{3}$	0.1/3		500	1000	2000	530
JCC1-110$_{TH}^{GY}$	$110/\sqrt{3}$	$0.1/\sqrt{3}$	0.1/3		500	1000	2000	600
JCC2-110	$110/\sqrt{3}$	$0.1/\sqrt{3}$	0.1		500	1000	2000	350
JCC2-220	$220/\sqrt{3}$	$0.1/\sqrt{3}$	0.1		500	1000	1000	750
JCC1-220$_{TB}^{GY}$	$220/\sqrt{3}$	$0.1/\sqrt{3}$	0.1		500	1000	2000	1120

附表 13　常用高压开关柜的主要技术数据

开关柜型号 技术数据	JYN1-35	JYN2-35	KYN-10	KGN-10	GFG15（F）	GFG7B（F）
类别型式	单母线移开式			单母线固定式	单母线手车式	
电压等级/kV	35	10				
额定电流/A	1000	630－2500	630－2500	630，1000	630，1500	630，1000
断路器型号	SN10-35	I SN10-10 II III	I SN10-10 II III	I SN10-10 II III	I SN10-10 II III	I SN10-10 II III ZN3-10ZN5-10
操动机构 型号	CD10 CT8	CD10 CT8	CD10 CT8	CD10 CTS	CD10 CT8	CD10 CT8
电流互感 器型号	LCZ-35	LZZB6-10 LZZQB6-10	CDJ-10	LA-10 LAJ-10	LZXZ-10 JDZJ-10	LZJG10 LJ1-10
电压互感 器型号	JDJ2-35 JDZJJ2-35	JDZ6-10 JDZJ6-10	JDZ-10 JDZ-10		JDZ-10 JDZJ-10	JDE-10 JDEJ-10
高压熔断 器型号	RN2-35	RN2-10	RN2-10		RN2-10	RN1-10 RN2-10
避雷器型号	FZ-35 FYZ1-35	FCD3				FS　FZ　FCD3
接地开关型号		JN-101	JN-10		JN-10	
外形尺寸 （长/mm×宽 /mm×高/mm）	1818×2400 ×2925	（1000） 840×1500 ×2200	（1500）800× 1650×2200 （1800）	1180×1600 ×2800	800×1500 ×220 （2100）	840×1500 ×2200

附表 14　DZ10 型低压断路器的主要技术数据

序号	型号	额定电压/V	额定电流/A	脱扣器类别	复式脱扣器		电磁脱扣器		极限分断电流（峰值）/kA	
					额定电流/A	电磁脱扣器动作电流整定倍数	额定电流/A	动作电流倍数	交流380V	交流500V
1	DZ10-100	直流220	100	复式、电磁式、热脱扣器或无脱扣	15 20 25 30 40 50 60 80 100	10	15 20 25 30 40 50 100	10 6～10	7 9 12	6 7 10
2	DZ10-250	交流500	250		100 120 140 170 200 250	5～10 4～10 3～10	250	2～6 2.5～8 3～10	30	25
3	DZ10-600		600		200 250 300 350 400 500 600	3～10	400 600	2～7 2.5～8 3～10	50	40

附表 15　部分万能式低压断路器的主要技术数据

型号	脱扣器额定电流/A	长延时动作整定电流/A	短延时动作整定电流/A	瞬时动作整定电流/A	单相接地短路动作电流/A	分断能力	
						电流/kA	cosφ
DW15-200	100	64～100	800～1000	300～1000 800～2000	—	20	0.35
	150	98～150	—	—			
	200	128～200	600～2000	600～2000 1600～4000			
DW15-400	200	128～200	600～2000	600～2000 1600～4000	—	25	0.36
	300	192～300					
	400	256～400	1200～4000	3200～8000			
DW15-600	300	192～300	900～3000	900～3000 1400～6000	—	30	0.35
	400	256～400	1200～4000	1200～4000 3200～8000			
	600	384～600	1800～6000				
DW15-1000	600	420～600	1800～6000	6000～1200	—	40 (短延时 30)	0.35
	800	560～800	2400～8000	800～16 000			
	1000	700～1000	3000～10 000	10 000～20 000			
DW15-1500	1500	1050～1500	4500～15 000	15 000～30 000	—		
DW15-2500	1500	1050～1500	4500～9000	10 500～21 000	—	60 (短延时 40)	0.2 (短延时 0.25)
	2000	1400～2000	6000～12 000	14 000～28 000			
	2500	1750～2500	7500～15 000	17 500～35 000			
DW15-4000	2500	1750～2500	7500～15 000	17 500～35 000	—	80 (短延时 60)	0.2
	3000	2100～3000	9000～18 000	21 000～42 000			
	4000	2800～4000	12 000～24 000	28 000～56 000			
DW16-630	100	64～100	—	300～600	50	30 (380V) 20 (660V)	0.25 (380V) 0.3 (660V)
	160	102～160		480～960	80		
	200	128～200		600～1200	100		
	250	160～250		750～1500	125		
	315	202～315		945～1890	158		
	400	256～400		1200～2400	200		
	630	403～530		1890～3780	315		
DW16-2000	800	512～800	—	2100～4800	400	50	—
	1000	640～1000		3000～6000	500		
	1600	1024～1600		4800～9600	800		
	2000	1280～2000		6000～12000	1000		
DW16-4000	2500	1400～2500	—	7500～15 000	1250	80	—
	3200	2048～3200		9600～19200	1600		
	4000	2560～4000		12000～24000	2000		

附表 16 RTO 型低压熔断器主要技术数据和保护特性曲线

1. 主要技术数据

型号	熔管额定电压/V	额定电流/A		最大分断电流/kA
		熔管	熔体	
RTO-100	交流 380 直流 440	100	30、40、50、60、80、100	50 (cosφ=0.1~0.2)
RTO-200		200	(80、100)、120、150、200	
RTO-400		400	(150、200)、250、300、350、400	
RTO-600		600	(350、400)、450、500、550、600	
RTO-1000		1000	100、800、900、1000	

注：表中括号内的熔体电流尽量不采用

2. 保护特性曲线

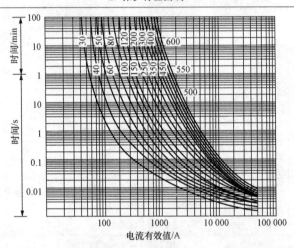

附表 17 常用架空线路导线的电阻及电抗（环境温度 20℃）（单位：Ω/km）

1. LJ、TJ 型架空线路导线的电阻及正序电抗（环境温度 20℃）

导线型号	LJ 型导线电阻	几何均距/m										TJ 型导线电阻	导线型号
		0.6	0.8	1.0	1.25	1.5	2.0	2.5	3.0	3.5			
LJ-16	1.98	0.358	0.377	0.391	0.405	0.416	0.435	0.449	0.46	—	—	1.2	TJ-16
LJ-25	1.28	0.345	0.363	0.377	0.391	0.402	0.421	0.435	0.446	—	—	0.74	TJ-25
LJ-25	0.92	0.336	0.352	0.366	0.380	0.391	0.410	0.424	0.425	0.445	0.453	0.54	TJ-35
LJ-50	0.64	0.325	0.341	0.355	0.365	0.380	0.398	0.413	0.423	0.433	0.441	0.39	LJ-50
LJ-70	0.46	0.315	0.331	0.345	0.359	0.370	0.388	0.399	0.410	0.420	0.428	0.27	TJ-70
LJ-95	0.34	0.303	0.319	0.334	0.347	0.358	0.377	0.390	0.401	0.411	0.419	0.20	TJ-95
LJ-120	0.27	0.297	0.313	0.327	0.341	0.352	0.368	0.382	0.393	0.403	0.411	0.158	TJ-120
LJ-150	0.21	0.287	0.312	0.319	0.333	0.344	0.363	0.277	0.388	0.398	0.406	0.123	TJ-150

2. LGJ 型架空线路导线的电阻及正序电抗（环境温度 20℃）

导线型号	导线电阻	几何均距/m									
		1.0	1.5	2.0	2.5	3.0	3.5	4.0	4.5		
LGJ-35	0.85	0.366	0.385	0.403	0.417	0.429	0.438	0.446			
LGJ-50	0.65	0.353	0.374	0.392	0.406	0.418	0.427	0.425			
LGJ-70	0.45	0.343	0.364	0.382	0.396	0.408	0.417	0.425	0.433		
LGJ-95	0.33	0.334	0.353	0.271	0.385	0.397	0.406	0.414	0.422		
LGJ-120	0.27	0.326	0.347	0.265	0.379	0.391	0.400	0.408	0.416		
LGJ-150	0.21	0.319	0.340	0.358	0.372	0.384	0.398	0.401	0.409		
LGJ-185	0.17				0.365	0.377	0.386	0.394	0.402		
LGJ-240	0.132				0.357	0.369	0.378	0.386	0.394		

附表 18　导体在正常和短路时的最高允许温度及热稳定系数

导体种类和材料			最高允许温度/℃		热稳定系数 C /(A·s⁻²·mm⁻²)
			额定负荷时	短路时	$/(A \cdot s^{-2} \cdot mm^{-2})$
母线	钢		70	300	171
	铜（接触面有锡覆盖层）		85	200	
	铝		70	200	87
	钢（不与电器直接接触）		70	400	
	钢（与电器直接接触）		70	300	
油浸纸绝缘电缆	铜芯	1～3kV	80	250	148
		6kV	60（80）	250	150
		10kV	60（65）	250	153
		35kV	50（65）	175	
	铝芯	1～2kV	80	200	84
		6kV	65（80）	200	87
		10kV	60（65）	200	88
		35kV	50（65）	175	
橡皮绝缘导线和电缆	铜芯		65	150	131
	铝芯		65	150	87
聚氯乙烯绝缘导线和电缆	铜芯		70	160	115
	铝芯		70	160	76
交联聚乙烯绝缘电缆	铜芯		90（80）	250	137
	铝芯		90（80）	200	77
含有锡焊中间接头的电缆	铜芯			160	
	铝芯			160	

注：1. 表中"油浸纸绝缘电缆"中加括号的数字，适用于"不滴流纸绝缘电缆"。

　　2. 表中"交联聚乙烯绝缘电缆"中加括号的数字，适于 10kV 以上电压。

附表 19　架空裸导线的最小截面

线　路　类　别		导线最小截面/mm²		
		铝及铝合金线	钢芯铝线	铜绞线
35kV 及以上线路		35	35	35
3~10kV 线路	居民区	35	25	25
	非居民区	25	16	16
低压线路	一般	16	16	15
	与铁路交叉跨越档	35	16	16

附表 20　绝缘导线芯线的最小截面

线　路　类　别			芯线最小截面/mm²		
			铜芯软线	铜线	铝线
照明用灯头引下线		室内	0.5	1.0	2.5
		室外	1.0	1.0	2.5
移动式设备线路		生活用	0.75	—	—
		生产用	1.0	—	—
敷设在绝缘支持件上的绝缘导线（L 为支持点间距）	室内	$L \leqslant 2m$	—	1.0	2.5
	室外	$L \leqslant 2m$	—	1.5	2.5
		$2m < L \leqslant 6m$	—	2.5	4
		$6m < L \leqslant 15m$	—	4	6
		$15m < L \leqslant 25m$	—	6	10
穿管敷设的绝缘导线			1.0	1.0	2.5
沿墙明敷的塑料护套线			—	1.0	2.5
板孔穿线敷设的绝缘导线			—	1.0 (0.75)	2.5
PE 线和 PEN 线	有机械保护时		—	1.5	2.5
	无机械保护时	多芯线	—	2.5	4
		单芯干线	—	10	16

附表 21　裸铜、铝及钢芯铝线的载流量（环境温度＋25℃，最高允许温度＋70℃）

铜绞线			铝绞线			钢芯铝绞线	
导线牌号	载流量/A		导线牌号	载流量/A		导线牌号	屋外载流量
/mm²	屋外	屋内	/mm²	屋外	屋内	/mm²	/A
TJ-4	50	25	LJ-10	75	55	LGJ-35	170
TJ-6	70	35	LJ-16	105	80	LGJ-50	220
TJ-10	95	60	LJ-25	135	110	LGJ-70	275
TJ-16	130	100	LJ-35	170	135	LGJ-95	335
TJ-25	180	140	LJ-50	215	170	LGJ-120	380
TJ-35	220	175	LJ-70	265	215	LGJ-150	445
TJ-50	270	220	LJ-95	325	260	LGJ-185	515
TJ-60	315	250	LJ-120	375	310	LGJ-240	610
TJ-70	340	280	LJ-150	440	370	LGJ-300	700
TJ-95	415	340	LJ-185	500	425	LGJ-400	800
TJ-120	485	405	LJ-240	610	—	LGJQ-300	690
TJ-150	570	480	LJ-300	680	—	LGJQ-400	825
TJ-185	645	550	LJ-400	830	—	LGJQ-500	945
TJ-240	770	650	LJ-500	980	—	LGJQ-600	1050
TJ-300	890	—	LJ-625	1140	—	LGJJ-300	705
TJ-400	1085	—				LGJJ-400	850

注：本表数值均系按最高温度为70℃计算的。对铜线，当最高温度采用80℃时，则表中数值应乘以系数1.1；
对于铝线和钢芯铝线，当温度采用90℃时，则表中数值应乘以系数1.2。

附表 22　温度修正系数值

实际环境温度/℃	−5	0	5	10	15	20	25	30	35	40	45	50
K_θ	1.29	1.24	1.20	1.15	1.11	1.05	1.00	0.94	0.88	0.81	0.74	0.67

注：当实际环境温度不是25℃时，附表11中的载流量应乘以本表中的温度校正系数 K_θ。

附表 23　10kV常用三芯电缆的允许载流量

项　目		电缆允许载流量/A							
绝缘类型		黏性油浸纸		不滴流纸		交联聚乙烯			
钢铠护套						无		有	
缆芯最高工作温度		60℃		65℃		90℃			
敷设方式		空气中	直埋	空气中	直埋	空气中	直埋	空气中	直埋
缆芯截面 /mm²	16	42	55	47	59	—	—	—	—
	25	56	75	63	79	100	90	100	90
	35	68	90	77	95	123	110	123	105
	50	81	107	92	111	146	125	141	120

续表

项 目	电缆允许载流量/A							
绝缘类型	黏性油浸纸		不滴流纸		交联聚乙烯			
钢铠护套					无		有	
缆芯最高工作温度	60℃		65℃		90℃			
敷设方式	空气中	直埋	空气中	直埋	空气中	直埋	空气中	直埋
70	106	133	118	138	178	152	173	152
95	126	160	143	169	219	182	214	182
120	146	182	168	196	251	205	246	205
150	171	206	189	220	283	223	278	219
185	195	233	218	246	324	252	320	247
240	232	272	261	290	378	292	373	292
300	260	308	295	325	433	332	428	328
400	—	—	—	—	506	378	501	374
500	—	—	—	—	579	428	574	424
环境温度	40℃	25℃	40℃	25℃	40℃	25℃	40℃	25℃
土层热阻系数/(℃·m·W^{-1})	—	1.2	—	1.2	—	2.0	—	2.0

缆芯截面/mm²（缆芯截面栏对应 70～500 各行）

注：1. 本表系铝芯电缆数值，铜芯电缆的允许载流量可乘以 1.29。

2. 当地环境温度不同时的载流量校正系数见附表 11a。

3. 当地土层热阻系数不同时（以热阻系数 1.2 为基准）的载流量校正系数见附表 11b。

4. 本表根据《电力工程电缆设计规范》（GB 50217—1994）编制。

附表 24 电缆在不同环境温度时的载流量校正系数

电缆敷设地点	空气中				土层中			
环境温度	30℃	35℃	40℃	45℃	20℃	25℃	30℃	35℃
缆芯最高工作温度 60℃	1.22	1.11	1.0	0.86	1.07	1.0	0.93	0.85
65℃	1.18	1.09	1.0	0.89	1.06	1.0	0.94	0.87
70℃	1.15	1.08	1.0	0.91	1.05	1.0	0.94	0.88
80℃	1.11	1.06	1.0	0.93	1.04	1.0	0.95	0.90
90℃	1.09	1.05	1.0	0.94	1.04	1.0	0.96	0.92

附表 25 电缆在不同的土层热阻系数时的载流量校正系数

土层热阻系数/(℃·m·W^{-1})	分类特征（土层特性和雨量）	校正系数
0.8	土层很潮湿，经常下雨。如湿度大于 9% 的砂土；湿度大于 14% 的砂、泥土等	1.05
1.2	土层潮湿，规律性下雨。如湿度大于 7% 但小于 9% 的砂土；湿度为 12%～14% 的砂、泥土等	1.0

土层热阻系数 /(℃·m·W⁻¹)	分类特征（土层特性和雨量）	校正系数
1.5	土层较干燥，雨量不大。如湿度为8%～12%的砂、泥土等	0.93
2.0	土层干燥，少雨。如湿度大于4%但小于7%的砂土；湿度为4%～8%的砂、泥土等	0.87
3.0	多石地层，非常干燥。如湿度小于4%的砂土等	0.75

附表 26　绝缘导线、穿钢管和穿塑料管时的允许载流量

1.BLX 和 BLV 型铝芯绝缘线明敷时的允许载流量（导线正常最高允许温度为65℃）/A

芯线截面/mm²	BLX 型铝芯橡皮线				BLV 型铝芯塑料线			
	环境温度							
	25℃	30℃	35℃	40℃	25℃	30℃	35℃	40℃
2.5	27	25	23	21	25	23	21	19
4	35	32	30	27	32	29	27	25
6	45	42	38	35	42	39	36	33
10	65	60	56	51	59	55	51	46
16	85	79	73	67	80	74	69	63
25	110	102	95	87	105	98	90	83
35	138	129	119	109	130	121	112	102
50	175	163	151	138	165	154	142	130
70	220	206	190	174	205	191	177	162
95	265	247	229	209	250	233	216	197
120	310	280	268	245	283	266	246	225
150	360	336	311	284	325	303	281	257
185	420	392	363	332	380	355	328	300
240	510	476	441	403	—	—	—	—

2.BLX 和 BLV 型铝芯绝缘线穿钢管时的允许载流量（导线正常最高允许温度为65℃）/A

导线型号	芯线截面/mm²	2根单芯线 环境温度				2根穿管管径/mm		3根单芯线 环境温度				3根穿管管径/mm		4～5根单芯线 环境温度				4根穿管管径/mm		5根穿管管径/mm	
		25℃	30℃	35℃	40℃	G	DG	25℃	30℃	35℃	40℃	G	DG	25℃	30℃	35℃	40℃	G	DG	G	DG
BLX	2.5	21	19	18	16	15	20	19	17	16	15	15	20	16	14	13	12	20	25	20	25
	4	28	26	24	22	20	25	25	23	21	19	20	25	23	21	19	18	20	25	20	25
	6	37	34	32	29	20	25	34	31	29	26	20	25	30	28	25	23	20	25	25	32
	10	52	48	44	41	25	32	46	43	39	36	25	32	40	37	34	31	25	32	32	40
	16	66	61	57	52	25	32	59	55	51	46	32	32	52	48	44	41	32	40	40	(50)
	25	86	80	74	68	32	40	76	71	65	60	32	40	68	63	58	53	40	(50)	40	—

导线型号	芯线截面/mm²	2根单芯线 环境温度				2根穿管管径/mm		3根单芯线 环境温度				3根穿管管径/mm		4~5根单芯线 环境温度				4根穿管管径/mm		5根穿管管径/mm	
		25℃	30℃	35℃	40℃	G	DG	25℃	30℃	35℃	40℃	G	DG	25℃	30℃	35℃	40℃	G	DG	G	DG
BLX	35	106	99	91	83	32	40	94	87	81	74	32	(50)	83	77	71	65	40	(50)	50	—
	50	133	124	115	105	40	(50)	118	110	102	93	50	(50)	105	98	90	83	50	—	70	—
	70	164	154	142	130	50	(50)	150	140	129	118	50	(50)	133	124	115	105	70	—	70	—
	95	200	187	173	158	70	—	180	168	155	142	70	—	160	149	138	126	70	—	80	—
	120	230	215	198	181	70	—	210	196	181	166	70	—	190	177	164	150	70	—	80	—
	150	260	243	224	205	70	—	240	224	207	189	70	—	220	205	190	174	80	—	100	—
	185	295	275	255	233	80	—	270	252	233	213	80	—	250	233	216	197	80	—	100	—

3. BLX 和 BLV 型铝芯绝缘线穿钢管时的允许载流量（导线正常最高允许温度为 65℃）/A

导线型号	芯线截面/mm²	2根单芯线 环境温度				2根穿管管径/mm		3根单芯线 环境温度				3根穿管管径/mm		4~5根单芯线 环境温度				4根穿管管径/mm		5根穿管管径/mm	
		25℃	30℃	35℃	40℃	G	DG	25℃	30℃	35℃	40℃	G	DG	25℃	30℃	35℃	40℃	G	DG	G	DG
BLV	2.5	20	18	17	15	15	15	18	16	15	14	15	15	15	14	12	11	15	15	15	20
	4	27	25	23	21	15	15	24	22	20	18	15	15	22	20	19	17	15	20	20	20
	6	35	32	30	27	15	20	31	29	27	24	15	20	27	25	24	22	20	25	20	25
	10	49	45	42	38	20	25	44	41	38	34	20	25	38	35	32	29	25	25	25	32
	16	64	58	54	49	25	25	56	52	48	44	25	32	50	46	43	39	25	32	32	40
	25	80	74	69	63	25	32	70	65	60	55	32	32	65	60	56	51	32	40	32	(50)
	35	100	93	86	79	32	40	90	84	77	71	32	40	80	74	69	63	40	(50)	40	—
	50	125	116	108	98	40	50	110	102	95	87	40	(50)	100	93	89	79	50	(50)	50	—
	70	155	144	134	122	50	50	143	133	123	113	40	(50)	127	118	109	99	50	—	70	—
	95	190	177	164	150	50	(50)	170	158	147	134	50	—	152	142	131	120	70	—	70	—
	120	220	205	190	174	50	(50)	195	182	168	154	50	—	172	160	148	136	70	—	80	—
	150	250	233	216	197	50	(50)	225	210	194	177	70	—	200	187	173	158	70	—	80	—
	185	285	266	246	225	70	—	255	238	220	201	70	—	230	215	198	181	80	—	100	—

4. BLX 和 BLV 型铝芯绝缘线穿硬塑料管时的允许载流量（导线正常最高允许温度为 65℃）/A

导线型号	芯线截面/mm²	2根单芯线 环境温度				2根穿管管径/mm	3根单芯线 环境温度				3根穿管管径/mm	4~5根单芯线 环境温度				4根穿管管径/mm	5根穿管管径/mm
		25℃	30℃	35℃	40℃		25℃	30℃	35℃	40℃		25℃	30℃	35℃	40℃		
BLX	2.5	19	17	16	15	15	17	15	14	13	15	15	14	12	11	20	25
	4	25	23	21	19	20	23	21	19	18	20	20	18	17	15	20	25
	6	33	30	28	26	20	29	27	25	22	20	26	24	22	20	25	32

续表

导线型号	芯线截面/mm²	2根单芯线 环境温度				2根穿管管径/mm	3根单芯线 环境温度				3根穿管管径/mm	4~5根单芯线 环境温度				4根穿管管径/mm	5根穿管管径/mm
		25℃	30℃	35℃	40℃		25℃	30℃	35℃	40℃		25℃	30℃	35℃	40℃		
BLX	10	44	41	38	34	25	40	37	34	31	25	35	32	30	27	32	32
	16	58	54	50	45	32	52	48	44	41	32	46	43	39	36	32	40
	25	77	71	66	60	32	68	63	58	53	32	60	56	51	47	40	40
	35	95	89	82	75	40	84	78	72	66	40	74	69	64	58	40	50
	50	120	112	103	94	40	108	100	93	86	50	95	88	82	75	50	50
	70	153	143	132	121	50	135	126	116	106	50	120	112	103	94	50	65
	95	184	172	159	145	50	165	154	142	130	65	150	140	129	118	65	65
	120	210	196	181	166	65	190	177	164	150	65	170	158	147	134	80	80
	150	250	233	215	197	65	227	212	196	179	75	205	191	177	162	80	90
	185	282	263	243	223	80	255	238	220	201	80	232	216	200	183	100	100

5. BLX 和 BLV 型铝芯绝缘线穿硬塑料管时的允许载流量（导线正常最高允许温度为65℃）/A

导线型号	芯线截面/mm²	2根单芯线 环境温度				2根穿管管径/mm	3根单芯线 环境温度				3根穿管管径/mm	4~5根单芯线 环境温度				4根穿管管径/mm	5根穿管管径/mm
		25℃	30℃	35℃	40℃		25℃	30℃	35℃	40℃		25℃	30℃	35℃	40℃		
BLX	2.5	18	16	15	14	15	16	14	13	12	15	14	13	12	11	20	25
	4	24	22	20	18	20	22	20	19	17	20	19	17	16	15	20	25
	6	31	28	26	24	20	27	25	23	21	20	25	23	21	19	25	32
	10	42	39	36	33	25	38	35	32	30	25	33	30	28	26	32	32
	16	55	51	47	43	32	49	45	42	38	32	44	41	38	34	32	40
	25	73	68	63	57	32	65	60	56	51	40	57	53	49	45	40	50
	35	90	84	77	71	40	80	74	69	63	40	70	65	60	55	50	65
	50	114	106	98	90	50	102	95	88	80	50	90	84	77	71	65	65
	70	145	135	125	114	50	130	121	112	102	50	115	107	99	90	65	75
	95	175	163	151	138	65	158	147	136	124	65	140	130	121	110	75	75
	120	206	187	173	158	65	180	168	155	142	65	160	149	138	126	75	80
	150	230	215	198	181	75	207	193	179	163	75	185	172	160	146	80	90
	185	265	247	229	209	75	235	219	203	185	75	212	198	183	167	90	100

注：1. BX和BV型铜芯绝缘导线的允许载流量约为同截面的BLX和BLV型铝芯绝缘导线允许载流量的1.29倍。

2. 管径在工程中常用英制尺寸（英寸in）表示。管径的国际单位制（SI制）与英制的近似对照如下面附表27所示。

附表 27 管径的国际单位制（SI 制）与英制的近似对照

SI 制/mm	15	20	25	32	40	50	65	70	80	90	100
英制/in	$\frac{1}{2}$	$\frac{3}{4}$	1	$1\frac{1}{4}$	$1\frac{1}{2}$	2	$2\frac{1}{2}$	$2\frac{3}{4}$	3	$3\frac{1}{2}$	4

附表 28 电磁式电流继电器的主要技术数据

型号	整定范围/A	线圈串联/A		线圈并联/A		返回系数	时间特性	最小整定值时消耗的功率/(V·A)	接点规格
		动作电流/A	长期允许电流/A	动作电流/A	长期允许电流/A				
DL-7 DL-31	0.0025～200	0.0025～100	0.02～20	0.005～200	0.04～40	0.8	1.1 倍于整定电流时，$t=0.12$ s；2 倍时，$t=0.04$ s	0.08～10	1 开，1 闭 1 开
DL-32	0.0025～200	0.002 45～100	0.02～20	0.0049～200	0.04～40	0.8			1 开，1 闭

附表 29 电磁式电压继电器的主要技术数据

型号	作用	刻度范围/V	长期容许电压/V		接点规格	返回系数	消耗功率/(V·A)	时间特性
			线圈串联	线圈并联				
DY-31	过电压	15～400	70～440	35～220	1 常开	0.8	最小整定电流时，约 1V·A	1.1 倍于整定电流时，$t=0.12$ s；2 倍时，$t=0.04$ s 1/2 整定电流时，$t=0.15$ s
DY-32	过电压	15～400	70～440	35～220	1 开，1 闭	0.8		
DY-35	欠电压	12～320	70～440	35～220	1 常开	1.25		
DY-36	欠电压	12～320	70～440	35～220	1 开，1 闭	1.25		

附表 30 电磁式时间继电器的主要技术数据

型号	电流种类	额定电压/V	整定范围/s	热稳定性/V		功率消耗	接点规格	接点容量	接点的长期容许电流/A
				长期	2 min				
DS-31C～34C	直流	24、48、110、220	0.125～20	110% 额定电压	110% 额定电压	25W	1 常开	220V，小于 1A 时，100W	主接点 5 瞬时接点 3
DS-35C～38C	交流	100、110、127、220	0.125～20	110% 额定电压	110% 额定电压	20V·A	1 常开	220V，小于 1A 时，100W	主接点 5 瞬时接点 3

附表 31 电磁式中间继电器的主要技术数据

型号	直流额定电压/V	接点数目 常开	接点数目 常闭	消耗功率/W	动作电压/V	热稳定性	线圈电阻/Ω	接点容量 负荷特性	接点容量 电压/V 直流	接点容量 电压/V 交流	接点容量 长期通过电流/A	接点容量 最大开路电流/A
DZ-203	24,110,220,380	2	2	额定电压时16	0.7额定电压	长时间110%额定电压	100~10 000	无感负荷	220 / 110		5 / 5	1 / 5
DZ-206	24~100	4	—				100~2150	有感负荷	220 / 110	220 / 110	5 / 5	0.5 / 5 / 10
DZB-213	24,48,110,220	2	2	电压线圈5 电流线圈2.5	电压线圈 0.7额定电压	电流线圈在3倍于额定值（1A,2A,4A）时，可历时2s		无感负荷	220 / 110		5 / 5	1 / 5
								有感负荷	220 / 110	220 / 110	5 / 5	0.5 / 5 / 10
DZS-216	24,48,110,220	4		电压线圈3	0.7额定电压	长时间110%额定电压		无感负荷	220 / 110		5 / 5	0.5 / 4
								有感负荷	220 / 110	220 / 110	5 / 5	5 / 10
DZS-233	24,48,110,220	2	2	电压线圈6	0.7额定电压	长时间110%额定电压		无感负荷	220 / 110		2 / 2	0.5 / 4
								有感负荷	220 / 110	220 / 110	2 / 3	5 / 10

附表 32 电磁式信号继电器的主要技术数据

整点	接点规格	功率消耗 W	接点容量	电流继电器				电压继电器				
				动作电流 /A	长期电流 /A	电阻/Ω	热稳定 /A	额定电压 /V	动作电压 /V	长期电流 /A	电阻/Ω	热稳定 /V
DX-31	不常开	0.3（电流继电器）3（电压继电器）	220V、2A 时 30W（直流）220V·A（交流）	0.01～1	0.03～3	0.2～2200	0.062～6.25	220～12	132～7.2	242～13.5	28 000～87	110% 额定电压
DX-41	不常开	0.3（电流继电器）2.2（电压继电器）	220V、2A 时 30W（直流）220V·A（交流）	0.01～1	0.03～3	0.2～2 200	0.062～6.25	220～12	132～7.2	242～13.5	28 000～87	110% 额定电压

附表 33 GL-11、15、21、25 型电流继电器的主要技术数据及动作特性曲线

1. 主要技术数据

型号	额定电流 /A	整定值		速断电流倍数	返回系数
		动作电流/A	10 倍动作电流的动作时间/s		
GL-11/10、−21/10	10	4、5、6、7、8、9、10	0.5、1、2、3、4	2～8	0.85
GL-11/5、−21/5	5	2、2.5、3、3.5、4、4.5、5			
GL-15/10、−25/10	10	4、5、6、7、8、9、10	0.5、1、2、3、4		0.8
GL-15/5、−25/5	5	2、2.5、3、3.5、4、4.5、5			

2. 动作特性曲线

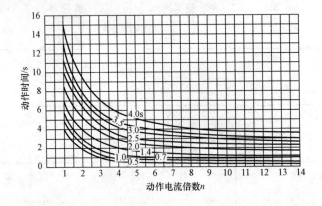

注：速断电流倍数＝电磁元件电流（速断电流）/感应元件动作电流（整定电流）。

附表 34　企业配照灯的比功率参考值　　　　　　　　（单位：W/m²）

灯在工作面上高度/m	被照面积/m²	白炽灯平均照度/lx						
		5	10	15	20	30	50	70
3～4	10～15	4.3	7.5	9.6	12.7	17	26	36
	15～20	3.7	6.4	8.5	11.0	14	22	31
	20～30	3.1	5.5	7.2	9.3	13	19	27
	30～50	2.5	4.5	6.0	7.5	10.5	15	22
	50～120	2.1	3.8	5.1	6.3	8.5	13	18
	120～300	1.8	3.3	4.4	5.5	7.5	12	16
	300 以上	1.7	2.9	4.0	5.0	7.0	11	15
4～6	10～17	5.2	8.9	11	15	21	33	48
	17～25	4.1	7.0	9.0	12	16	27	32
	25～35	3.4	5.8	7.7	10	14	22	32
	35～50	3.0	5.0	6.8	8.5	12	19	27
	50～80	2.4	4.1	5.6	7.0	10	15	22
	80～150	2.0	3.3	4.6	5.8	8.5	12	17
	150～400	1.7	2.8	3.9	5.0	7.0	11	15
	400 以上	1.5	2.5	3.5	4.0	6.0	10	14

附表 35　普通照明白炽灯的主要技术数据

额定电压/V	220									
额定功率/W	15	25	40	60	100	150	200	300	500	1000
光通量/lm	110	220	350	630	1250	2090	2920	4610	8300	18 600
平均寿命/h	1000									

注：本表灯泡为 PZ220 型。

附表 36　部分电力装置要求的工作接地电阻值

序号	电力装置名称	接地的电力装置特点	接地电阻值
1	1kV 以上大电流接地系统	仅用于该系统的接地装置	$R_E \leqslant \dfrac{2000V}{I_k^{(1)}}$ 当 $I_k^{(1)} >$ 4000A 时 $R_E \leqslant 0.5\Omega$
2	1kV 以上小电流接地系统	仅用于该系统的接地装置	$R_E \leqslant \dfrac{250V}{I_E}$ 且 $R_E \leqslant 10\Omega$
3		与 1kV 以下系统共用的接地装置	$R_E \leqslant \dfrac{120V}{I_E}$ 且 $R_E \leqslant 10\Omega$
4	1kV 以下系统	与总容量在 100kVA 以上的发电机或变压器相联的接地装置	$R_E \leqslant 10\Omega$
5		上述（序号 4）装置的重复接地	$R_E \leqslant 10\Omega$
6		与总容量在 100kVA 及以下的发电机或变压器相联的接地装置	$R_E \leqslant 10\Omega$
7		上述（序号 6）装置的重复接地	$R_E \leqslant 30\Omega$

序号	电力装置名称	接地的电力装置特点		接地电阻值
8	避雷装置	独立避雷针和避雷器		$R_E \leqslant 10\Omega$
9		变配电所装设的避雷器	与序号 4 装置共用	$R_E \leqslant 4\Omega$
10			与序号 6 装置共用	$R_E \leqslant 10\Omega$
11		线路上装设的避雷器或保护间隙	与电机无电气联系	$R_E \leqslant 10\Omega$
12			与电机有电气联系	$R_E \leqslant 5\Omega$
13	防雷建筑物	第一类防雷建筑		$R_{sh} \leqslant 10\Omega$
		第二类防雷建筑物		$R_{sh} \leqslant 10\Omega$
		第三类防雷建筑物		$R_{sh} \leqslant 30\Omega$

注：R_E 为工频接地电阻；R_{sh} 为冲击接地电阻；$I_k^{(1)}$ 为流经接地装置的单相短路电流；I_E 为单相接地电容电流。

附表 37 土层电阻率参考值

土层名称	电阻率/$(\Omega \cdot m)$	土层名称	电阻率/$(\Omega \cdot m)$
陶黏土	10	砂质黏土、可耕地	100
泥炭、泥灰岩、沼泽地	20	黄土	200
捣碎的木炭	40	含砂黏土、砂土	300
黑土、田园土、陶土	50	多石土层	400
黏土	60	砂、砂砾	1000

附表 38 垂直管形接地体的利用系数值

1. 敷设成一排时（未计入连接扁钢的影响）

管间距离与管子长度之比 a/l	管子根数 n	利用系数 η_E	管间距离与管子长度之比 a/l	管子根数 n	利用系数 η_E
1	2	0.83～0.87	1	5	0.67～0.72
2		0.90～0.92	2		0.79～0.83
3		0.93～0.95	3		0.85～0.88
1	3	0.76～0.80	1	10	0.56～0.62
2		0.85～0.88	2		0.72～0.77
3		0.90～0.92	3		0.79～0.83

2. 敷设成环形时（未计入连接扁钢的影响）

管间距离与管子长度之比 a/l	管子根数 n	利用系数 η_E	管间距离与管子长度之比 a/l	管子根数 n	利用系数 η_E
1	4	0.66～0.72	1	20	0.44～0.50
2		0.76～0.80	2		0.61～0.66
3		0.82～0.86	3		0.68～0.73

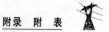

续表

管间距离与管子长度之比 a/l	管子根数 n	利用系数 η_E	管间距离与管子长度之比 a/l	管子根数 n	利用系数 η_E
1		0.58～0.65	1		0.41～0.47
2	6	0.71～0.75	2	30	0.58～0.63
3		0.78～0.82	3		0.66～0.71
1		0.52～0.58	1		0.38～0.44
2	10	0.66～0.71	2	40	0.56～0.61
3		0.74～0.78	3		0.64～0.69

参 考 文 献

柏学恭 . 2004. 电力生产知识 . 2 版 . 北京：中国电力出版社 .

陈小荣，叶海荣 . 2004. 供配电系统运行管理与维护 [M]. 北京，人民邮电出版社 .

电气标准规范汇编 [S]. 2 版 . 1999. 北京：中国计划出版社 .

电气制图国家标准汇编 [S]. 2001. 北京：中国标准出版社 .

关大陆 . 2006. 工厂供电 [M]. 北京：清华大学出版社 .

何首贤，葛廷友，姜秀玲 . 2005. 供配电技术 [M]. 北京：中国水利水电出版社 .

黄益庄 . 2000. 变电站综合自动化技术 [M]. 北京：中国电力出版社 .

江文，许慧中 . 2009. 供配电技术 [M]. 北京：机械工业出版社 .

李友文 . 2001. 工厂供电 [M]. 北京：化学工业出版社 .

刘介才 . 2000. 工厂供用电实用手册 [M]. 北京：中国电力出版社 .

刘介才 . 2006. 工厂供电 [M]. 北京：机械工业出版社 .

路文梅 . 2004. 变电站综合自动化技术 [M]. 北京：中国电力出版社 .

梅俊涛 . 2001. 企业供电系统及运行 [M]. 3 版 . 北京：中国劳动社会保障出版社 .

徐滤非 . 2007. 供配电系统 [M]. 北京：机械工业出版社 .

杨其富 . 2000. 供电与照明线路及设备维护 [M]. 北京：中国劳动社会保障出版社 .

姚锡禄 . 2003. 工厂供电 [M]. 北京：电子工业出版社 .

张惠刚 . 2005. 变电站综合自动化原理与系统 [M]. 北京：中国电力出版社 .

张祥军 . 2004. 工厂变配电技术 [M]. 北京：中国劳动社会保障出版社 .

张祥军 . 2007. 企业供电系统及运行 [M]. 北京：中国劳动社会保障出版社 .

中国国家标准汇编 [S]. 北京：中国标准出版社，1983～2001.

周瀛，李鸿儒 . 2002. 工业企业供电 [M]. 2 版 . 北京：冶金工业出版社 .